短视频创作实战

主编 蔡盈盈 方 柯

北京希望电子出版社
Beijing Hope Electronic Press
www.bhp.com.cn

内 容 简 介

这是一本全面介绍短视频编辑的实用教程。全书共10个模块，涉及抖音、剪映、Premiere三大热门视频编辑软件的使用，内容包括一站式短视频拍摄与编辑、剪映基础、剪映全效编辑视频美化、视频的创意剪辑、短视频音字处理与导出、Premiere剪辑操作、蒙版和抠像、短视频调色、音频的处理、视频特效编辑等。本书可以帮助读者从零开始学习，全面掌握短视频剪辑的各项功能和应用技巧。

本书内容丰富，实用性强，既适合作为高等职业教育短视频编辑课程的教材，也适合广大视频编辑爱好者、多媒体制作者、自媒体人等阅读和学习。

图书在版编目（CIP）数据

短视频创作实战 / 蔡盈盈，方柯主编. -- 北京：北京希望电子出版社, 2025.1. -- ISBN 978-7-83002-913-5

Ⅰ. TN948.4

中国国家版本馆 CIP 数据核字第 2025BM2454 号

出版：北京希望电子出版社	封面：袁 野
地址：北京市海淀区中关村大街22号	编辑：付寒冰
中科大厦A座10层	校对：郭燕春
邮编：100190	开本：787 mm×1 092 mm 1/16
网址：www.bhp.com.cn	印张：17.25
电话：010-82620818（总机）转发行部	字数：409 千字
010-82626237（邮购）	印刷：北京天恒嘉业印刷有限公司
经销：各地新华书店	版次：2025年5月1版1次印刷

定价：85.00元

前言

目前，抖音、剪映、Adobe Premiere（以下简称Premiere）是短视频创作的三大热门工具。抖音以其强大的用户基础和精准的算法推荐，加之丰富的特效和音乐资源，助力创作者轻松制作吸引人的内容；剪映凭借其强大的功能帮助创作者快速制作高质量视频，提升创作效率；而Premiere在短视频创作方面有着更为专业的剪辑功能和灵活的时间线编辑，十分适合制作高质量的视频，且支持多种格式和特效，能满足创作者的多样化需求，提升作品的专业性。

本书将以这三款工具为例，精心挑选实例，全面介绍短视频创作的方法与技巧，使读者在学习理论知识的同时，掌握短视频创作与制作的技能。

写/作/特/色

1. 从零开始，快速上手

以零基础入门为起点，引导读者逐步掌握短视频的制作技巧。无论是短视频制作爱好者还是影视后期从业者，都能在本书中找到适合自己的学习内容。

2. 面向实际，精选案例

从简单的视频剪辑到复杂的特效处理，本书精心挑选出若干实用案例，且对每个案例都进行了细致的讲解，图文并茂，让读者可以轻松掌握操作技巧，提升视频编辑水平。

3. 书云结合，互动教学

本套丛书中的案例视频、拓展的知识点教学视频和配套资源将通过官方微信公众号提供，其内容与书中知识紧密结合并互相补充。

课 / 时 / 安 / 排

全书共10个模块，内容及课时安排如下：

模块	内容	理论学习	上机实践
模块1	一站式短视频拍摄与编辑	2课时	4课时
模块2	剪映基础	2课时	4课时
模块3	剪映全效编辑视频美化	2课时	4课时
模块4	视频的创意剪辑	2课时	4课时
模块5	短视频音字处理与导出	2课时	4课时
模块6	Premiere剪辑操作	2课时	4课时
模块7	蒙版和抠像	2课时	4课时
模块8	短视频调色	2课时	4课时
模块9	音频的处理	2课时	4课时
模块10	视频特效编辑	2课时	4课时

本书结构合理、讲解细致、特色鲜明，侧重于综合职业能力与职业素养的培养，融"教、学、做"为一体，适合应用型本科、职业院校以及培训机构作为教材使用。

本书由蔡盈盈和方柯担任主编。由于编者水平有限，书中难免会有疏漏之处，恳请读者朋友批评指正。

编 者

2025年2月

目录

模块1 一站式短视频拍摄与编辑

1.1 抖音App入门 ... 2
    1.1.1 抖音App的界面 ... 2
    1.1.2 抖音App的功能 ... 2

1.2 使用抖音拍摄短视频 ... 3
    1.2.1 拍摄设置 ... 3
    1.2.2 分段拍摄 ... 7
    1.2.3 使用特效拍摄视频 ... 8

1.3 使用抖音美化视频 ... 8
    1.3.1 使用模板一键成片 ... 9
    1.3.2 导入短视频素材 ... 10
    1.3.3 为短视频添加文字 ... 11
    1.3.4 为短视频添加贴纸 ... 13
    1.3.5 添加特效和滤镜 ... 14
    1.3.6 为短视频添加背景音乐 ... 15
    1.3.7 字幕的提取和编辑 ... 15

1.4 短视频的剪辑与发布 ... 17
    1.4.1 快速剪辑短视频 ... 17
    1.4.2 用模板制作封面文字 ... 18
    1.4.3 自定义封面文字 ... 19
    1.4.4 发布短视频 ... 20

课堂演练：可爱萌宠一键出片 ... 21

光影加油站 ... 24

模块2 剪映基础

2.1 熟悉剪映的工作界面 ... 26
    2.1.1 手机端剪映App的界面 ... 26
    2.1.2 专业版工作界面 ... 29

2.2 新手快速成片 ... 32
    2.2.1 套用模板 ... 32
    2.2.2 图文成片 ... 36

2.3 开始创作短视频 ... 38
    2.3.1 导入本地素材并添加到轨道 ... 38
    2.3.2 从素材库中选择素材 ... 41

		2.3.3	删除素材	42

		2.3.3 删除素材	42
		2.3.4 复制素材	42
		2.3.5 调整素材顺序	43
		2.3.6 素材的分割与裁剪	44
		2.3.7 打开剪辑辅助工具提高剪辑效率	45
	2.4	**素材的基础编辑**	46
		2.4.1 调整视频比例	46
		2.4.2 调整画面大小	47
		2.4.3 旋转视频画面	49
		2.4.4 设置镜像效果	50
		2.4.5 视频倒放	51
		2.4.6 画面定格	51
		2.4.7 添加画中画轨道	52
		2.4.8 精确调整画面大小和位置	53
		2.4.9 设置视频背景	53
		2.4.10 视频防抖处理	56
	课堂演练：制作城市倒影效果		57
	光影加油站		61

模块3　剪映全效编辑视频美化

3.1	**内置工具美化视频**	64
	3.1.1 添加风景滤镜	64
	3.1.2 为视频添加特效	65
	3.1.3 添加贴纸	66
	3.1.4 为贴纸设置运动跟踪	67
3.2	**画面色彩调节**	69
	3.2.1 基础调色	69
	3.2.2 HSL八大色系调色	72
	3.2.3 曲线调色	73
	3.2.4 色轮调色	75
3.3	**智能抠取图像**	77
	3.3.1 色度抠图	77
	3.3.2 自定义抠像	78
3.4	**为视频添加转场效果**	80
	3.4.1 使用内置转场效果	80
	3.4.2 用素材片段进行转场	81
	3.4.3 用自带特效进行转场	82

课堂演练：制作中秋月亮特效 　83

光影加油站 　90

模块4　视频的创意剪辑

4.1	**蒙版的添加和编辑**	92
	4.1.1 蒙版的类型	92

4.1.2　添加和编辑蒙版 ··· 92
　　4.1.3　设置蒙版羽化 ··· 95
　　4.1.4　反转蒙版 ··· 96
　　4.1.5　删除蒙版 ··· 97
4.2　"关键帧"的应用 ··· 97
　　4.2.1　添加关键帧 ··· 97
　　4.2.2　为图片添加关键帧 ··· 97
　　4.2.3　为蒙版添加关键帧 ··· 99
　　4.2.4　为滤镜添加关键帧 ··· 101
4.3　后期画面合成 ·· 102
　　4.3.1　混合模式的类型 ·· 102
　　4.3.2　滤色混合模式 ··· 102
　　4.3.3　变暗混合模式 ··· 103
　　4.3.4　变亮混合模式 ··· 104
　　4.3.5　正片叠底混合模式 ··· 105
　　4.3.6　调整画面透明度 ·· 106

课堂演练：制作延时拍摄特效 ·· 107

光影加油站 ·· 112

模块5　短视频音字处理与导出

5.1　添加背景乐 ·· 114
　　5.1.1　从音频库中添加背景乐 ·· 114
　　5.1.2　导入本地音乐 ··· 115
　　5.1.3　提取视频中的音乐 ··· 116
5.2　添加音效与录音 ··· 117
　　5.2.1　添加音效 ··· 117
　　5.2.2　录制声音 ··· 118
5.3　对视频原声进行处理 ··· 119
　　5.3.1　调整音量 ··· 119
　　5.3.2　音频变速 ··· 120
　　5.3.3　原声变调 ··· 121
　　5.3.4　关闭原声 ··· 121
5.4　音频素材进阶操作 ··· 122
　　5.4.1　音画分离 ··· 122
　　5.4.2　音频淡化 ··· 122
　　5.4.3　添加节拍标记 ··· 123
5.5　创建字幕 ··· 124
　　5.5.1　添加并设置字幕 ·· 124
　　5.5.2　设置创意字幕 ··· 125
　　5.5.3　创建花字效果 ··· 127
　　5.5.4　使用文字模板 ··· 128
5.6　智能应用 ··· 129
　　5.6.1　识别字幕 ··· 129
　　5.6.2　字幕朗读 ··· 131
　　5.6.3　识别歌词 ··· 132

5.7 视频的导出设置 ··· 133
- 5.7.1 封面的添加和导出 ··· 133
- 5.7.2 设置视频标题 ··· 137
- 5.7.3 选择分辨率和视频格式 ··· 137
- 5.7.4 只导出音频 ··· 138
- 5.7.5 导出静帧画面 ··· 139
- 5.7.6 草稿的管理 ··· 139

课堂演练：制作卡点短视频 ··· 141

光影加油站 ··· 146

模块6 Premiere剪辑操作

6.1 Premiere软件入门 ··· 148
- 6.1.1 Premiere的工作界面 ··· 148
- 6.1.2 自定义工作区 ··· 149
- 6.1.3 首选项设置 ··· 149

6.2 文档和素材的基础操作 ··· 150
- 6.2.1 文档的管理 ··· 150
- 6.2.2 新建素材 ··· 152
- 6.2.3 导入和管理素材 ··· 152
- 6.2.4 渲染和输出 ··· 155
- 6.2.5 输出缩放短视频 ··· 157

6.3 素材剪辑操作 ··· 159
- 6.3.1 剪辑工具的应用 ··· 159
- 6.3.2 素材剪辑 ··· 161
- 6.3.3 创建帧定格 ··· 164

6.4 短视频字幕编辑 ··· 167
- 6.4.1 创建文本 ··· 167
- 6.4.2 编辑和调整文本 ··· 168

课堂演练：为视频添加定位 ··· 170

光影加油站 ··· 175

模块7 蒙版和抠像

7.1 认识关键帧 ··· 177
- 7.1.1 什么是关键帧 ··· 177
- 7.1.2 添加关键帧 ··· 177
- 7.1.3 管理关键帧 ··· 178
- 7.1.4 关键帧插值 ··· 179

7.2 蒙版 ··· 180
- 7.2.1 什么是蒙版 ··· 180
- 7.2.2 创建蒙版 ··· 181
- 7.2.3 管理蒙版 ··· 181
- 7.2.4 蒙版跟踪操作 ··· 182

	7.2.5 屏幕模糊效果 ·· 183
7.3	抠像 ··· 184
	7.3.1 什么是抠像 ··· 184
	7.3.2 抠像的作用 ··· 184
	7.3.3 常用抠像效果 ··· 185
	7.3.4 使用抠像替换画面 ····································· 189

课堂演练：展开的画卷视频 ·· 190

光影加油站 ·· 192

模块8 短视频调色

8.1	图像控制类视频调色效果 ······································ 195
	8.1.1 颜色过滤 ··· 195
	8.1.2 颜色替换 ··· 195
	8.1.3 灰度系数校正 ··· 196
	8.1.4 黑白 ··· 196
8.2	过时类调色效果 ·· 198
	8.2.1 RGB曲线 ·· 198
	8.2.2 通道混合器 ··· 198
	8.2.3 颜色平衡（HLS） ······································· 199
8.3	通道类调色效果 ·· 201
8.4	颜色校正类调色效果 ·· 201
	8.4.1 ASC CDL ··· 201
	8.4.2 Brightness & Contrast ································ 202
	8.4.3 Lumetri颜色 ·· 202
	8.4.4 色彩 ··· 203
	8.4.5 视频限制器 ··· 203
	8.4.6 颜色平衡 ··· 204
8.5	调整类视频效果 ·· 205
	8.5.1 提取 ··· 205
	8.5.2 色阶 ··· 206
	8.5.3 ProcAmp ··· 206
	8.5.4 光照效果 ··· 207

课堂演练：季节变换效果 ·· 207

光影加油站 ·· 211

模块9 音频的处理

9.1	认识音频 ··· 213
9.2	音频的编辑 ··· 213
	9.2.1 音频增益 ··· 213
	9.2.2 音频持续时间 ··· 214
	9.2.3 音频关键帧 ··· 214
	9.2.4 音频过渡效果 ··· 215

9.2.5 "基本声音"面板 215
9.3 音频效果的应用 217
    9.3.1 振幅与压限类音频效果 217
    9.3.2 延迟与回声音频效果 219
    9.3.3 滤波器和EQ音频效果 220
    9.3.4 调制音频效果 221
    9.3.5 降杂/恢复音频效果 222
    9.3.6 混响音频效果 223
    9.3.7 特殊效果音频效果 224
    9.3.8 "立体声声像"音频效果组 225
    9.3.9 "时间与变调"音频效果组 225

课堂演练：制作回声效果 227

光影加油站 229

模块10 视频特效编辑

10.1 认识效果 231
    10.1.1 视频效果类型 231
    10.1.2 编辑视频效果 232
    10.1.3 视频过渡效果 232
    10.1.4 编辑视频过渡效果 233

10.2 视频效果的应用 235
    10.2.1 变换类视频效果 235
    10.2.2 扭曲类视频效果 238
    10.2.3 模糊与锐化类视频效果 240
    10.2.4 生成类视频效果 243
    10.2.5 过渡类视频效果 244
    10.2.6 风格化类视频效果 245
    10.2.7 透视类视频效果 247
    10.2.8 制作玻璃划过效果 248

10.3 视频过渡效果的应用 251
    10.3.1 内滑类视频过渡效果 251
    10.3.2 划像类视频过渡效果 253
    10.3.3 擦除类视频过渡效果 253
    10.3.4 溶解类视频过渡效果 254
    10.3.5 缩放类视频过渡效果 255
    10.3.6 页面剥落类视频过渡效果 256
    10.3.7 制作电子相册 256

课堂演练：制作影片闭幕效果 259

光影加油站 264

参考文献 266

模块 1　一站式短视频拍摄与编辑

内容概要

抖音除了短视频社交功能以外，还包含了内容创作与编辑工具。在视频编辑方面不仅提供视频裁剪、分割、旋转、镜像等基础编辑功能，还提供了丰富的转场效果、字幕、贴纸、文字动画、背景乐和音效等高级编辑工具，帮助用户创作出更具创意和个性化的视频内容。另外，抖音还提供了强大的拍摄辅助工具，如网格线、水平仪等，能够帮助用户更好地构图和保持画面稳定；同时抖音还支持倒计时拍摄、手势控制等功能，能够大幅提升用户的拍摄体验。

学习目标

【知识目标】
- 掌握使用抖音拍摄并美化短视频的方法和要点。
- 掌握使用抖音对短视频进行剪辑与发布的方法。

【能力目标】
- 能运用抖音完成短视频的拍摄与美化。
- 能使用抖音对短视频进行剪辑与发布。

【素质目标】
- 通过学习短视频的制作，培养精益求精的工匠精神。
- 通过学习短视频的剪辑与美化，培养审美意识，提升美学素养。

1.1 抖音App入门

抖音App（以下简称"抖音"）是一款音乐创意短视频社交软件，具备强大的娱乐化特点，提供了丰富多样的音乐和创意短视频内容，能够满足用户的娱乐需求。

1.1.1 抖音App的界面

打开抖音会默认进入"首页"界面，并自动播放系统推荐的短视频，往上滑动就可以观看下一条视频。界面底部则集成了首页、朋友、拍摄、消息、我五个界面切换选项，如图1-1所示。

- **首页**："首页"界面的顶部集合了经验、团购、关注、商城、推荐等标签，通过选择标签可以进入相应的界面。
- **朋友**：这里会显示所有关注账号和好友的最新动态。
- **拍摄**：界面下方的"+"表示拍摄视频。本模块后面的内容会详细讲解如何拍摄视频。
- **消息**："消息"界面会显示粉丝增加的数目，点赞、评论、转发等消息反馈，好友发的私信，以及系统推送的消息。
- **我**："我"界面是个人主页，在该界面中可以查看个人抖音号的获赞数量、粉丝数量、个人信息、发布的作品等。

1.1.2 抖音App的功能

图1-1 抖音首页

抖音的功能十分丰富，这些功能使得用户可以便捷地创作、分享和欣赏短视频内容。抖音的主要功能及其作用如下：

- **拍摄功能**：抖音为用户提供了免费的短视频拍摄平台，使用户可以轻松地创作出自己的作品。
- **视频编辑功能**：抖音的视频编辑功能非常强大且全面，可以帮助用户快速制作出高质量的短视频作品。无论是对视频进行基础剪辑还是添加特效、音乐和文本等元素，抖音都可以轻松实现。
- **观看与发布功能**：抖音整合了平台上内容丰富、数量众多的短视频，在平台内供用户浏览。用户只需在手机屏幕上上下滑动，就可以随时观看。
- **萌颜特效功能**：抖音提供了多种特效工具，如滤镜、美颜、音效等，使用户能够轻松地对自己的视频进行编辑和美化。
- **一键分享功能**：抖音支持将剪辑好的视频同步分享到其他社交媒体平台，方便用户进行推广和传播。

- **聊天功能**：抖音的聊天功能可以帮助用户与他人进行互动和交流，增加用户之间的黏性。
- **购物车功能**：抖音提供了购物车功能，用户可以在抖音上购买自己喜欢的商品。
- **直播功能**：抖音的直播功能使用户可以展示自己的才艺、分享自己的经验和知识，吸引更多的粉丝和观众。

1.2 使用抖音拍摄短视频

抖音支持多种拍摄模式，包括视频、照片、分段拍等，在拍摄时还可以选择快拍或各种特效，以满足用户不同的拍摄需求。

1.2.1 拍摄设置

打开抖音，点击界面底部的 ⊕ 按钮，如图1-2所示，即可切换到拍摄模式。手机自动打开摄像功能，默认为拍照片模式，如图1-3所示。在界面底部可以将拍摄模式切换为拍视频或分段拍模式，如图1-4所示。

图 1-2　点击"拍摄"按钮　　图 1-3　进入拍摄模式　　图 1-4　切换拍摄模式

在"拍摄"界面的右上角包含了一列功能按钮，通过这些按钮可以对相机进行一系列设置，如切换前置或后置摄像头、开启或关闭闪光灯、设置最大拍摄时长、拍摄动图、设置是否使用音量键拍摄、选择是否开启网格、添加美颜、添加滤镜，以及设置快慢速等。默认情况下这些按钮有部分被折叠，单击 ⌄ 按钮，可以将所有按钮显示出来，如图1-5和图1-6所示。

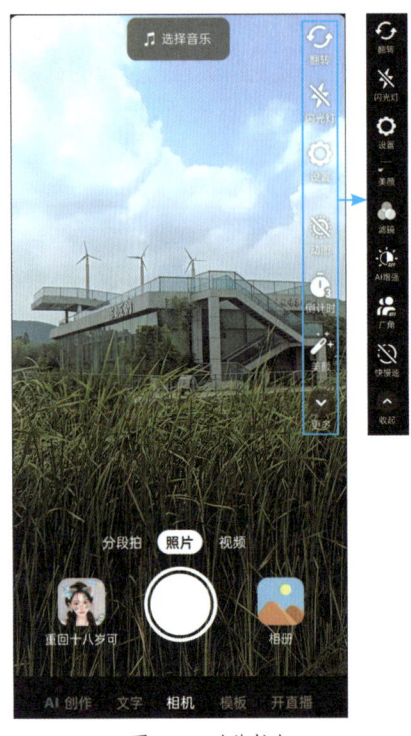

图 1-5　功能按钮　　　　　　　　图 1-6　显示更多功能按钮

1. 翻转

现在的智能手机几乎都有前、后摄像头，在拍摄视频时，点击右上角的◎按钮，可以翻转前、后摄像头。

2. 闪光灯

闪光灯具有开启闪光灯◐、自动闪光灯◐、关闭闪光灯◐三种模式。

- **开启闪光灯**：在开启闪光灯模式下，无论拍摄场景的光线强度如何，都会在拍摄时开启闪光灯进行闪光，该模式在拍摄背对光源的人物时可增加人物的亮度，但容易出现红眼。
- **自动闪光灯**：在自动闪光灯模式下，相机会根据系统预设值自动判断拍摄场景的光线是否充足，如果达不到预设值，就会在拍摄时打开闪光灯以弥补光线的亮度。
- **关闭闪光灯**：在关闭闪光灯模式下，无论在什么情况下拍摄照片都不会启动闪光灯。

3. 设置

单击◎按钮，屏幕下方会显示一个菜单，并提供最大拍摄时长、拍摄比例、使用音量键拍摄、网格4种设置选项。

- **最大拍摄时长**：抖音提供15 s、60 s、180 s三种最大拍摄时长，默认使用的最大拍摄时长为15 s，表示拍摄时若不手动停止拍摄，将在15 s时自动停止拍摄。用户可以根据需要更改最大拍摄时长，如图1-7所示。
- **拍摄比例**：包括9∶16和3∶4两种选项，用于设置照片画面的长宽比，通过调整拍摄比例，摄影者可以更好地适应不同的拍摄场景和主题，从而拍摄出更具表现力和艺术感的照片。

- **使用音量键拍摄**：开启"使用音量拍摄"右侧的开关，可以使用音量键（增加音量或减小音量键均可）代替屏幕中的"拍摄"按钮控制拍摄。
- **网格**：开启"网格"右侧的开关，可以在拍摄时在屏幕中显示网格线。显示网格线可以纠正画面倾斜，对摄影构图等具有帮助作用，如图1-8所示。

图1-7　设置最大拍摄时长　　　　图1-8　显示网格线

4. 动图

单击 ◉ 按钮可以切换至动图拍摄模式。在动图模式下，用户可以像拍摄普通视频一样进行拍摄。拍摄过程中，抖音系统会自动捕捉动态图像并生成具有动态效果的图片或短视频。

5. 倒计时

单击 ◉ 按钮，屏幕下方会展开一个菜单，在该菜单中可以设置自动停止拍摄的时间以及开始拍摄的倒计时时长。默认最大拍摄时长为15 s，拖动红色滑块可以设置自动停止拍摄的时间。在菜单右上角提供了3 s和10 s两种倒计时选项，用户可以根据需要选择，如图1-9所示。点击"开始拍摄"按钮，进入倒计时，如图1-10所示。倒计时结束后即进入拍摄模式，拍摄时长达到设置的最大时长后会自动停止拍摄。

图1-9　设置拍摄倒计时和视频时长　　　　图1-10　拍摄倒计时效果

6. 美颜

单击 按钮，屏幕下方会展开美颜菜单。菜单中提供了磨皮、瘦脸、大眼、清晰、美白、小脸、瘦鼻等选项，选择某种美颜选项，菜单上方会出现参数滑块，拖动滑块可以调整该项美颜效果的强度，如图1-11所示。在美颜菜单中向左滑动屏幕还可以看到更多美颜选项，如图1-12所示。

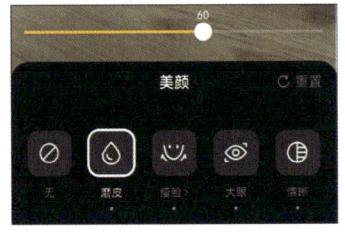

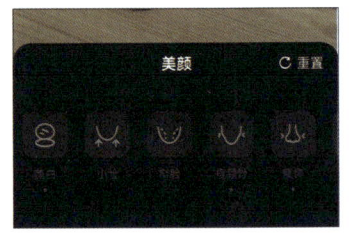

图 1-11　美颜菜单　　　　图 1-12　显示更多美颜选项

7. 滤镜

滤镜可以优化视频的显示效果，提升视频的质感和氛围。单击 按钮，屏幕下面会显示滤镜菜单。菜单中提供的滤镜类型包括人像、日常、复古、美食、风景、黑白等。在滤镜分类中选择一个滤镜选项，当前拍摄的画面即可应用该滤镜效果。选择某个滤镜后，菜单上方会出现滤镜参数滑块，拖动滑块可以调整滤镜的强度，如图1-13所示。

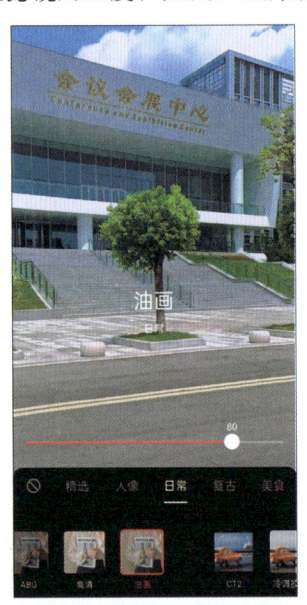

图 1-13　使用不同滤镜的效果

8. AI增强

"AI增强"功能的主要作用是启用或关闭抖音内置的AI技术，启用该技术可优化和提升视频拍摄的效果。当开启"AI增强"功能时，抖音会利用先进的AI算法对拍摄的视频进行实时处理，处理内容主要包括以下几个方面。

- **色彩优化**：AI会根据拍摄场景自动调整色彩，使画面更加鲜明、生动，同时保持自然。这种优化不同于简单的饱和度变化或滤镜效果，而是针对每个像素进行精细调整，以达到最佳视觉效果。

模块1 一站式短视频拍摄与编辑

- **清晰度提升**：通过AI算法，抖音可以增强视频的清晰度，减少噪点和模糊，使画面更加干净、细腻。
- **动态范围扩展**：在逆光或夜景等复杂光线环境下拍摄时，AI增强功能可以提升视频画面的动态对比度，使亮部和暗部细节更加清晰可见，避免过曝或欠曝现象。
- **智能剪辑与推荐**：虽然这项工作属于拍摄后的处理阶段，但AI技术也能在一定程度上辅助剪辑，提供智能的剪辑建议和特效推荐，帮助创作者快速生成高质量的短视频。

9. 广角

广角镜头能够捕捉更广阔的视野范围，将更多的景物和细节纳入画面之中。在抖音拍摄时，使用"广角"功能可以拍摄到更加宏大、壮观的场景，如自然风景、大型活动现场等，使得视频内容更加丰富和具有冲击力。需要注意的是，目前抖音视频"拍摄"界面中的广角模式和AI增强模式不能同时使用。

10. 快慢速

设置快慢速可以调整视频的播放速度，从而改变视频的节奏和氛围，单击 按钮，屏幕底部会出现视频速度选项，默认为"标准"速度，用户可以根据需要选择"极慢""慢""快""极快"速度。

■ 1.2.2 分段拍摄

分段拍摄可以将一个长视频分成多个片段进行拍摄，以便更好地进行创作和剪辑。分段拍摄与"快拍"不同，分段拍摄更适用于制作较长的视频，而快拍则适用于制作较短的视频。

进入拍摄状态后在屏幕底部选择"分段拍"选项，切换至分段拍模式，点击屏幕底部的红色圆形"拍摄"按钮，开始拍摄，如图1-14所示。一段拍摄完成后点击"拍摄"按钮，可以暂停拍摄，如图1-15所示。移动摄像头选择好拍摄场景，再次点击"拍摄"按钮，可以继续拍摄下一段视频，如图1-16所示。拍摄完成后，分段拍摄的视频素材自动合成为一段视频；拍摄结束后，自动进入视频编辑模式，如图1-17所示。

图 1-14 开始拍摄 　　图 1-15 暂停拍摄 　　图 1-16 继续拍摄 　　图 1-17 完成拍摄

■1.2.3 使用特效拍摄视频

抖音提供了丰富的特效,并深受用户喜爱。这些特效主要分为四大类:装饰特效、互动特效、风格特效和场景特效。下面介绍如何在拍摄视频时使用特效,具体操作步骤如下:

步骤01 进入抖音拍摄界面,选择好拍摄模式。此处选择"相机"模式,并选择拍"视频",点击屏幕左下方的"特效"按钮,如图1-18所示。

步骤02 进入特效模式,视频随即自动应用抖音推荐的最新特效,向左滑动可以查看并使用其他特效,如图1-19所示。

单击屏幕右下角的🔍按钮,可以显示出更多特效,用户可以根据需要进行选择,如图1-20所示。

图 1-18 使用特效　　图 1-19 切换特效　　图 1-20 显示更多特效

> **提示**:启动特效模式后默认使用前置摄像头,这是因为抖音中的大部分特效都是针对人脸来设计的,只有识别到人脸才能显示出效果。用户也可以根据需要点击界面右上角的翻转图标,切换摄像头。

1.3 使用抖音美化视频

抖音具有边拍摄边剪辑的功能,其智能匹配音乐、一键卡点视频,以及海量的原创特效、滤镜、场景切换等功能可以将用户随手拍摄的视频轻松变大片。

1.3.1 使用模板一键成片

抖音提供了大量的模板，用户只需根据模板提示替换其中的视频或照片，即可快速制作出高质量的短视频。运用模板快速制作短视频的方法有两种，分别是一键成片和剪同款。一键成片方法是根据素材匹配模板，剪同款方法是先选择模板再选择素材。下面分别介绍两种方法的具体操作。

1. 一键成片

步骤01 打开抖音，点击屏幕底部的 ⊕ 按钮进入拍摄界面，在该界面的底部选择"模板"选项进入"模板"界面，然后选择"一键成片"选项，如图1-21所示。

步骤02 系统会打开手机相册，选择需要使用的视频或图片，再点击屏幕右下角的"一键成片"按钮，如图1-22所示。

步骤03 系统随即根据所选素材自动推荐模板，若对当前推荐的模板不满意，还可以从屏幕下方的"推荐模板"区域内选择其他模板，选择好后点击屏幕右上角的"保存"按钮保存视频，或者单击"下一步"按钮，进入发布界面发布视频，如图1-23所示。

图1-21　选择"一键成片"选项　　图1-22　添加素材　　图1-23　选择模板并保存

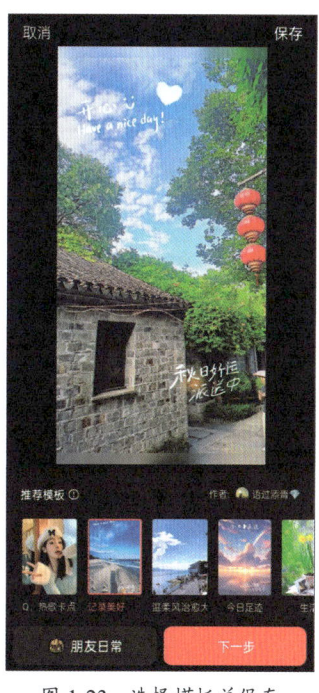

2. 剪同款

步骤01 打开模板界面，向左滑动屏幕，找到想要使用的模板类型，并选择一个合适的模板，如图1-24所示。

步骤02 打开模板后，点击屏幕右下角的"剪同款"按钮，如图1-25所示。

步骤03 系统随即自动打开手机相册，从相册中选择好素材，点击屏幕右下角的"下一步"按钮，模板中的原始素材随即被所选素材替换。

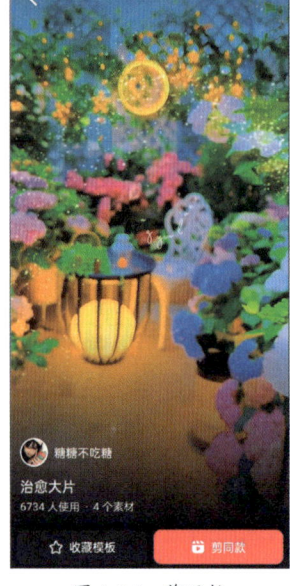

图 1-24 选择模板　　　　图 1-25 剪同款

■1.3.2　导入短视频素材

抖音除了可以对直接拍摄的视频进行创作编辑，还可以导入手机相册中保存的素材进行二次创作。下面介绍具体的操作方法。

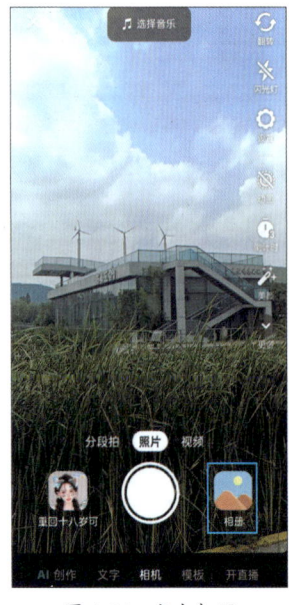

图 1-26 点击相册　　　图 1-27 选择素材　　　图 1-28 视频编辑界面

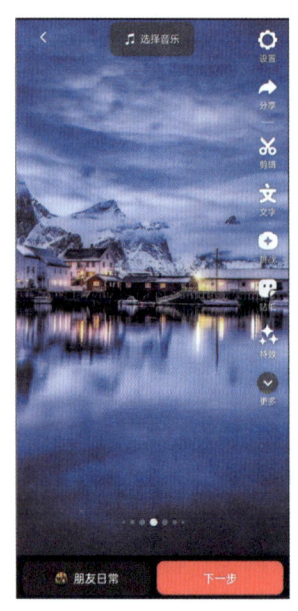

1.3.3 为短视频添加文字

在抖音中拍摄或导入视频后会自动进入视频编辑模式,在该模式下可以对视频进行剪辑和美化。下面将介绍如何为视频添加文字及设置文字效果等。

1. 添加文字

在抖音中拍摄或导入视频后进入编辑界面,点击屏幕右侧 文 按钮(或点击屏幕空白处),进入文字编辑模式,如图1-29所示。输入文本内容后,可以通过画面底部提供的字体选项更改文本的字体,如图1-30和图1-31所示。

图 1-29　文字编辑模式　　图 1-30　输入文本　　图 1-31　选择字体

2. 设置对齐方式和文本颜色

输入文本后,文本默认的对齐方式为居中对齐,文本颜色为白色,如图1-32所示。通过屏幕顶部的按钮,可以设置文本的对齐方式和颜色。设置文本左对齐、右对齐的效果如图1-33和图1-34所示。修改文本颜色的效果如图1-35所示。

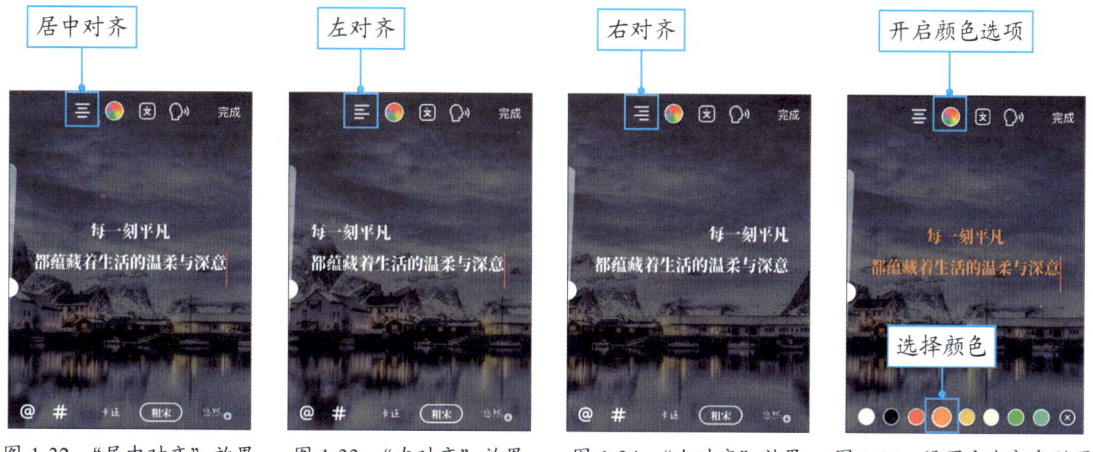

图 1-32　"居中对齐"效果　　图 1-33　"左对齐"效果　　图 1-34　"右对齐"效果　　图 1-35　设置文本颜色效果

3. 设置文字效果

保持文字为编辑状态,点击屏幕上方的 文 按钮,可以为文字添加描边、底纹等效果。点击一次按钮可以切换一种文字效果,共有文字描边、不透明底纹、按行添加底纹、半透明底纹等四种文字效果,如图1-36、图1-37、图1-38和图1-39所示。

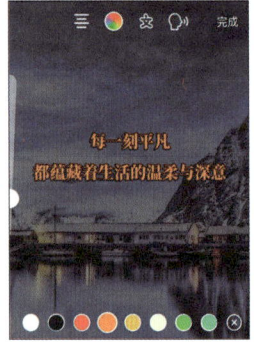

图 1-36 "文字描边"效果 　　图 1-37 "不透明底纹"效果 　　图 1-38 "按行添加底纹"效果 　　图 1-39 "半透明底纹"效果

4. 文本朗读

在视频中添加的文字内容还可以转换成语音。在文字编辑状下，点击屏幕顶部的按钮，进入文本朗读模式，在屏幕底部可以选择文本朗读的音色，选择好后点击"完成"按钮即可，如图1-40所示。

5. 设置文本时长

在视频中添加文字后，文字默认的时长与视频时长相同，用户可以根据需要修改文字的时长，即文字出现以及结束的时间。

在屏幕空白处点击，先退出文本编辑模式，然后点击文字，文字上方随即出现一个菜单，在菜单中选择"设置时长"选项，如图1-41所示。点击该选项后，可以在屏幕底部出现的菜单中进行时间设置，即调整文本的出现时间及结束时间，如图1-42所示。

图 1-40 "文本朗读"效果 　　图 1-41 选择"设置时长"选项 　　图 1-42 "调整时长"效果

6. 设置大小和位置

在文本上方移动双指，可以控制文本的缩放，双指距离变大则文字变大，双指距离缩小则文字缩小；双指按住文字，并旋转双指，可以旋转文本，如图1-43所示。长按文字进行拖动即可移动文本的位置，在移动和设置文本大小时，屏幕中会出现蓝色的参考线，以便确定文本的位置，如图1-44所示。

7. 删除文字

按住文字，将文字拖到屏幕最下方的"拖到这里删除"区域，当该区域变为红色，并显示"松手即可删除"文字时，松手即可将文字删除，如图1-45所示。

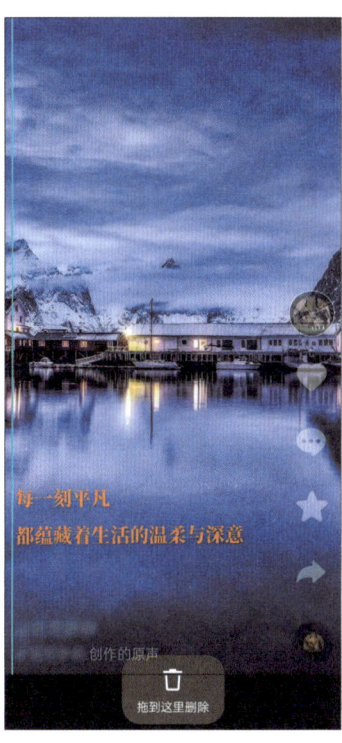

图1-43　缩放、旋转文本　　　　图1-44　移动文本　　　　图1-45　删除文本

■1.3.4　为短视频添加贴纸

贴纸在编辑视频时具有多种作用，可以增强视频的视觉效果、遮挡视频中的某些元素、添加标签或文字，以及增强视频内容的视觉吸引力。在抖音中编辑视频时添加贴纸的方法如下：

在抖音视频编辑界面中点击 按钮，打开贴纸菜单，如图1-46所示。该菜单中包含了多种贴纸类型，用户可以根据需要切换贴纸类型。选择一个合适的贴纸类型（见图1-47），点击后视频中随即添加了相应贴纸，拖动贴纸，设置其大小和位置即可，如图1-48所示。

图 1-46 点击"贴纸"按钮 　　图 1-47 选择贴纸类型 　　图 1-48 调整贴纸大小和位置

■ 1.3.5　添加特效和滤镜

抖音除了在拍摄时可以使用特效和滤镜,在编辑视频时也可以使用特效和滤镜,下面介绍具体的操作方法。

在抖音的视频编辑界面点击"特效"按钮,在屏幕底部会显示系统提供的各种特效。选择一款特效,当前视频随即应用该特效,如图1-49所示。

在视频编辑界面右侧展开所有折叠的功能按钮,点击"滤镜"按钮进入滤镜模式,如图1-50所示。在屏幕底部选择一种滤镜,当前视频即应用该滤镜,同时,还可调整菜单上方的滑块设置滤镜的强度,如图1-51所示。

图 1-49 添加特效 　　图 1-50 点击"滤镜"按钮 　　图 1-51 调整滤镜强度

■ 1.3.6　为短视频添加背景音乐

为短视频添加合适的背景音乐可以提升短视频的整体质量。下面将介绍为短视频添加背景音乐的具体操作方法。

在视频编辑界面点击屏幕最上方的"选择音乐"按钮（见图1-52），抖音随即根据视频内容自动推荐音乐。在"推荐"列表中选择某个音乐即可将该音乐设置为当前视频的背景音乐。若视频包含原声，可以点击屏幕最左下角的"原声开"按钮关闭原声，如图1-53所示。

图 1-52　点击"选择音乐"按钮

图 1-53　选择背景音乐

除了使用系统推荐的音乐，用户也可以根据歌曲名称或歌手姓名搜索需要的音乐，在图1-53所示的音乐"推荐"界面中，点击右上角的"搜索"按钮，底部菜单栏中随即出现搜索框，在搜索框中输入想要使用的歌曲名称，试听歌曲后点击"使用"按钮，即可将该音乐设置为当前视频的背景音乐，如图1-54所示。①

图 1-54　搜索音乐

■ 1.3.7　字幕的提取和编辑

和大多数专业视频剪辑软件一样，抖音也可以根据视频原声自动提取字幕。下面介绍具体的操作方法。

1. 自动识别字幕

在视频编辑界面的右侧展开所有折叠的功能按钮，随后点击"自动字幕"按钮（图1-55），系统随即开始识别字幕，如图1-56所示。识别完成后将自动生成字幕，每段字幕会与视频中对应的声音位置相匹配，如图1-57所示。

---

① 请确保所使用的音乐和歌曲拥有合法授权。未经著作权人许可而使用其作品属侵权行为。

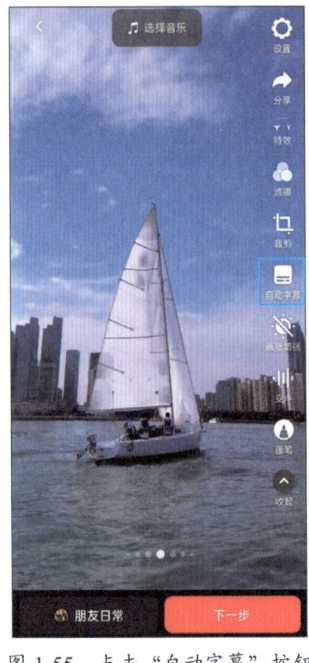

图 1-55 点击"自动字幕"按钮 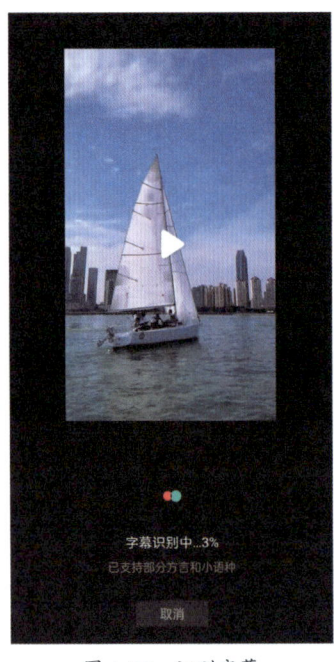　　　图 1-56 识别字幕 　　　图 1-57 生成字幕

2. 编辑字幕

生成字幕后系统允许对字幕进行编辑和美化。在图 1-57 所示的界面中点击 A 按钮，在随后打开的界面中可以设置字体和字体颜色，设置完成后点击屏幕右下角的 ✓ 按钮，保存操作，如图 1-58 所示。

点击 ✎ 按钮，在打开的界面中可以对字幕进行修改或删除等操作，修改完成后点击屏幕右上角的 ✓ 按钮，保存操作，如图 1-59 所示。

字幕效果设置完成以后，点击屏幕右上角的"保存"按钮保存字幕效果。长按字幕进行拖动可以调整字幕的位置，在字幕上方使用双指滑动还可以调整字幕的大小，如图 1-60 所示。

图 1-58 设置字幕字体和颜色 　　　图 1-59 修改字幕 　　　图 1-60 设置字幕位置和大小

1.4 短视频的剪辑与发布

对短视频进行简单编辑后便可以将短视频发布到抖音。发布短视频之前可以制作封面,并添加位置、进行作品描述、添加话题等。

1.4.1 快速剪辑短视频

利用"剪裁"功能可以对短视频进行剪辑,包括裁剪视频、分割视频、设置变速、调整音量、关闭或删除原声、添加音频等。下面介绍具体的操作方法。

步骤01 在抖音中导入视频,在视频编辑界面的右上角单击"剪辑"按钮,如图1-61所示。

步骤02 打开视频剪裁界面,在视频轨道中拖动左侧的█按钮和右侧的█按钮,可以裁剪视频,此处保留视频时长为6 s,如图1-62和图1-63所示。

图 1-61 点击"剪辑"按钮   图 1-62 视频裁剪界面   图 1-63 设置视频时长

步骤03 点击视频轨道左侧"原声开"按钮,关闭视频原声,如图1-64所示。

步骤04 点击视频轨道下方的"添加音频"轨道,在打开的界面中选择一首合适的音乐,该音乐即被设置为视频的背景音乐,如图1-65所示。

步骤05 保存音频轨道为选中状态,在底部工具栏中点击"淡化"按钮,展开"淡入淡出"菜单,设置"淡入"和"淡出"时长均为1.0 s,单击菜单右上角的█按钮保存淡入淡出设置效果,如图1-66所示。最后,点击屏幕右上角的"保存"按钮保存所有操作并退出剪裁模式。

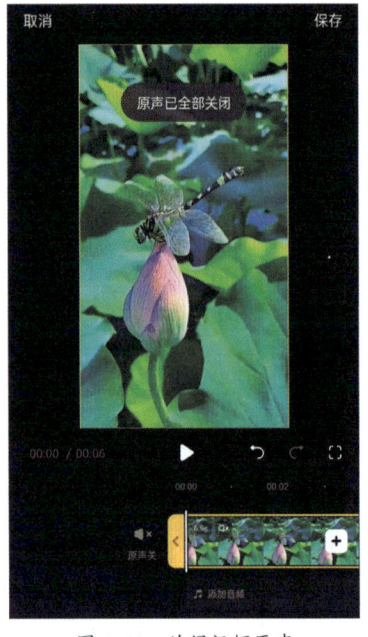

图1-64　关闭视频原声　　　图1-65　添加背景音乐　　　图1-66　设置淡入淡出效果

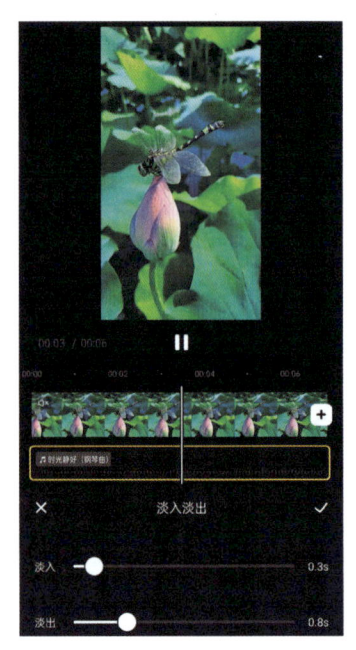

■1.4.2　用模板制作封面文字

使用抖音提供的文字模板可以快速制作出精美的短视频封面。短视频封面需要在视频发布界面进行设置，下面介绍具体的操作方法。

步骤01 在抖音的视频编辑界面中点击"下一步"按钮（见图1-67），进入视频发布界面。点击"选封面"链接，如图1-68所示。在随后打开的界面底部点击"选封面"按钮，如图1-69所示。

图1-67　点击"下一步"按钮　　　图1-68　点击"选封面"链接　　　图1-69　点击"选封面"按钮

步骤02 选择视频中的一帧画面，并调整选框的大小和位置，框选出要作为封面的区域，随后单击界面右上角的"下一步"按钮，如图1-70所示。

步骤 03 选择一个合适的封面文字模板,所选文字模板随即被添加到封面中,用户可以根据需要调整文字的大小和位置,设置完成后单击屏幕右上角的"保存封面"按钮,如图1-71所示。

步骤 04 返回视频发布界面,此时在封面预览区域可以看到封面中已经添加了文字,如图1-72所示。

图 1-70　选择封面区域　　　图 1-71　添加封面文字　　　图 1-72　封面设置完成

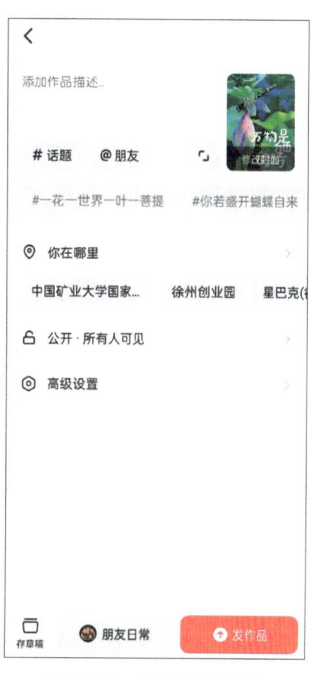

1.4.3　自定义封面文字

使用抖音编辑视频封面时还可以自定义封面文字及其效果。下面介绍具体的操作方法。

在视频发布界面点击"选封面"按钮,参照1.4.2小节"用模板制作封面文字"的步骤选择好视频封面。打开"模板"界面,在界面底部点击"文字"按钮,切换到"文字"界面,如图1-73所示。

在文本框中输入封面文字,如图1-74所示。通过界面底部的"文字样式"组内提供的选项设置字体、文本颜色、文本样式等效果,如图1-75所示。除自定义设置之外,用户也可以套用系统提供的文字样式快速美化封面文字,如图1-76所示。设置完成后点击"保存封面"按钮即可。

图 1-73　切换到文字界面

图1-74 输入封面文字 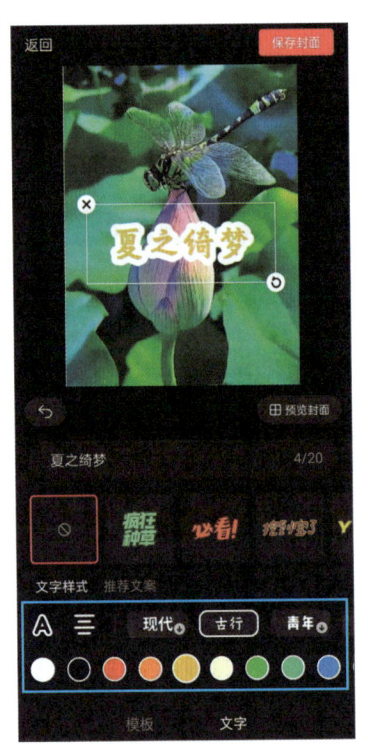　　图1-75 设置文字效果 　　图1-76 套用文字样式

1.4.4 发布短视频

在短视频发布界面输入作品描述内容,在作品描述内容之后还可以添加"#话题"以及"@朋友",以便更多人能看到这条视频,如图1-77所示。点击"你在哪里"打开"添加位置"界面,从该界面中选择一个位置,如图1-78所示。点击"公开·所有人可见"选项,可以对作品的可见权限进行设置。点击"高级设置"按钮,在展开的菜单中包含了"发布后保存至手机""保存自己内容带水印""高清发布""允许下载"等选项,用户可以根据需要进行设置,如图1-79所示。设置完成后点击屏幕右上角的"发布"按钮,即可将视频发布至抖音。

图1-77 添加作品描述和话题 　　图1-78 显示位置 　　图1-79 "高级设置"界面

课堂演练：可爱萌宠一键出片

从手机相册中导入多段视频素材，使用"一键成片"功能快速出片。具体操作步骤如下：

步骤01 打开抖音，在首页底部点击 ➕ 按钮进入拍摄模式，在界面右下角点击"相册"按钮，如图1-80所示。

步骤02 打开手机相册，点击页面右上角"多选"按钮开启多选模式，随后选中需要使用的多个视频素材，点击屏幕左下角"一键成片"按钮，如图1-81所示。

图1-80　点击"相册"按钮

图1-81　添加多个素材

步骤03 抖音应用开始对所选视频素材进行合成，同时在屏幕底部显示合成进度，如图1-82所示。

步骤04 所选视频素材经过系统自动合成后被自动套用推荐的模板，用户也可以根据需要选择其他模板，随后点击"下一步"按钮，如图1-83所示。

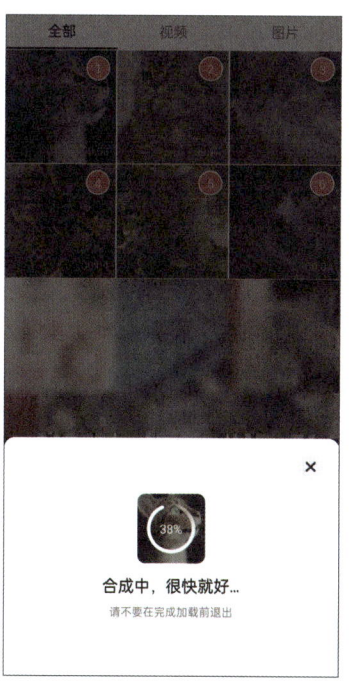

图1-82　合成素材

图1-83　自动套用模板

步骤 05 进入视频发布界面,点击右上方的"选封面"按钮,如图1-84所示。

步骤 06 切换到下一个界面,点击左下角的"选封面"按钮,如图1-85所示。

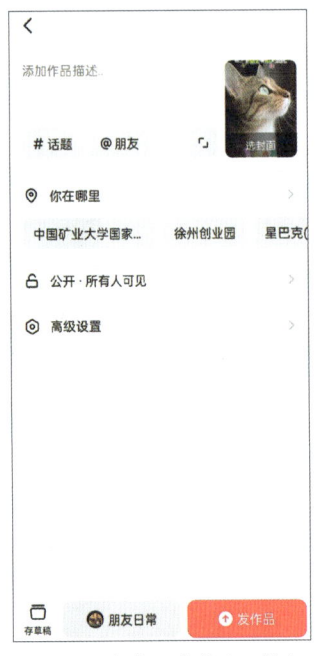

图1-84 点击"选封面"按钮　　图1-85 点击"选封面"按钮

步骤 07 进入封面选择页,在界面右下角点击"相册"按钮,如图1-86所示。

步骤 08 从相册中选择一张图片用作封面,再选择好图片的保留区域,点击右上角的"下一步"按钮,如图1-87所示。

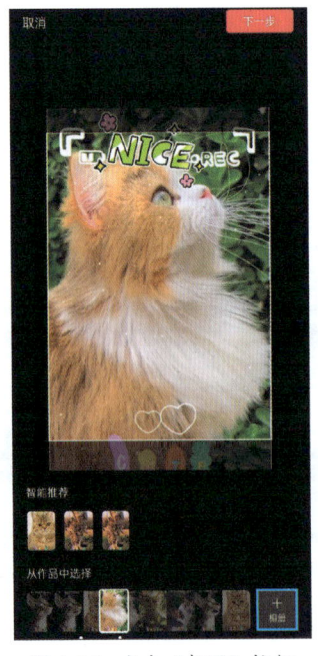

图1-86 点击"相册"按钮　　图1-87 选择封面图片

步骤09 进入"模板"界面,在"萌宠"分类中选择一个合适的文字模板,点击"保存封面"按钮,如图1-88所示。

步骤10 返回视频发布界面,输入作品描述、话题,设置好位置,点击"发作品"按钮,即可在抖音中发布当前视频,如图1-89所示。

图1-88　选择封面模板　　　图1-89　发布视频

步骤11 发布视频后可以查看视频播放效果,如图1-90所示。

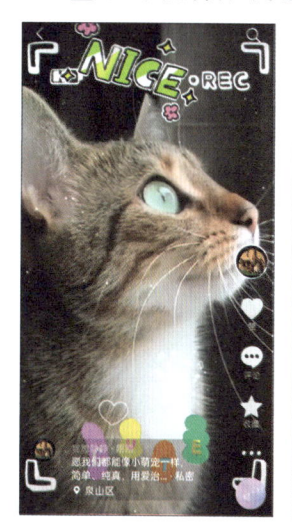

图1-90　视频播放效果

短视频创作实战

光影加油站

光影铸魂

近年来,红色旅游在抖音平台上已经成为热门话题之一,尤其是"#红色旅游打卡"话题,吸引了大量用户参与和关注。截至2024年底,该话题的总播放量已超过50亿次;超过100万用户参与了话题,并发布了相关短视频;该话题下的视频总点赞量超过2亿次,总评论数超过5 000万条。抖音用户分享自己在红色旅游景点的打卡视频,如井冈山、延安、西柏坡、遵义会议旧址等景点。这些短视频结合历史故事,讲解景点的背景和意义。用户不仅在这些旅游景点打卡,还表达了对革命先烈的敬意和对祖国的热爱。短视频结合抗战故事和文化体验,使红色旅游视频更具观赏性和传播性,增强了红色旅游的教育意义。"#红色旅游打卡"话题在抖音平台上取得了显著的传播效果,不仅推动了红色旅游的发展,还增强了年轻一代对革命历史和爱国主义的认同感。未来,随着技术和内容的不断创新,红色旅游在抖音上的传播将更加多元化和年轻化。

剪辑实战

作业名称:红色记忆——旅游 vlog

作业要求:

(1)查找素材。查找一个或多个红色旅游视频素材,如革命纪念馆、烈士陵园、历史遗址等。

(2)视频编辑。对找到的素材进行整理和剪辑,可以添加合适的背景音乐、字幕、滤镜等,提升视频的观赏性和感染力。视频时长控制在1~2分钟以内,内容紧凑,节奏明快;要确保视频画面、声音清晰,剪辑衔接要流畅,符合自媒体平台的发布标准。

(3)发布作品。完成视频剪辑后,将视频上传至自媒体平台,并添加相关话题标签,如"#红色旅游""#大学生vlog""#爱国主义教育"等,然后撰写吸引人的标题和简介,并鼓励观众点赞、评论和分享。作品发布后要关注视频的互动情况,及时回复观众的评论和提问。

(4)提交作业。提交视频链接及剪辑前后的原始素材。另外,撰写一份简短的创作说明,包括素材内容、剪辑思路、遇到的问题及解决方法等。

模块 2　剪映基础

内容概要

　　剪映作为一款视频编辑软件，凭借其全面的剪辑功能、丰富的素材资源、智能化的操作方式和强大的社交属性，在视频剪辑领域占据了重要地位。无论是初学者还是专业剪辑师，剪映都能满足其创作需求，帮助他们实现视频剪辑的无限可能。本模块将详细介绍剪映的常见版本、视频剪辑的基础操作等内容。

学习目标

【知识目标】
- 熟悉剪映手机端App及专业版软件的界面和功能，并掌握其使用方法。
- 掌握使用剪映创作短视频的方法和要点。

【能力目标】
- 能运用剪映手机端App完成短视频的创作。
- 能使用剪映专业版软件完成短视频的创作。

【素质目标】
- 通过学习短视频的创作，培养设计思维及创新意识。
- 通过AI辅助短视频创作，培养数字素养及信息化能力。

2.1 熟悉剪映的工作界面

用户可以通过手机软件商店搜索并下载安装剪映App。下面介绍手机端剪映App（以下简称"剪映"）的主要功能及其工作界面。

■ 2.1.1 手机端剪映App的界面

受到手机屏幕尺寸的限制，手机端剪映的操作界面相较于个人计算机客户端更加简洁。下面介绍手机端剪映的工作界面。

1. 初始界面

打开手机端剪映进入初始界面，初始界面包括智能操作区、创作入口、素材推荐区、本地草稿区、功能菜单区域等几大板块，如图2-1所示。

（1）智能操作区

智能操作区位于初始界面的顶部，默认为折叠状态，单击右侧的"展开"按钮可以展开该区域。该区域提供了多种智能工具，如一键成片、图文成片、AI作图、创作脚本、提词器、智能抠图等。使用这些功能可以提升视频剪辑的效果。

（2）创作入口

点击"开始创作" ➕ 按钮可以切换到编辑界面，在编辑界面中可以对视频进行各种剪辑和编辑。

（3）素材推荐区

"试试看"是一种素材模板功能，提供了大量特效、滤镜、文本、动画、贴纸、音乐等类型的素材模板，以便用户更快地找到自己喜欢的素材效果，如图2-2所示。选择某种效果（如选择一款贴纸效果）后，在打开的界面中选择一款贴纸，单击"试试看"按钮即可应用该贴纸效果，如图2-3所示。

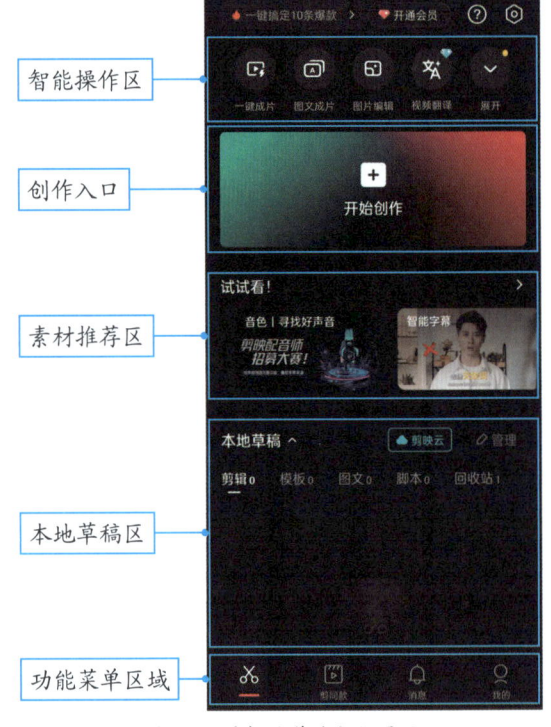

图 2-1　手机端剪映初始界面

图 2-2　"试试看"界面

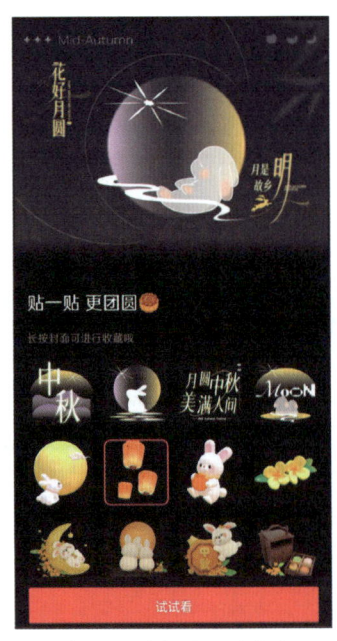

图 2-3　选择贴纸并应用

（4）本地草稿区

本地草稿区中包含"剪辑""模板""图文""脚本""最近删除"五个选项区。

在编辑界面中编辑过的视频会自动保存在"剪辑"选项区中；模板草稿、图文草稿和脚本草稿则会保存到对应的区域中；删除的草稿会先保存在"最近删除"选项区中，30天后将会被永久删除。

（5）功能菜单区

该区域中包含了"剪辑""剪同款""消息""我的"四个菜单选项。

- "剪辑"界面即初始界面，是启动剪映后默认的显示界面，如图2-4所示。
- "剪同款"界面为用户提供了风格各异的模板，方便用户快速选择，并制作出精美的同款短视频，如图2-5所示。
- "消息"界面中显示了用户收到的各种消息，包括官方的系统消息、视频的评论消息、粉丝留言以及点赞信息等，如图2-6所示。
- "我的"界面中包含个人信息，以及喜欢或收藏的模板、贴纸、图片等内容，如图2-7所示。

图 2-4 "剪辑"界面　　图 2-5 "剪同款"界面　　图 2-6 "消息"界面　　图 2-7 "我的"界面

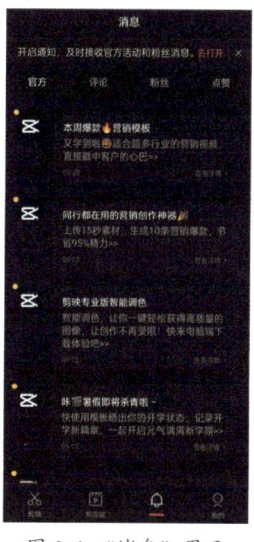

2. 选择素材

在初始界面中单击"开始创作"按钮进入素材界面，在该界面中包括"照片视频""剪映云"和"素材库"三个选项卡，用户可以根据需要从不同的选项卡中选择制作视频所需的原始素材。选择好素材之后，单击"添加"按钮（见图2-8），即可打开编辑界面。

（1）照片视频

"照片视频"选项卡中显示当前手机中保存的照片和视频，是打开素材界面后默认显示的界面。

（2）剪映云

剪映云类似于百度云，用于上传数据到云端存储。用户在任何设备上只要登录自己的账号，就可以下载在云端备份的视频。

（3）素材库

素材库中包含剪映提供的各种素材，素材的类型包括片头、片尾、热梗、情绪、萌宠表情包、背景、转场、故障动画、科技、空镜、氛围、绿幕等。

3. 编辑界面

编辑界面主要包括预览区域、时间线区域、工具栏等几个主要区域，如图2-9所示。

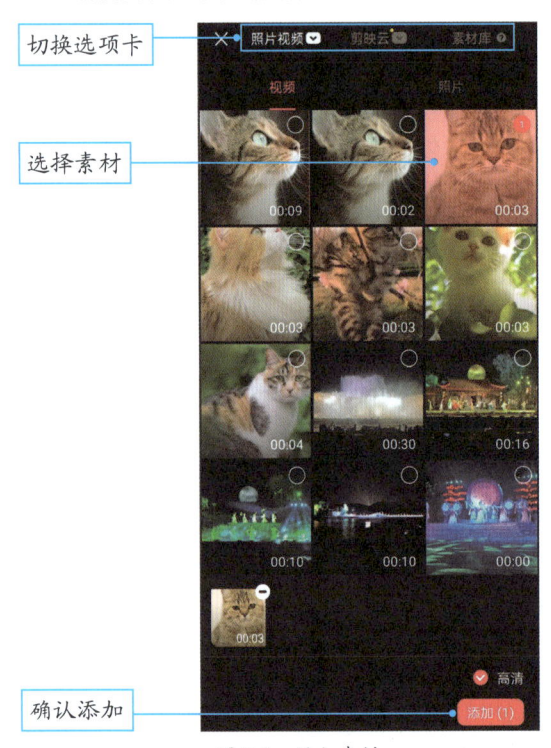

图 2-8　添加素材

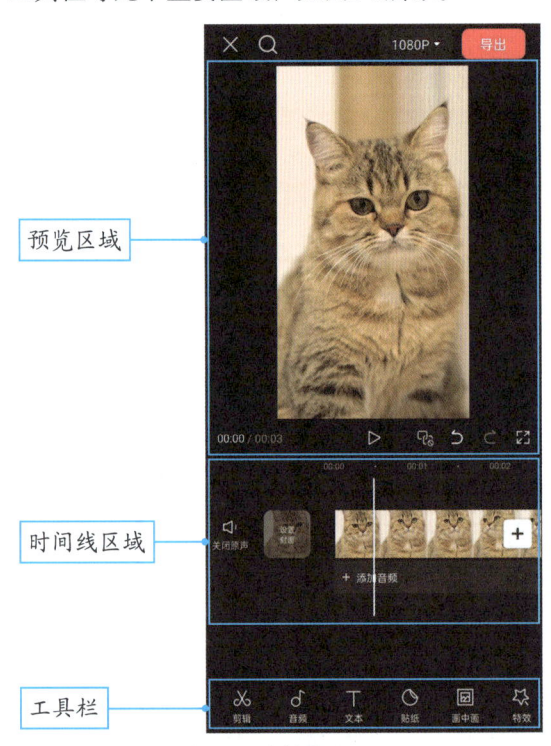

图 2-9　编辑界面

（1）预览区域

预览区域用于预览视频画面。当移动时间轴时，预览区域中会显示时间轴所在位置的那一帧画面。在视频剪辑过程中，需要通过预览区域即时观察操作效果。预览区域左下角的时间，表示时间轴所处的时间刻度以及视频的总时长，如图2-10所示。预览区下方的按钮作用说明如下：

- 播放/暂停▶：单击该按钮可以播放或暂停视频。
- 开启/关闭主轨联动：用于控制文字、贴纸、特效等素材是否跟随主轨片段移动或删除。

图 2-10　预览区域

- **撤销**：用于撤销上一步操作。
- **恢复**：用于恢复上一步被撤销的操作。
- **全屏播放**：可以将预览区域切换至全屏显示模式。

（2）时间线区域

时间线区域中包含轨道、时间刻度以及时间轴三大主要元素。不同类型的素材会在不同的轨道中显示，当时间线中被添加了多个轨道时，如添加了音频、贴纸、特效等素材，默认只显示视频和音频轨道，没有执行操作的轨道会被折叠，如图2-11所示。

另外，视频轨道左侧还包含"关闭原声"和"设置封面"两个按钮，通过这两个按钮可以关闭视频原声以及为视频设置封面。

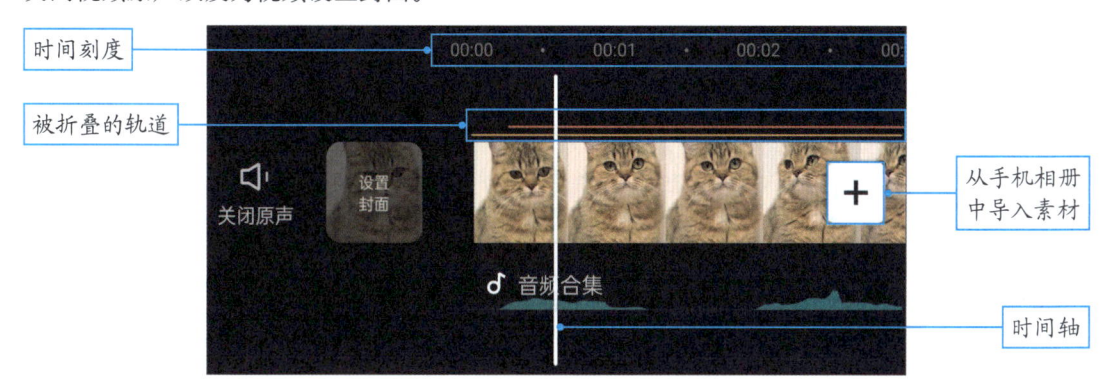

图2-11 时间线区域

（3）工具栏

工具栏中包含用于编辑视频的工具，在不选中任何轨道的情况下，显示的是一级工具栏，在一级工具栏中选择某个工具后则会切换到与该工具栏相关的二级工具栏。例如，在一级工具栏中单击"文字"按钮，二级工具栏中随即会显示与"文字"相关的更多操作按钮，如图2-12所示。

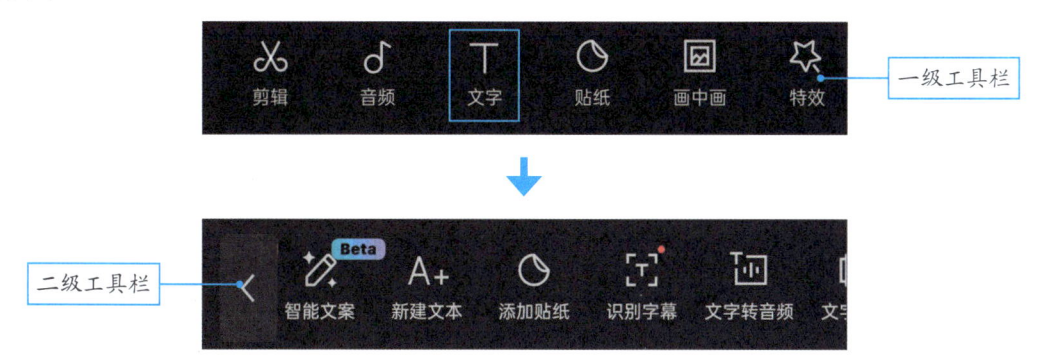

图2-12 工具栏

2.1.2 专业版工作界面

剪映专业版的工作界面和手机版相同，也分为初始界面和创作界面。下面详细介绍这两个界面。

1. 初始界面

剪映专业版启动后进入初始界面，初始界面由个人中心、导航栏、创作区、草稿区四大主要板块组成，如图2-13所示。

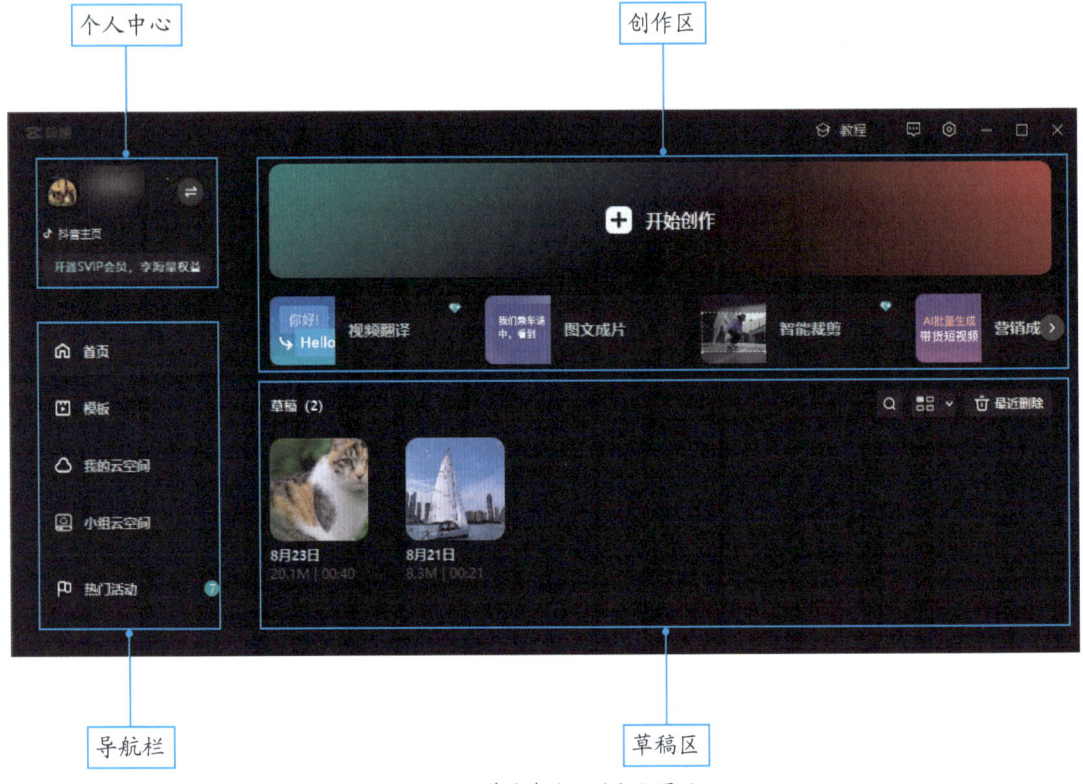

图 2-13　剪映专业版的初始界面

（1）个人中心

登录账号后，个人中心会显示账号的头像、名称以及版本信息等。单击账号名称右侧的按钮，通过下拉列表中提供的选项，可以执行打开个人主页窗口、绑定企业身份、退出登录等操作，如图2-14所示。

（2）导航栏

导航栏位于界面左侧，在个人中心板块的下方包含"首页""模板""我的云空间""小组云空间""热门活动"五个选项卡。启动剪映专业版以后，默认显示"首页"界面，该界面中包含创作区和草稿区两大区域。

图 2-14　个人中心

（3）创作区

创作区中包含创作入口和智能操作按钮两部分。单击"开始创作"按钮，可以打开创作界面。通过"开始创作"下方的"视频翻译""图文成片""智能裁剪""营销成片""创作脚本"以及"一起拍"按钮则可以执行相应的智能操作，如图2-15所示。

图 2-15　创作区

（4）草稿区

在创作界面中编辑过的内容，在退出创作时会自动保存为草稿。在草稿区中单击指定的视频，即可打开创作界面，继续编辑该视频。

2. 创作界面

剪映专业版的创作界面由素材区、播放器窗口、功能区以及时间线窗口四个主要部分组成，如图2-16所示。

图 2-16　剪映专业版的创作界面

创作界面中各主要组成部分的作用说明如下：

（1）素材区

素材区中包括媒体、音频、文本、贴纸、特效、转场、字幕、滤镜、调节、模板等选项卡，可以为视频添加相应的素材或效果。

（2）播放器窗口

剪映专业版的播放器窗口与手机版的预览区域在外观上基本相同，其作用是预览视频、显示视频时长、调整视频比例等。

（3）功能区

当对不同类型的素材进行操作时，功能区中会提供与所选内容相关的选项卡以及各种功能按钮、参数、选项等，以便对所选素材的效果进行编辑。

（4）时间线窗口

时间线窗口中包含工具栏、时间刻度、素材轨道、时间轴等元素，如图2-21所示。

- **工具栏**：工具栏左侧提供了一些快捷操作工具，如分割、删除、定格、倒放、镜像、旋转、裁剪等。在工具栏右侧包含了一些剪辑辅助工具，例如，打开或关闭主轴磁吸、打开或关闭自动吸附、打开或关闭联动、打开或关闭预览轴、快速缩放素材轨道等。
- **时间刻度**：时间刻度用于测量视频的时长，或精确控制指定素材的开始和结束时间点。
- **时间轴**：播放器窗口中会显示时间轴所在位置的画面，因此可以用时间轴精确定位执行操作的时间点。例如，用时间轴定位视频的分割或裁剪点，从时间轴位置添加音乐或文字等。
- **素材轨道**：剪映专业版的轨道不会因为素材的增加而被折叠，所有轨道都可以清楚的显示，而且可以通过鼠标拖动快速移动轨道中素材的位置、叠放次序等，操作起来非常方便。通过各轨道左侧的 按钮可以锁定当前轨道，通过 按钮则可以隐藏当前轨道。

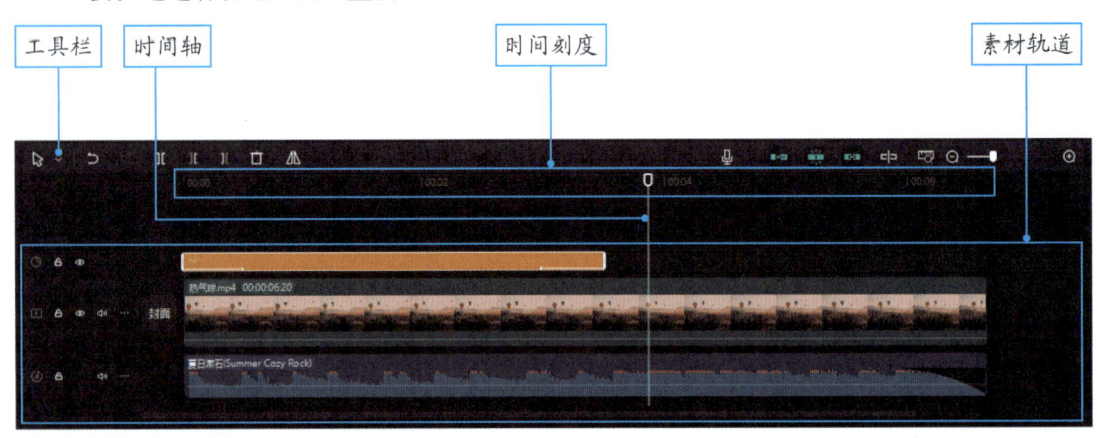

图 2-17 时间线窗口

2.2 新手快速成片

剪映对缺乏操作技巧的新手非常友好，不仅提供了丰富的模板，还可以利用智能工具快速创作脚本，利用一起拍、图文成片等快速生成视频。下面以剪映专业版为例进行讲解。

■2.2.1 套用模板

剪映提供了类型丰富的海量模板。使用模板可以大大缩短视频制作的时间，用户只需要将自己的素材添加到模板中，即可快速制作出高质量的视频。下面详细介绍如何套用模板快速制作高质量视频。

1. 根据风格类型选择模板

启动剪映，在初始界面中的导航栏内单击"模板"选项卡，打开的界面中包含了不同风格的模板，系统已经对这些模板进行了详细分类，例如，风格大片、片头片尾、宣传、日常碎片、vlog、卡点、旅行、情侣、纪念日、游戏、美食等。用户可以根据需要的风格来选择模板，如图2-18所示。

图 2-18 根据风格类型选择模板

2. 根据条件选择模板

若用户对将要制作的视频有一定的条件要求，例如，想要某一种指定类型的模板，或对画面比例、视频时长、视频中出现的片段数量有特定要求，则可以通过模板界面左上角的搜索框搜索模板，并在三个下拉列表中设置具体条件，如图2-19所示。

图 2-19 根据条件搜索模板

3. 预览并使用模板

将光标移动到模板上方，可以预览模板的播放效果，并可在模板左下角看到当前模板的时长以及包含的素材数量，单击"使用模板"按钮，即可以使用该模板，如图2-20所示。

图 2-20　预览并使用模板

4. 修改模板

模板下载成功后会自动在创作界面中打开，如图2-21所示。此时用户可以根据需要替换其中的视频素材，具体操作方法如下：

图 2-21　打开模板

步骤 01 在时间线窗口中单击素材上方的"替换"按钮，如图2-22所示。

步骤 02 在弹出的对话框中选择需要使用的素材，单击"打开"按钮，如图2-23所示。

图 2-22　替换指定素材　　　　　图 2-23　选择新素材

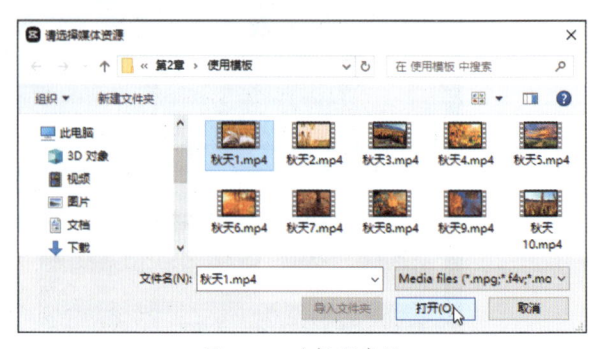

步骤 03 所选素材片段随即替换掉原来的素材成为新的视频片段，参照此方法可以继续替换其他素材片段，操作完成后可以单击"导出"按钮导出视频，如图2-24所示。

图 2-24　素材替换成功

知识延伸　除了可以在初始界面中选择模板，用户也可以在创作界面中的素材区内打开"模板"选项卡，从中选择合适的模板。将光标移动至模板上方可以对模板进行预览。单击模板右下角的 ⊕ 按钮，则可以使用该模板，如图2-25所示。

图 2-25　在创作界面中选择模板

■2.2.2 图文成片

图文成片功能可以为输入的文字智能匹配图片或视频素材，添加字幕、旁白和音乐，并自动生成视频。这个功能对于擅长撰文但不会剪辑的创作者十分友好，进一步降低了视频创作的门槛。下面详细介绍如何使用剪映专业版的"图文成片"功能快速制作视频。

1. AI智能生成文案

剪映的AI智能生成文案功能，是指利用先进的人工智能技术自动分析用户提供的素材或主题，快速生成与之匹配的文案内容。这一功能不仅节省了创作者编写文案的时间，还能够在一定程度上提升文案的创意性和准确性。启动剪映专业版，在初始界面中可以看到"图文成片"按钮，点击该按钮，如图2-26所示。

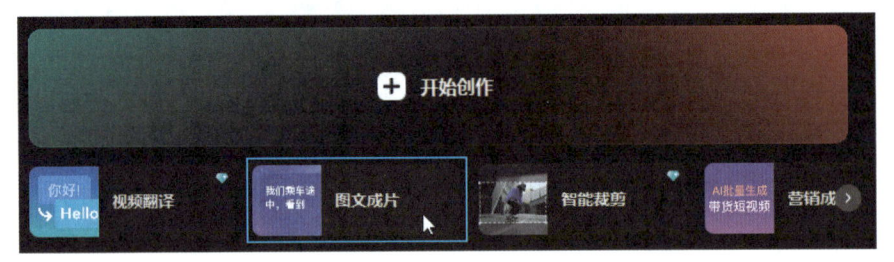

图 2-26　点击"图文成片"按钮

系统随即打开"图文成片"对话框，对话框左侧提供了不同类型的文案主题，此处选择"营销广告"类型，随后输入产品名称、产品卖点，选择好视频时长，点击"生成文案"按钮，如图2-27所示。

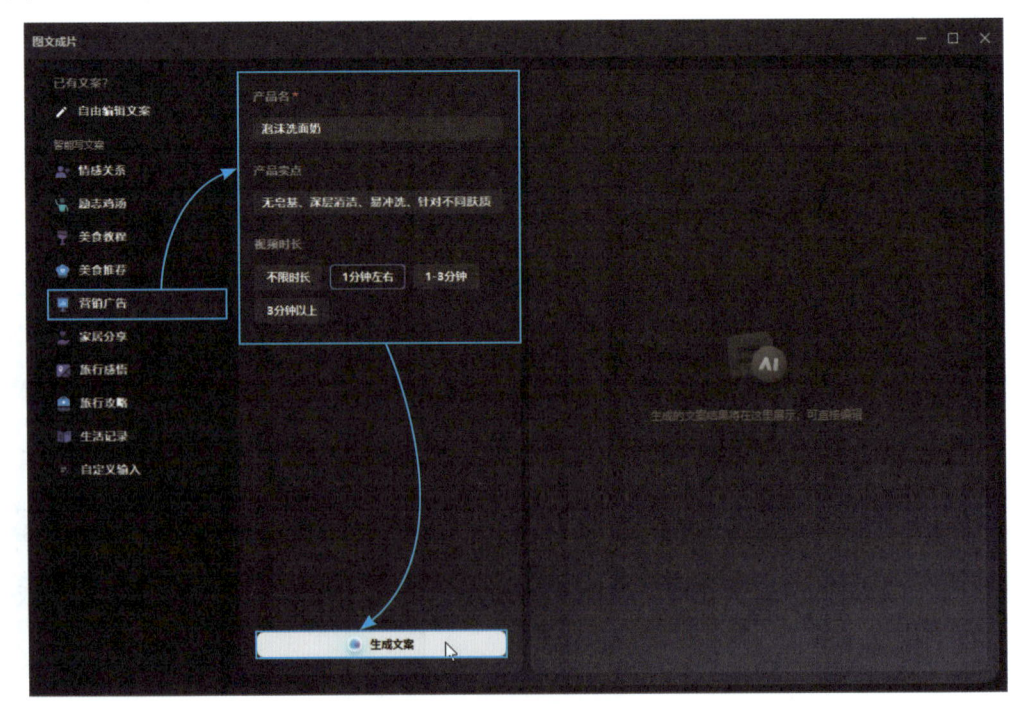

图 2-27　设置文案关键词

稍作等待后，剪映便会根据用户设定的关键信息自动生成文案，一次性可以生成三个文案，在文案结果的左下角点击页码箭头可以切换到下一个，以此方式可以查看另外的两个文案，如图2-28所示。

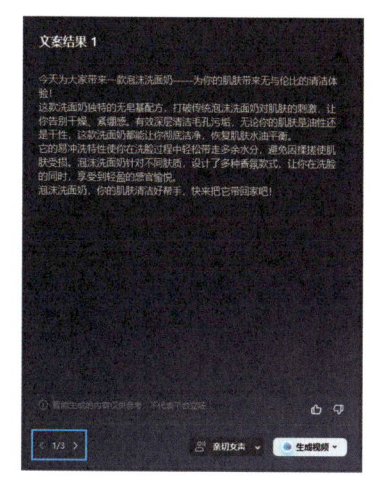

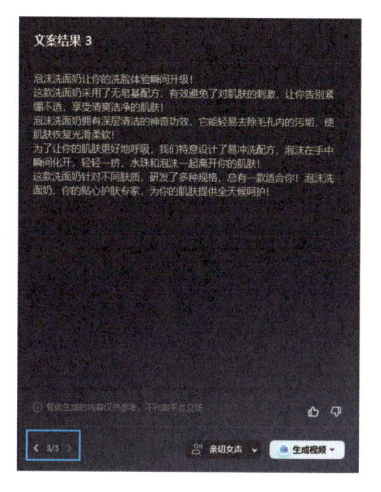

图 2-28　生成并查看文案

若对生成的文案均不满意，可以单击"重新生成"按钮，再次生成三个文案，如图2-29所示。

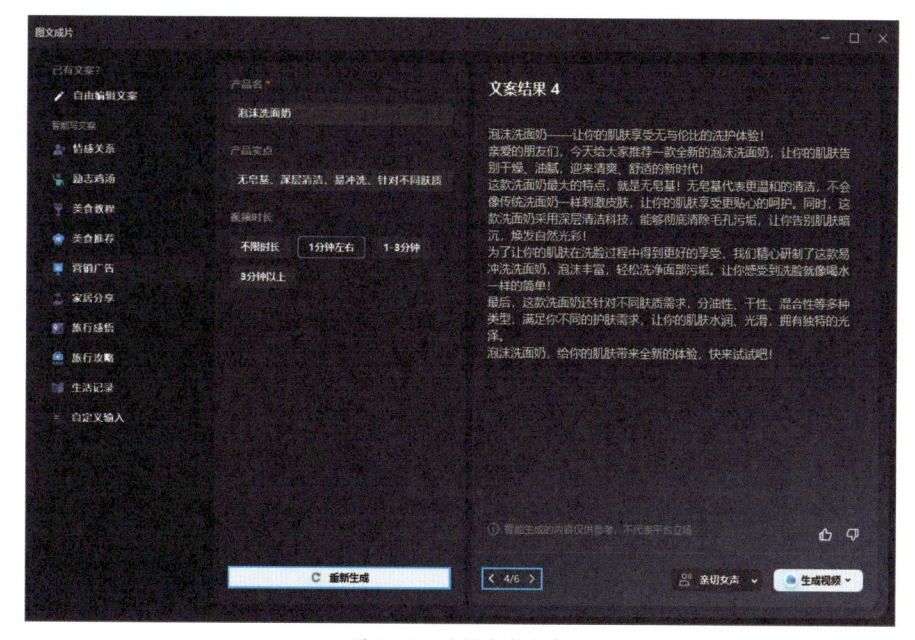

图 2-29　重新生成文案

2. 自由编辑文案

除了使用AI自动生成文案外，用户还可以根据需要自由编辑文案，具体操作方法如下：

打开"图文成片"对话框，点击左上角的"自由编辑文案"按钮（见图2-30），进入文案编辑模式。在文本框中输入内容；该窗口右下角包含两个按钮，单击左侧的" 播音克白 "按钮，从中选择朗读文案的声音；单击右侧的"生成视频"按钮，在展开的列表中可以选择素材的匹配方式，此处选择"智能匹配素材"选项，如图2-31所示。

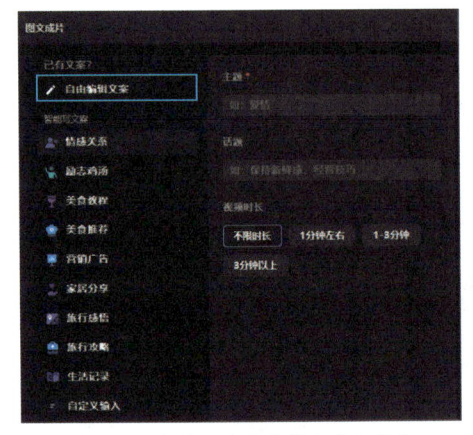

图 2-30　点击"自由编辑文案"按钮　　　图 2-31　输入文案、选择朗读声音和生成视频方式

系统随即开始根据所输入的内容自动匹配素材，朗读文本并生成字幕，视频生成后会自动在创作界面中打开，在时间线窗口中可以查看到自动匹配和生成的素材情况，如图2-32所示。

图 2-32　自动生成视频

2.3　开始创作短视频

掌握剪辑的基本功能并准备好素材后，便可以着手制作短视频了。在制作短视频过程中，有一些对素材的基本操作是需要掌握的。下面介绍在剪映中如何导入素材、删除素材、复制素材、分隔与裁剪素材，以及调整素材顺序等基本操作。

■2.3.1　导入本地素材并添加到轨道

导入素材是创作视频的第一步。在剪映中导入素材的方法很简单，操作方法也不止一种，用户可以根据个人操作习惯以及实际需要选择合适的方法。

1. 多种方法导入素材

在剪映中导入本地素材有两种方法：第一种方法是在素材区中打开"媒体"面板，在"本地"界面中点击"导入"按钮导入素材；第二种方法是直接将素材拖到素材区或时间线窗口中，如图2-33所示。

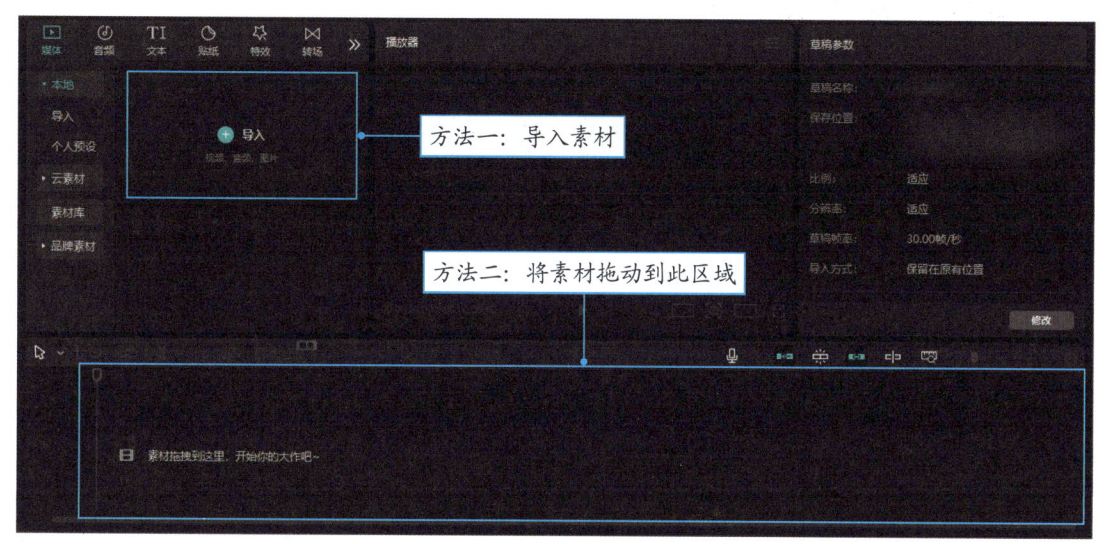

图 2-33 导入素材

方法一：

在"媒体"面板中的"本地"界面内点击"导入"按钮，在打开的对话框中选择一个素材文件，点击"打开"按钮，即可导入该素材，如图2-34所示。点击素材右下角的 按钮，即可将该素材添加至轨道中。导入了一段视频素材后若要继续导入新素材，可以在"媒体"面板中的"本地"界面内再次点击"导入"按钮进行导入，如图2-35所示。

图 2-34 通过"媒体"面板导入素材　　图 2-35 继续导入素材

方法二：

在计算机中选择好素材文件，按住鼠标左键不放，直接拖到剪映的轨道中，如图2-36所示。松开鼠标后该素材即被添加至轨道中，如图2-37所示。

图 2-36　向轨道中添加素材　　　　　　　图 2-37　素材添加效果

2. 批量导入素材

创作者也可在剪映中批量导入素材。在"本地"界面中单击"导入"按钮，在打开的对话框中，按住Ctrl键依次点击要使用的多个素材就会将这些素材全部选中，然后点击"打开"按钮（见图2-38），便可以将这些素材批量导入剪映中，如图2-39所示。

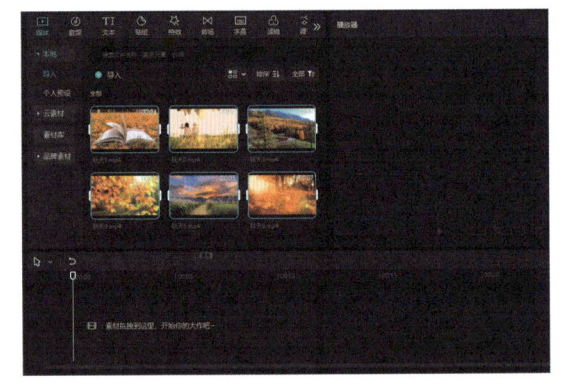

图 2-38　批量选择素材　　　　　　　　　图 2-39　批量导入素材效果

和导入单个素材相同，创作者也可以在文件夹中先选中多个素材，再将这些素材拖到视频轨道中，如图2-40所示。默认情况下相同类型的素材会在一个轨道中显示，如图2-41所示。

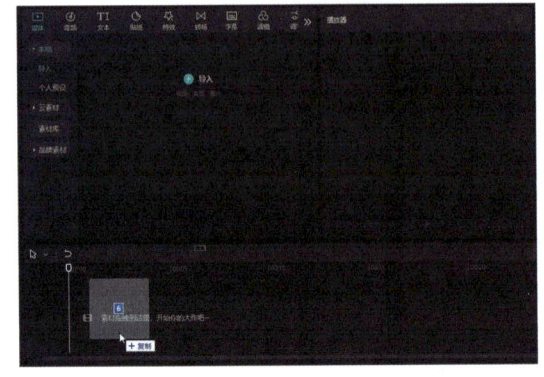

图 2-40　向轨道中批量拖入素材　　　　　图 2-41　批量导入素材效果

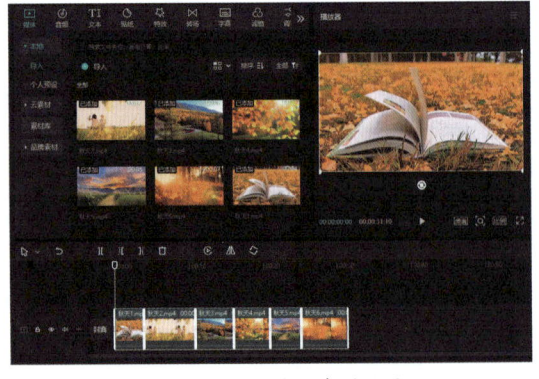

■2.3.2 从素材库中选择素材

剪映通过内置的素材库向用户提供了丰富的素材，内置素材的类型十分丰富，包括热门、片头、片尾、热梗、情绪、萌宠表情包、背景、转场、故障动画、科技、空镜、氛围、绿幕等。用户可以使用这些素材制作各种效果，提升视频的品质。

在素材区中的"媒体"面板内点击"素材库"按钮，可以展开所有素材类型，用户可以通过点击这些类型选项，快速找到想要使用的素材，或在素材库界面顶部的文本框中输入关键词搜索素材，如图2-42所示。

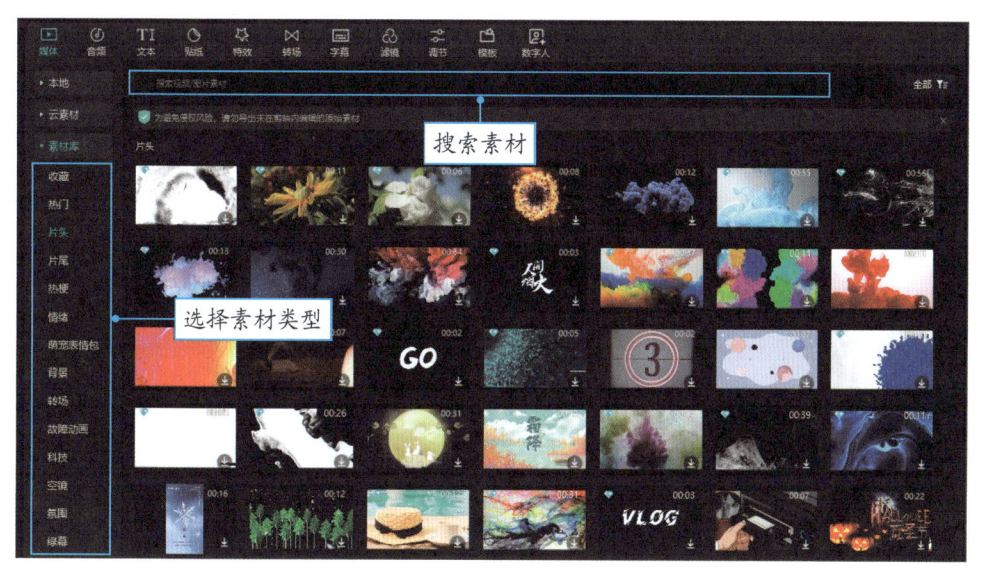

图 2-42　媒体素材库

如果对某个素材感兴趣，可以在该素材上方单击，预览该素材的效果，满意后点击素材上方的 ➕ 按钮，即可将该素材添加到轨道中，如图2-43所示。

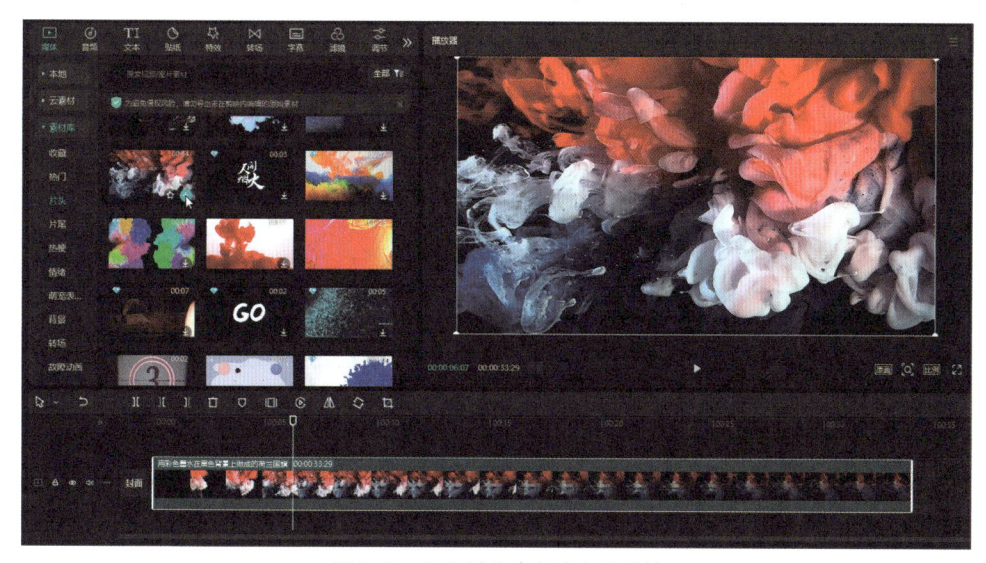

图 2-43　添加媒体素材库中的素材

2.3.3 删除素材

编辑视频的过程中若要去除某种效果，或移除某个视频片段，可以将这些素材从轨道中删除。

在轨道中选中要删除的素材片段，按Delete键，或在工具栏中点击"删除"按钮，即可将将该素材从轨道中删除，如图2-44所示。

图 2-44 删除素材

从外部导入的素材在轨道中删除后，该素材仍然保存在媒体面板中的"本地"界面中。在"本地"界面中右击该素材，在弹出的菜单中选择"删除"选项（或选中素材后按Delete键），如图2-45所示，可将该素材彻底删除，如图2-46所示。

图 2-45 执行"删除"命令　　　　　　　图 2-46 彻底删除素材

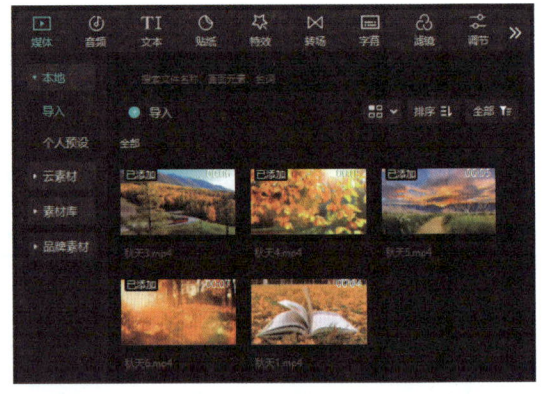

2.3.4 复制素材

在剪辑视频的过程中，经常需要复制素材，以便制作各种高级的视频效果，或避免重复操作加快剪辑速度。例如，制作好一个文本字幕后，可以复制该文本素材，只需修改文本内容即可快速获得具有相同格式的新字幕。另外，很多高级的视频效果也需要前期复制主轨道中的视频片段来完成，例如，文字穿透人体、物体镜像显示等。

下面以复制视频素材为例，在时间线窗口中选中要复制的视频片段，按【Ctrl+C】组合键进行复制，随后定位好时间轴，按【Ctrl+V】组合键进行粘贴。时间线窗口中随即自动新增一个轨道，并以时间轴位置作为起始点显示复制的视频素材，如图2-47所示。

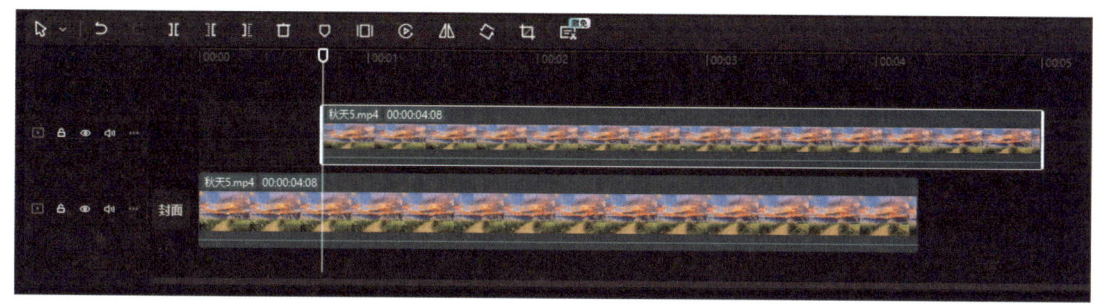

图 2-47　复制素材

2.3.5　调整素材顺序

素材被添加到轨道中后，创作者可以对素材的顺序进行调整，以更改其播放顺序。在轨道中选择要移动位置的视频片段，按住鼠标左键，向目标位置移动，松开鼠标即可完成位置的调整，如图2-48所示。

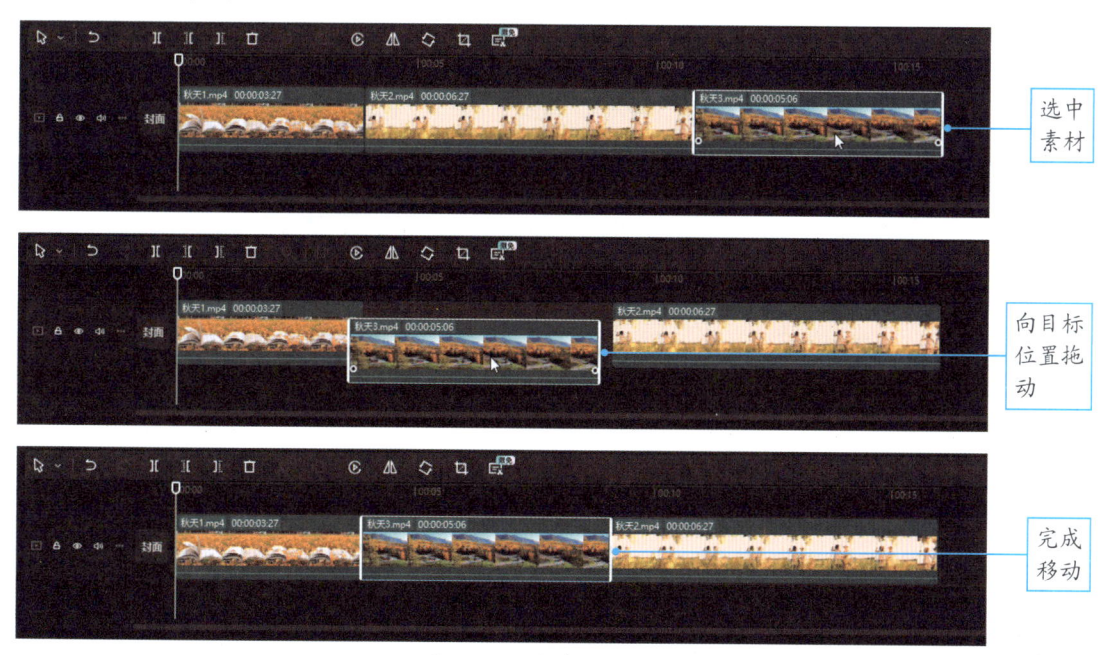

图 2-48　调整素材播放顺序

除了在当前轨道中移动素材，还可以将素材移动到其他轨道。操作方法如下：选中素材片段，按住鼠标左键，向主轨道上方拖动，松开鼠标后，所选素材随即被移动到上方的新建轨道中，如图2-49所示。

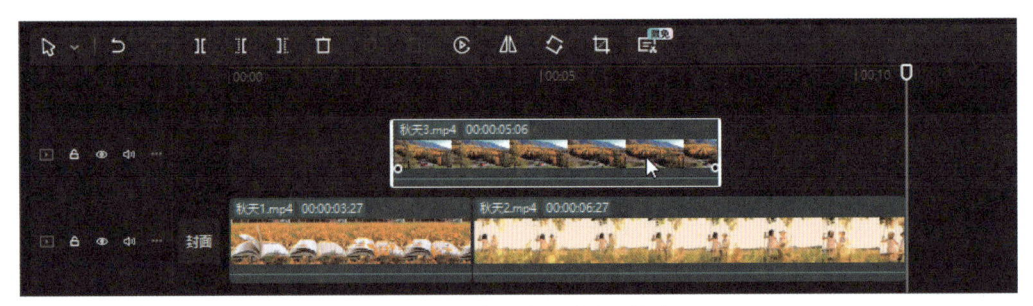

图 2-49　将素材移动到其他轨道

2.3.6　素材的分割与裁剪

将素材添加到轨道中以后，可以对素材进行分割或裁剪。时间线窗口中的工具栏内提供了分割与裁剪工具，用户可以使用这些工具进行操作。

1. 分割素材

在时间线窗口中选择要进行分割的素材片段，拖动时间轴，根据播放器中的预览画面确定好要分割的位置，如图2-50所示。

图 2-50　确定分割位置

在工具栏中单击"分割"按钮 ，即可将所选素材从时间轴位置进行分割，如图2-51所示。

图 2-51　分割素材

2. 裁剪素材

时间线窗口顶部的工具栏中包含"向左裁剪"按钮和"向右裁剪"按钮，用户可以使用这两个按钮，将时间轴左侧或右侧的素材裁剪掉。

在轨道中选好要裁剪的素材片段，将时间轴拖动至要裁剪的位置，单击"向左裁剪"或"向右裁剪"按钮，即可将素材左侧或右侧的素材裁剪掉。如图2-52所示。

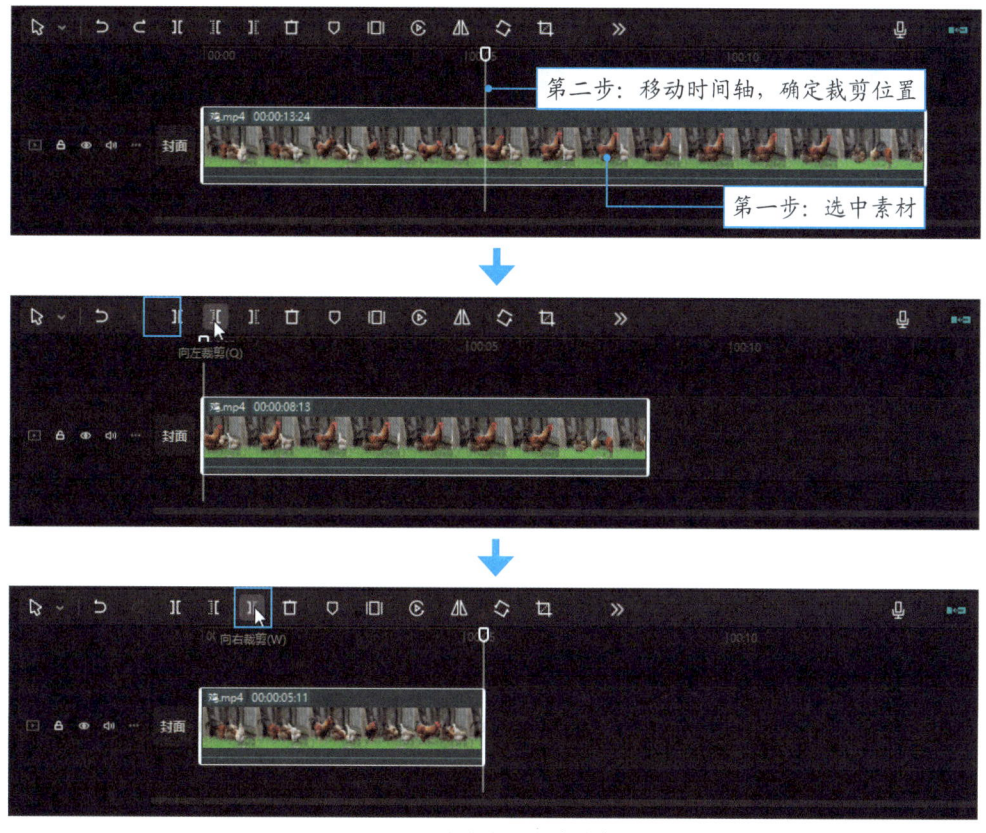

图 2-52　向左或向右裁剪素材

■2.3.7　打开剪辑辅助工具提高剪辑效率

时间线窗口中的工具栏内提供了一些可以提高剪辑效率的工具，从左至右依次为"打开/关闭主轴磁吸""打开/关闭自动吸附""打开/关闭联动""打开/关闭预览轴"等按钮，如图2-53所示。这些工具的作用如下：

- **主轴磁吸**：打开主轴磁吸功能后，当主轨道中只有一个素材时，会自动吸附在轨道最左侧。如果向主轨道中添加素材，这些素材会根据添加顺序自动首尾吸附。若将主轨道中的某些素材移除，剩余素材也会自动吸附在一起，避免了掉帧黑屏的现象出现。
- **自动吸附**：打开自动吸附功能可以快速地对齐素材，避免素材的偏移和错位，提高了剪辑效率和精度。
- **联动**：打开联动功能后，如果在主轨道上移动素材，相关的副轨道上的素材也会随之同步移动，这有助于视频创作者更好地保持画面的协调和统一。

● **预览轴**：预览轴的主要作用是在剪辑视频时，提供实时预览画面的能力，让视频的创作者能够快速定位到要剪辑的具体某一帧。这样，无论是需要精确剪辑，还是想找到特定的画面，都能大大提高效率和精度。

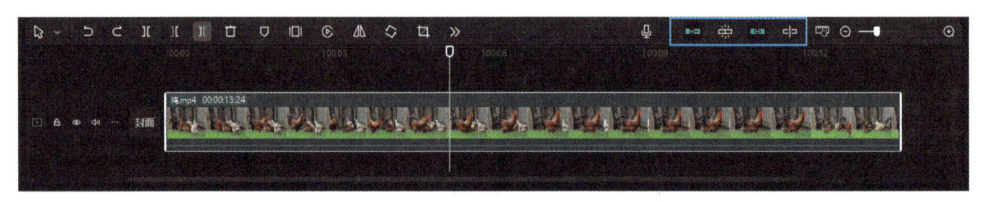

图 2-53 剪辑辅助工具

2.4 素材的基础编辑

导入视频后可以对视频进行基础编辑，基础编辑包括调整视频比例、裁剪或旋转视频画面、设置镜像效果、设置倒放、画面定格等。

■ 2.4.1 调整视频比例

剪映内置了很多常见的视频比例，如16∶9、9∶16、4∶3、3∶4、2∶1、1∶1等。当视频的原始比例不符合要求时，可以重新设置其比例。下面将介绍设置视频比例的具体方法。

在播放器窗口右下角单击"比例"按钮，在展开的菜单中可以看到所有内置的视频比例，此处选择"9∶16（抖音）"选项（见图2-54），视频的比例随即发生相应更改，如图2-55所示。

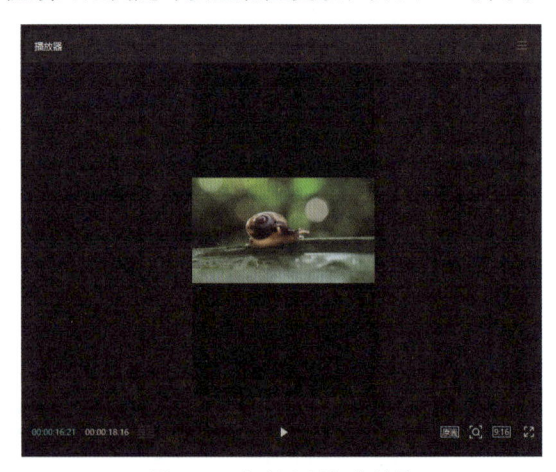

图 2-54 选择视频比例　　　　　　　图 2-55 视频比例切换效果

> ❶ **提示**：目前一些热门的短视频平台，如抖音、快手、微信视频号等，常见的视频比例有三种，分别是横屏16∶9、竖屏9∶16以及正方形1∶1。其中，横屏16∶9的比例是最常见的，因为它可以展示更多的画面内容，适合大部分视频内容制作；竖屏9∶16的比例则更适合在移动设备上观看，因为它可以更好地适应移动设备的屏幕尺寸；正方形1∶1的比例也比较常见，因为它可以呈现出画面元素的完整性，适合一些需要突出画面中心点的视频内容制作。

2.4.2 调整画面大小

剪映可以根据视频中的主体自由调整画面的大小，或根据指定比例来调整大小。下面介绍剪映中这两种调整画面大小的具体操作方法。

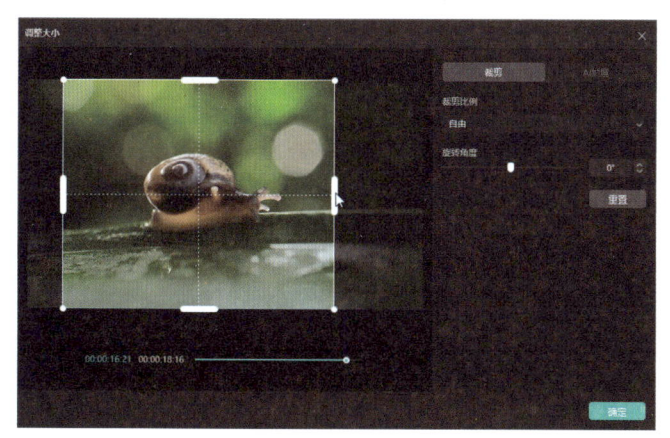

1. 自由调整画面大小

自由调整画面大小，可以去除画面中的多余部分，只保留主体。具体操作步骤如下：

步骤 01 在轨道中选择要设置画面尺寸的视频片段，在工具栏中点击"调整大小"按钮 ⌐⌐，如图2-56所示。

图 2-56　执行"调整大小"命令

步骤 02 打开"调整大小"对话框。此时默认为"自由"模式，画面周围会显示8个控制点，拖动控制点，设置好需要保留的画面（以正常颜色显示的区域是要保留的部分，变暗的区域是要被删除的部分），单击"确定"按钮，如图2-57所示。所选视频片段的画面随即被设置为相应尺寸，如图2-58所示。

图 2-57　自由调整画面大小　　　　　　　图 2-58　完成画面大小的调整

2. 将画面调整为指定比例

在调整视频大小时，用户可以使用系统提供的比例自动调整画面，同时还可以设置旋转角度，从而实现对视频的重新构图。

步骤01 先将视频比例设置为9：16。在工具栏中点击"调整大小"按钮，在打开的"调整大小"对话框中点击"自由"下拉按钮，在展开的列表中选择"9:16"选项，如图2-59所示。画面上方随即显示相应比例的选框，如图2-60所示。

图 2-59　选择视频比例　　　　　　图 2-60　应用视频比例

步骤02 再使用鼠标拖动选框的任意一个边角位置的圆形控制点缩放选框，如图2-61所示。

步骤03 将光标移动到选框上方，按住鼠标左键拖动，选择要保留的画面区域，如图2-62所示。

图 2-61　缩放选框　　　　　　图 2-62　选择裁剪区域

步骤04 如果视频的构图呈倾斜状态，可以通过旋转画面角度矫正。在窗口右侧的"旋转角度"组中拖动滑块或点击微调框按钮，输入需要旋转的角度，最后单击"确定"按钮，如图2-63所示。调整后的效果如图2-64所示。

图 2-63　旋转适当角度　　　　　　　　　　　图 2-64　最终效果

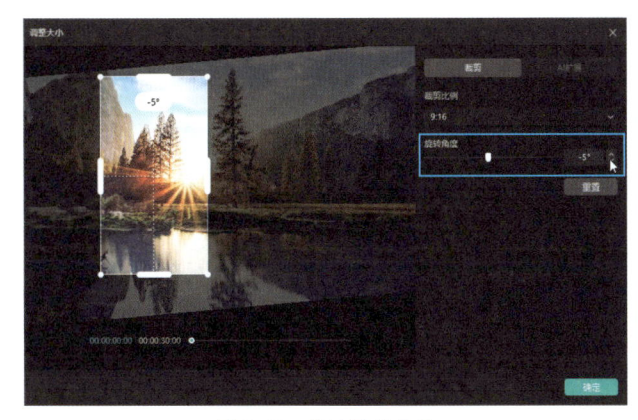

2.4.3　旋转视频画面

旋转视频画面是制作很多高级效果的基础步骤，实现此操作有多种方法，下面介绍两种常用的操作方法。

方法一：单击轨道工具栏中的"旋转"按钮

步骤01　在轨道中选择要进行旋转的素材，在工具栏中单击"旋转"按钮，如图2-65所示，视频画面随即被自动按顺时针旋转90°，如图2-66所示。

图 2-65　执行"旋转"命令　　　　　　　　　　图 2-66　画面被旋转 90°

步骤02　再次单击"旋转"按钮，视频画面会在当前角度的基础上继续顺时针旋转90°，如图2-67所示。每次单击"旋转"按钮，都会顺时针旋转90°。

Ai教学助理
- 配套资源
- 精品课程
- 进阶训练

图 2-67　继续旋转画面

方法二：拖动视频画面下方的"旋转"按钮

除了点击工具栏中的"旋转"按钮之外，创作者也可以在播放器窗口中拖动视频画面下方的"旋转"按钮，将画面旋转任意角度，如图2-68所示。

图 2-68　旋转任意角度

■2.4.4　设置镜像效果

镜像表示将视频画面水平翻转。在轨道中选择要设置镜像显示的视频素材，在工具栏中点击"镜像"按钮 ▲，如图2-69所示。

图 2-69　执行"镜像"命令

视频画面随即会被设置为镜像效果，设置镜像显示的前后对比效果如图2-70所示。

图 2-70　镜像前后对比效果

2.4.5 视频倒放

视频倒放是指将原本正常播放的视频从后往前播放。倒放是视频剪辑中很常用的一种技巧，用来表现时间倒转。在视频轨道中选择视频片段，在工具栏中点击"倒放"按钮，即可将所选视频设置成倒放，如图2-71所示。设置视频倒放的效果如图2-72所示。

图 2-71 执行"倒放"命令

图 2-72 视频倒放效果

2.4.6 画面定格

定格表示让视频中的某一帧画面停止而成为静止画面，这在视频剪辑中比较常见，如为了突出某个场景或人物而将画面定格。具体操作步骤如下：

步骤01 在时间线窗口中选择要进行操作的视频片段，移动时间轴定位好需要定格的画面，在状态栏中点击"定格"按钮，如图2-73所示。

步骤02 时间轴位置的画面随即被定格，在时间轴中可以看到生成的定格片段，如图2-74所示。

图 2-73 执行"定格"命令　　　　图 2-74 生成定格片段

默认生成的定格片段时长为3 s，将光标移动到定格素材最右侧（或最左侧）边缘处，当光标变成双向箭头时按住鼠标左键拖动，可以延长或缩短定格片段的时长，如图2-75所示。

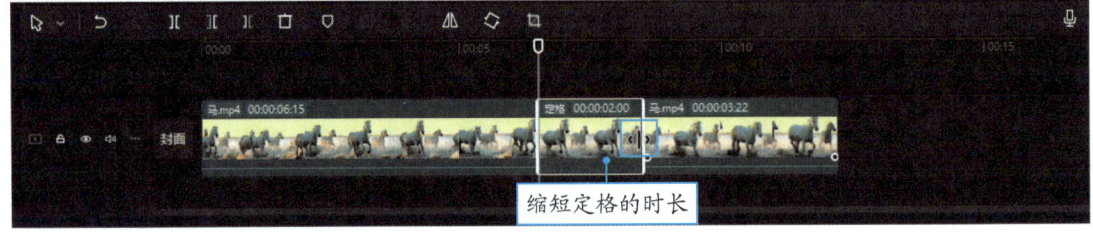

图 2-75　调整定格的时长

■2.4.7　添加画中画轨道

画中画轨道指的是在视频剪辑中用于叠加和组合多个视频素材的轨道。在剪映应用中，画中画轨道通常用于将一个或多个视频素材叠加到主视频轨道之上，以实现更为丰富的视觉效果。具体操作步骤如下：

步骤01 在剪映中导入两段视频素材，此时所有素材会自动添加到主轨道中，如图2-76所示。

步骤02 选中需要在画面上层显示的视频片段，按住鼠标左键，向主轨道上方拖动，松开鼠标，即可将该视频添加到新建的轨道中。当两段视频的比例相同时，上方轨道中的视频画面会覆盖下方轨道中的画面，如图2-77所示。

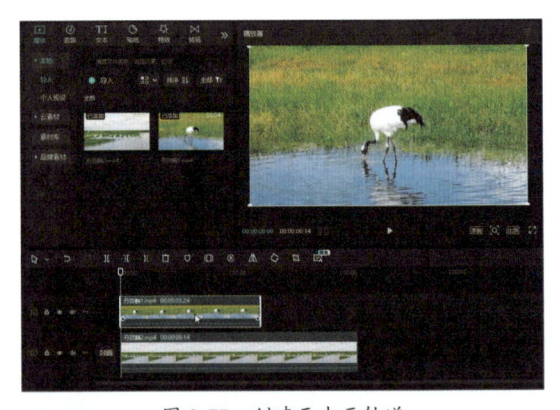

图 2-76　添加素材　　　　图 2-77　创建画中画轨道

步骤03 保持上方轨道中的视频素材为选中状态，将光标移动至播放器窗口中的画面边角处，当光标变成双向箭头时，按住鼠标左键拖动，可以缩放画面，如图2-78所示。

步骤04 将光标放在上层画面上，按住鼠标左键拖动，将画面移动至合适的位置，如图2-79所示。

图 2-78　缩放画中画　　　　　　　　　图 2-79　移动画中画

■ 2.4.8　精确调整画面大小和位置

除了使用鼠标拖动快速缩放视频画面以及调整画面位置外，用户也可以通过在功能区中设置具体参数来精确调整素材中画面的缩放比例和位置。

在轨道中选择要设置大小和位置的视频片段，在功能区中打开"画面"面板，在"基础"选项卡中的"位置大小"组内设置"缩放"参数值，可以调整所选视频画面的缩放比例；在"等比缩放"组内设置"位置"的X、Y参数值，可以精确调整画面的位置，如图2-80所示。

图 2-80　精确调整缩放比例和位置

■ 2.4.9　设置视频背景

若原始视频素材的比例和剪辑时所设置的比例不同，视频画面之外的区域会以黑色显示，影响视频质量，此时可以为视频添加背景。

1. 设置模糊背景

剪映可以将视频画面模糊处理后作为背景，也可以使用图片或素材作为背景。设置模糊背景的具体操作步骤如下：

步骤 01 在剪映中导入视频素材,并将它添加到轨道中。选中轨道中的素材,在功能区中打开"画面"面板,在"基础"选项卡中勾选"背景填充"复选框,随后点击"无"按钮,在下拉列表中选择"模糊"选项,如图2-81所示。

图 2-81 选择"模糊"选项

步骤 02 选择合适的模糊背景,即可为当前视频片段设置相应的模糊背景,如图2-82所示。

图 2-82 设置背景模糊程度

为视频设置模糊背景的前后对比效果如图2-83所示。

图 2-83　设置模糊背景的前后对比效果

2. 设置其他背景效果

除了设置模糊背景外，还可以设置颜色背景或样式背景，只需在"背景填充"组中选择相应的选项，然后选择具体的颜色或样式即可实现，如图2-84和图2-85所示。

图 2-84　设置颜色背景　　　　图 2-85　设置样式背景

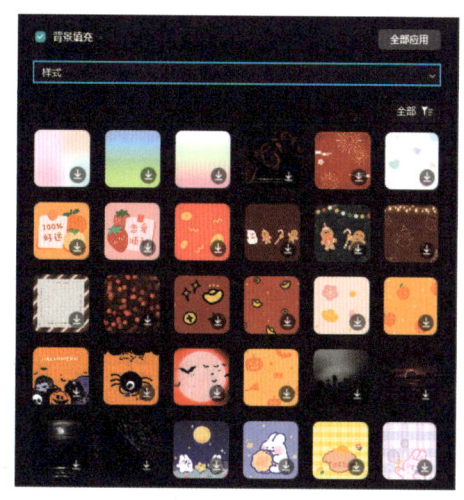

> **提示**：若主轨道中包含多个视频片段，为其中一个视频片段设置背景以后，单击"背景填充"复选框右侧的"全部应用"按钮，可以为主轨道中的所有视频片段全部应用相同类型的背景，如图2-86所示。

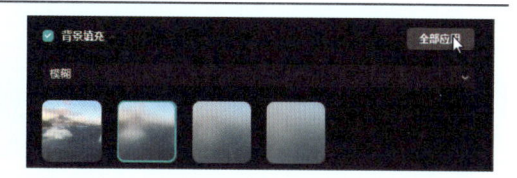

图 2-86　为所有视频素材应用同一类型背景

2.4.10 视频防抖处理

剪映的视频防抖功能可以减少视频拍摄过程中由于手抖等原因引起的画面抖动，提高视频的稳定性和清晰度。

在轨道中选择需要进行防抖处理的视频片段，在功能区中打开"画面"面板，打开"基础"选项卡，勾选"视频防抖"复选框，剪映随即对所选视频片段进行防抖处理，处理完成后轨道中会出现"视频防抖已完成"的文字提示，如图2-87所示。

图 2-87　视频防抖处理

一般情况下，剪映根据对视频的分析，按默认方式进行合理的防抖处理。视频的创作者也可以根据创作需求更改防抖等级，具体操作方法如下：

点击"防抖等级"下拉按钮，从下拉列表中选择"裁切最少"或"最稳定"选项，即可完成更改，如图2-88所示。

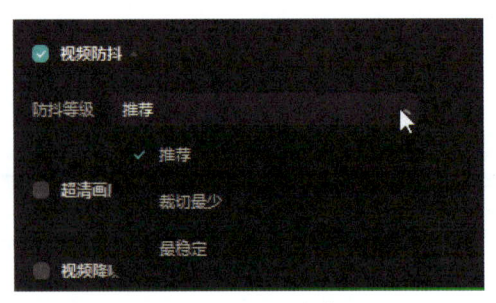

图 2-88　设置防抖等级

> **提示**：剪映的视频防抖功能的原理是利用图像处理算法对视频图像进行处理，通过对每一帧图像的微调抵消或减少由于手部晃动或相机不稳定导致的抖动现象。需要注意的是，视频防抖功能只是一种后期处理方法，它并不能完全消除视频中的抖动现象。因此，在拍摄视频时，还是需要注意保持画面的稳定性和清晰度，以获得更好的视频效果。

课堂演练：制作城市倒影效果

使用镜像、复制、翻转、裁剪等基础操作可以制作出各种高级的画面效果。下面将使用这些功能制作水中城市倒影效果，具体操作步骤如下：

步骤01 启动剪映专业版，在初始界面中点击"开始创作"按钮，打开创作界面，如图2-89所示。

扫码观看视频

图 2-89 执行"开始创作"命令

步骤02 在素材文件夹中选择需要使用的视频素材，将其拖至轨道中，如图2-90所示。

图 2-90 添加素材

步骤 03 保持时间轴停留在视频开始位置，依次按【Ctrl+C】和【Ctrl+V】组合键，将当前视频素材复制到上方轨道中，如图2-91所示。

图 2-91 复制素材

步骤 04 选中上方轨道中的视频素材，在工具栏中点击"调整大小"按钮，如图2-92所示。

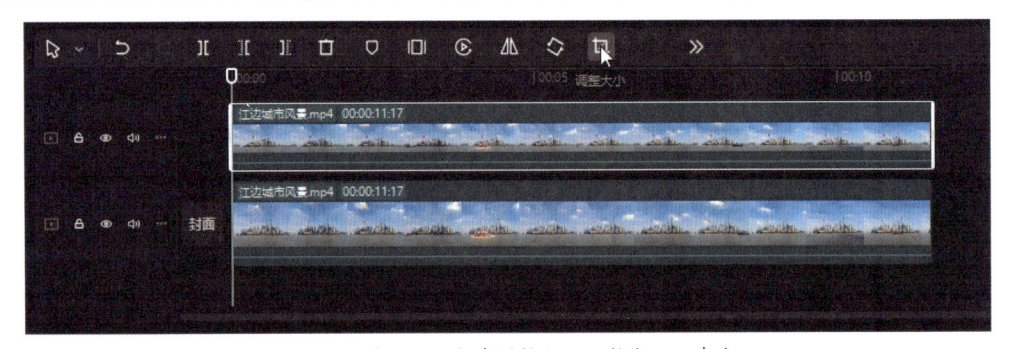

图 2-92 对上层视频素材执行"调整大小"命令

步骤 05 打开"调整大小"对话框，如图2-93所示。拖动选框下方的控制按钮，将画面中的江水区域移出选框，调整好后单击"确定"按钮，如图2-94所示。

图 2-93 "调整大小"对话框

图 2-94 裁剪视频画面

步骤06 返回创作界面,在"播放器"窗口中可以看到上方轨道中的视频画面已经被裁剪,如图2-95所示。

步骤07 在功能区中点击两次"旋转"按钮,将画面旋转180°,如图2-96所示。

图 2-95　完成裁剪　　　　　　　　　　　　　图 2-96　旋转画面

步骤08 将画面向下方拖动,使其与下层画面中的建筑对齐,如图2-97所示。

步骤09 在工具栏中点击"镜像"按钮,将画面设置为镜像,如图2-98所示。

图 2-97　调整画面位置　　　　　　　　　　　图 2-98　设置画面镜像效果

步骤10 在功能区中的"画面"面板内打开"基础"选项卡,在"混合"组中设置"不透明度"为50%,如图2-99所示。

图 2-99　设置画面透明度

步骤11 在素材区中打开"媒体"面板,在"本地"界面中单击"导入"按扭,如图2-100所示。

图 2-100　执行"导入"命令

步骤12 打开"请选择媒体资源"对话框,选择"动感音乐"音频素材,单击"打开"按钮,如图2-101所示。

图 2-101　选择背景音乐

步骤13 所选音频素材随即被导入剪映,单击音频素材右下角的 + 按钮,将背景音乐素材添加到音频轨道,如图2-102所示。

图 2-102　将背景音乐添加至轨道

步骤 14 保持音频素材为选中状态，将时间轴移动到视频素材的结束位置，单击"向右裁剪"按钮，如图2-103所示。

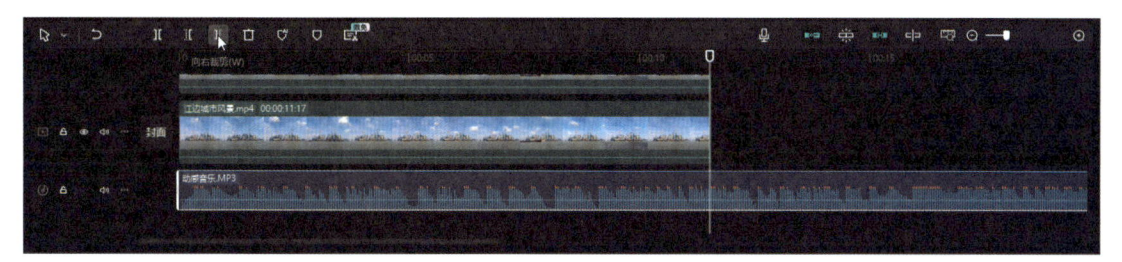

图 2-103 对背景音乐执行"向右裁剪"命令

步骤 15 时间轴右侧的音频随即被删除，至此，完成水中城市倒影效果的制作。

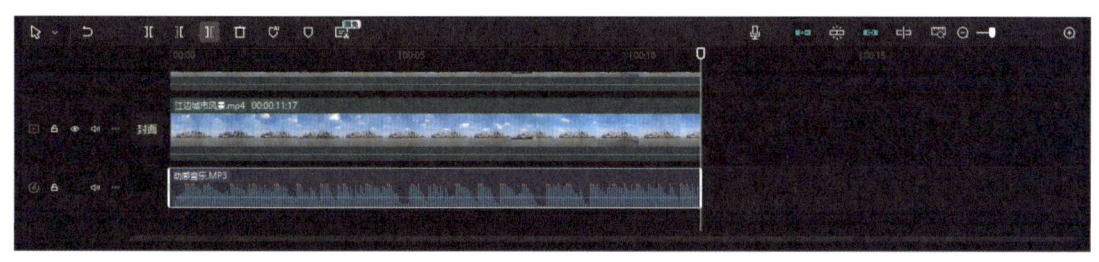

图 2-104 背景音乐裁剪完成

步骤 16 预览视频，查看视频播放效果，如图2-105所示。

图 2-105 查看视频播放效果

光影加油站

光影铸魂

目前，剪映及其国际版的全球月活跃用户已超过8亿。在苹果和安卓应用商店中，剪映的累计下载量巨大，是全球最受欢迎的视频剪辑应用之一。运用剪映制作的短视频内容涵盖生活、教育、文化、娱乐等多个领域。

我国是一个历史悠久、地大物博的国家，拥有众多名胜古迹。这些古迹不仅是中华民族历史和文化的象征，也展现了我国丰富的地理景观和多样的人文风情。当下年轻人最喜欢展现的主题之一就是游览各地名胜古迹的过程。例如，一条关于"故宫文化"的短视频，其播放量很快就突破2 000万次，成为文化传播的一个典型的热门案例。该视频以故宫的航拍画面开场，通过动画和文字解说，先简要介绍故宫的历史，再详细展示故宫的建筑布局和特色以及故宫博物院收藏的珍贵文物。该视频在自媒体平台发布以后，得到了大量的点赞和转发，许多网友留言表示因为此视频对故宫文化有了更深的了解。该视频的传播增强了观众对中华优秀传统文化的认同感和自豪感，促使更多的游客前往故宫参观，推动了文化旅游的发展。

剪辑实战

作业名称：江山留胜迹，我辈复登临

作业要求：

（1）主题选择。选择一处中国名胜古迹（如故宫博物院、八达岭长城、秦始皇兵马俑博物馆、苏州园林等）作为视频主题，并搜集素材。视频内容需涵盖该古迹的历史背景、建筑特色、文化价值及现代意义。

（2）视频创作。使用剪映导入素材，进行剪辑和拼接，并添加背景音乐、配音。视频时长控制在1～3分钟。

（3）作品发布。将制作完成的视频上传至自媒体平台，并撰写简洁明了的标题，以准确传达视频内容，还要添加相关标签，选择合适的分类，以增加视频的曝光机会。

Ai教学助理
- 配套资源
- 精品课程
- 进阶训练

模块 3 剪映全效编辑视频美化

内容概要

剪映的滤镜、特效、转场、贴纸、色彩调节、抠图等功能在视频编辑方面发挥着重要作用。这些功能能够帮助创作者更好地实现自己的创作意图,制作出更加专业精细的视频,从而提升视频的视觉效果和吸引力,使视频更加生动有趣。本模块将详细介绍剪映专业版中这些功能的使用方法和技巧。

学习目标

【知识目标】
- 掌握剪映美化视频的内置功能的使用方法。
- 掌握使用剪映进行色彩调节、抠图、转场的方法和要点。

【能力目标】
- 能运用剪映的内置功能美化视频。
- 能使用剪映美化视频。

【素质目标】
- 通过学习视频的美化,培养对美的感知能力、鉴赏能力、创作能力,提升美学素养。
- 通过进一步学习剪映的使用方法,在编辑视频的过程中,培养专注执着的工匠精神。

3.1 内置工具美化视频

剪映为用户提供了海量的特效，使用特效可以让视频更具吸引力和观赏性，为视频增添艺术感和创意效果。

3.1.1 添加风景滤镜

将滤镜应用到视频片段上之后，还可以调整滤镜的强度和效果。具体操作步骤如下：

步骤01 在剪映中导入视频素材，将时间轴移动到视频素材的开始位置，打开"滤镜"面板，在"滤镜库"组中选择"风景"分类，单击"清澈"滤镜上方的 按钮，即可将该滤镜添加到轨道中，如图3-1所示。

图 3-1 添加滤镜

步骤02 将光标移动到滤镜素材的最右侧边缘处，按住鼠标左键进行拖动，将滤镜的结束位置调整到下方视频的结束位置，如图3-2所示。

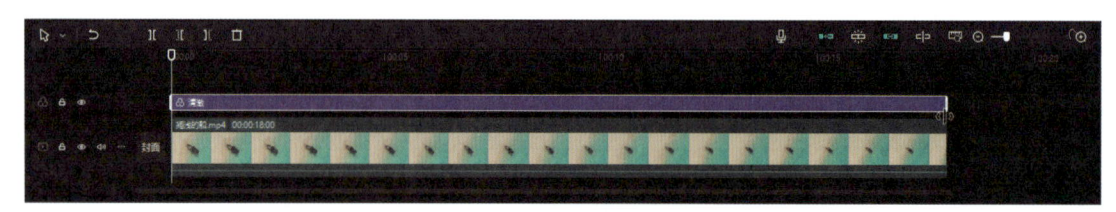

图 3-2 调整滤镜时长

步骤03 保持轨道中的滤镜为选中状态，功能区中会自动显示"滤镜"面板，滤镜默认的强度为100%，拖动滑块可以调整滤镜的强度，如图3-3所示。

图 3-3 调整滤镜强度

为视频添加风景滤镜的前后对比效果如图3-4和图3-5所示。

图 3-4 添加滤镜前　　　　　　　　　　图 3-5 添加滤镜后

■ 3.1.2　为视频添加特效

"特效"和"滤镜"的使用方法基本相同。添加特效后还可以对特效的时长以及开始位置和结束位置进行调整。具体操作步骤如下：

步骤 01 在剪映创作界面中导入视频，将时间轴移动到需要添加特效的位置。在素材区中打开"特效"面板，在"画面特效"组内选择"氛围"分类，单击"光斑飘落"特效上方的 ⊕ 按钮，时间线窗口中随即自动添加特效轨道，并显示所选特效名称，如图3-6所示。

图 3-6 添加特效

步骤 02 将光标移动到特效最右侧边缘位置，当光标变成双向箭头时，按住鼠标左键拖动可以调整特效时长。在"特效"面板中还可以对"氛围"和"速度"参数进行调整，如图3-7所示。

图 3-7 调整特效时长及参数

步骤 03 预览视频，查看添加特效的前后对比效果，如图3-8和图3-9所示。

图 3-8 添加特效前　　　　　　　　图 3-9 添加特效后

3.1.3 添加贴纸

在视频中添加贴纸以后，还可以对贴纸的大小、位置以及角度等进行调整。具体操作步骤如下：

步骤 01 在将时间轴移动到需要添加贴纸的时间点，在"贴纸"面板中展开"贴纸素材"组，根据分类找到合适的贴纸，单击贴纸上方的 ⊕ 按钮，将该贴纸添加到轨道中，如图3-10所示。

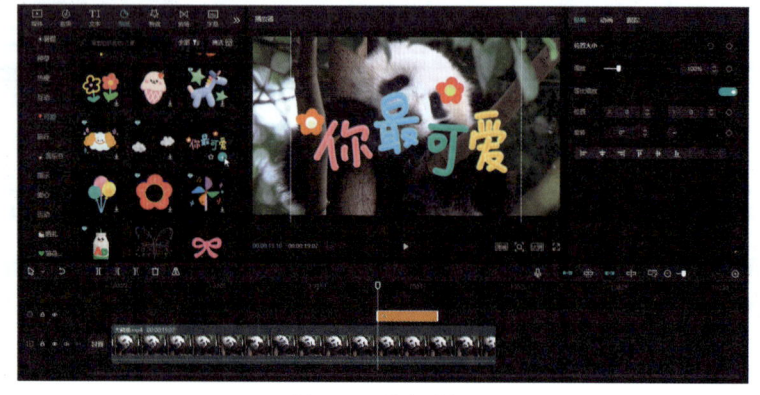

图 3-10 添加贴纸

步骤 02 在播放器窗口中拖动贴纸周围的圆形控制点，调整贴纸的大小，如图3-11所示。

步骤 03 将光标移动到贴纸上方，按住鼠标左键可以将贴纸移动到画面中的合适位置，拖动贴纸下方的 ◎ 按钮，可以旋转贴纸，如图3-12所示。

图 3-11　调整贴纸大小　　　　　　　　　图 3-12　移动及旋转贴纸

步骤 04 预览视频，查看为视频添加贴纸的前后对比效果，如图3-13和图3-14所示。

图 3-13　添加贴纸前　　　　　　　　　图 3-14　添加贴纸后

■3.1.4　为贴纸设置运动跟踪

为贴纸设置运动跟踪可以让贴纸吸附在指定目标上，在视频中跟踪目标的移动而自动移动，从而增加视频的视觉效果和趣味性。为贴纸设置运动跟踪的具体操作步骤如下：

步骤 01 将时间轴定位于视频开始位置，打开"贴纸"面板，在"贴纸素材"组中选择一个合适的贴纸，将贴纸添加至轨道中，调整好贴纸的大小和位置，如图3-15所示。

图 3-15　添加贴纸并设置贴纸大小和位置

步骤 02 调整贴纸的时长,使其结束位置与视频的结束位置对齐,如图3-16所示。

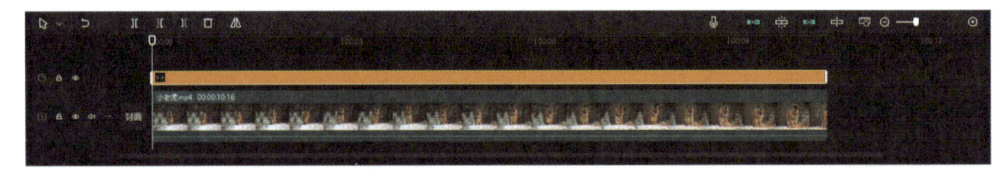

图 3-16　调整贴纸时长

步骤 03 保持贴纸为选中状态,在功能区中打开"跟踪"面板,单击"运动跟踪"按钮,此时画面中会显示贴纸的跟踪框,如图3-17所示。

图 3-17　执行"运动跟踪"命令

步骤 04 在播放器窗口中拖动跟踪框,将其移动到要跟踪的物体上方,并且可以根据需要适当调整跟踪框的大小,设置完成后单击"开始跟踪"按钮,剪映随即开始进行跟踪处理,如图3-18所示。

图 3-18　设置跟踪框大小和位置

步骤 05 跟踪处理完成后预览视频，查看贴纸的运动跟踪效果。本例为视频中的老虎添加了翅膀贴纸，当老虎跑动起来时，翅膀会跟随老虎的身体一起运动，并可以自动变换大小，如图3-19所示。

图 3-19　查看运动跟踪效果

3.2　画面色彩调节

利用"调节"面板中提供的各项参数可以对视频的色彩、亮度、对比度、饱和度等进行调整，以达到增强视频的视觉冲击力、提升质感的目的。

■3.2.1　基础调色

在功能区中打开"调节"面板，在"基础"选项卡中展开"调节"组，可以看到该组内包含"色彩""明度""效果"三种类型的参数，通过调节这些参数可以对视频的色彩、亮度以及画面效果进行细致的调整，如图3-20所示。

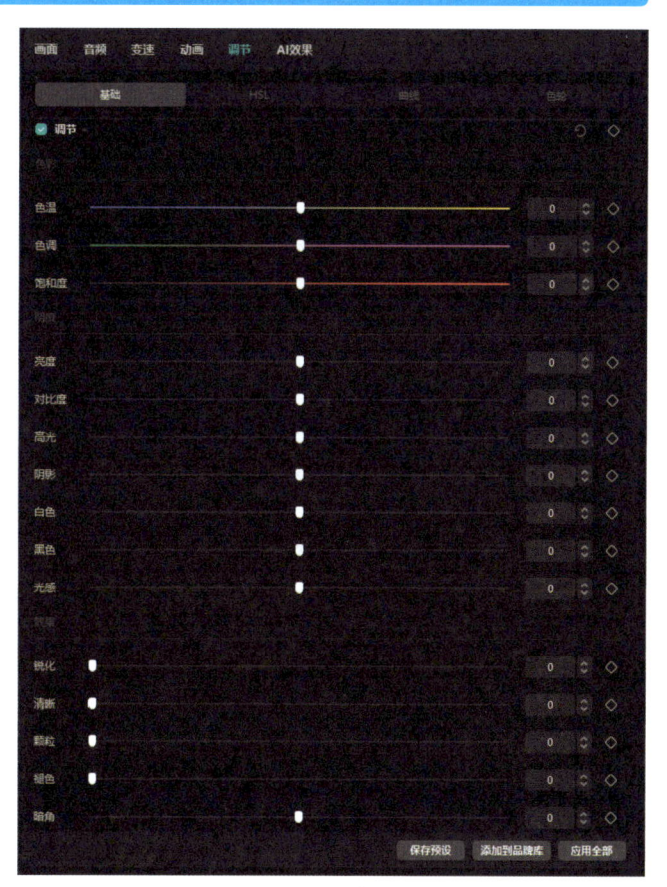

图 3-20　"调节"面板

1. 调节色彩

色温，从字面意思上看可以理解为色彩的温度。色温是衡量光源颜色的重要指标，当人们看一幅彩色图片时，会感受到画面在整体光线分布上颜色是饱满温和的还是单调冷艳的，这就是色温带给人的整体印象。

通过调节色温可以让画面偏向于蓝色（冷色）或黄色（暖色）。降低色温值时可以增加画面的蓝色调，在剪映中将色温参数调整至最低的效果如图3-21所示；提高色温值时可以为画面增加黄色调，将色温参数适当增高的效果如图3-22所示。

图 3-21　降低色温参数效果　　　　　　　　图 3-22　增加色温参数效果

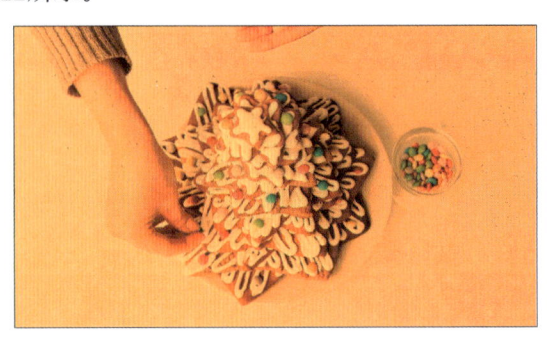

色调是指整体环境下色彩的浓淡分配。例如，一幅画虽然使用了多种颜色，但总体有一种倾向，是偏蓝还是偏红、偏暖还是偏冷等。一般而言，色温高，画面会偏暖色调；色温低，画面会偏冷色调。

在视频剪辑过程中经常会利用色温工具铺垫画面的基础色彩氛围，如希望表达出柔和、温馨、明亮、热烈的氛围，这时就可以适当提高色温值，增加画面的暖色调；反之，如果想让画面表现出平静、阴凉、寒冷的感觉，则可以增加冷色调。

将色调参数调整至最低的效果，如图3-23所示；将色调参数调整至最高的效果，如图3-24所示。

图 3-23　降低色调参数效果　　　　　　　　图 3-24　增加色调参数效果

饱和度是指通过改变画面色彩的鲜艳程度，营造出视觉上的不同感受。高饱和度色彩浓郁，给人张扬、活泼、温暖的感觉，更容易吸引眼球。低饱和度给人安静、理性、深沉的感觉，更容易打造出画面质感。当饱和度降到最低时，画面会变成黑白色，画面饱和度从低到高的效果如图3-25所示。

图 3-25　饱和度从低到高的效果对比

2. 调节明度

调节明度的参数包括亮度、对比度、高光、阴影、白色、黑色及光感等。每个参数的具体作用说明如下：

- **亮度**：调节画面中的明亮程度，参数值越高画面越亮，参数值越低画面越暗。
- **对比度**：调节画面中的明暗对比度，可以使亮的地方更亮，暗的地方更暗。
- **高光**：单独调节画面中较亮的部分，可以提亮，也可以压暗。
- **阴影**：单独调节画面中较暗的部分，可以提亮，也可以压暗。
- **白色**：白色参数通常关联到白色色阶的调整。白色色阶对应的是画面中比较亮的部分，其影响范围一般比高光更大。适当的调整白色参数可以让亮部区域的过渡更加自然，避免出现过硬的边缘或色彩断层。
- **黑色**：与白色相对应，黑色参数主要关联到黑色色阶的调整。黑色色阶对应的是画面中比较暗的部分，其影响范围一般比阴影更大。通过调节黑色色阶，可以控制画面中暗部区域的亮度，使得画面中的阴影部分更加深邃或更加明亮。
- **光感**：光感作用与亮度相似，但是亮度是将整体画面变亮，而光感是控制光线，调节画面中较暗和较亮的部分，中间调保持不变。光感是综合性的调整。

调节视频明度的前后对比效果如图3-26和图3-27所示。

图3-26　降低明度的效果　　　　　　　　图3-27　调高明度的效果

2. 调节效果

调节效果的参数包括锐化、清晰、颗粒、褪色及暗角等。每个参数的具体说明如下：

- **锐化**：调节画面的锐利程度。一般上传抖音的视频可以将锐化参数设置为30左右，这样视频会更加清晰。
- **清晰**：清晰参数主要侧重于增强画面中的细节表现，特别是在物体的边缘和纹理上。通过调整清晰参数，可以使画面中的细微之处更加清晰可见，提升整体画面的质感。与锐化不同，清晰参数在增强细节的同时，也注重保持画面的自然和平滑过渡。它不会过分强调边缘的锐利度，而是使画面在细节和整体之间达到一种平衡。
- **颗粒**：给画面添加颗粒感，适用于一些复古风格的视频。
- **褪色**：可以理解为一张放了很久的照片，由于时间原因褪掉了一层颜色。褪色使画面变的比较灰，比较适用于复古风格的视频。

- **暗角**：增加暗角可以给视频周围添加一圈较暗的阴影，降低暗角可以给视频添加一圈较亮的白色遮罩。

视频添加锐化、清晰、颗粒参数的效果如图3-28所示，为视频增加暗角的效果如图3-29所示。

图 3-28　添加锐化、清晰、颗粒的效果　　　　图 3-29　添加暗角的效果

知识延伸　在实际视频制作过程中，往往会综合调节色彩、明度以及效果的各项参数，以获得更为理想的画面效果。

3.2.2　HSL八大色系调色

剪映中的HSL基础，包含红、橙、黄、绿、青、蓝、紫和洋红八种基本颜色，用于单独控制画面中的某一种颜色的色相、饱和度和亮度，如图3-30所示。

HSL调色适合在需要精细调整画面中某种色彩的情况下使用。例如，在人像摄影中，

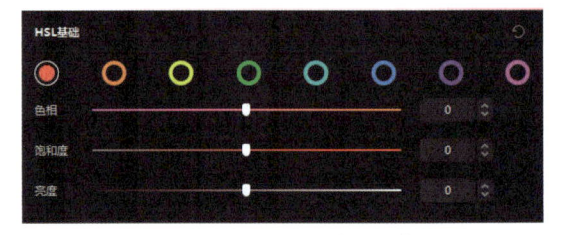

图 3-30　HSL 八大色系调色

更加精细地调整人物的肤色和嘴唇的颜色；在风景摄影中，更加准确地调整天空的蓝色和植物的绿色等。下面将使用HSL调色工具调整海水的颜色，具体操作步骤如下：

步骤 01 在剪映中导入视频，并将视频添加到轨道中，保持视频为选中状态，打开"调节"面板，切换到"HSL"选项卡，如图3-31所示。

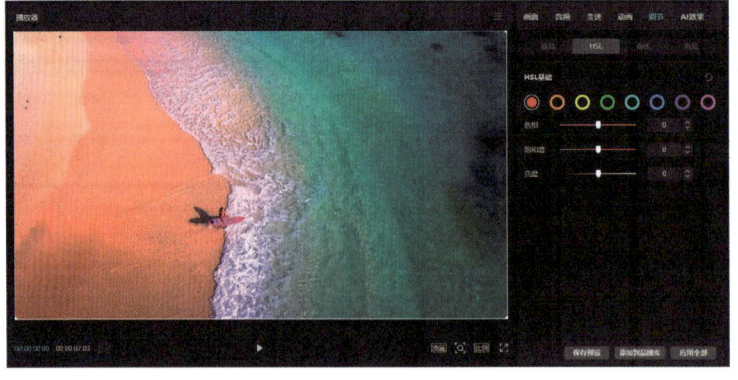

图 3-31　打开"HSL"选项卡

步骤 02 选择要调整的颜色为青色，随后将"色相"参数设置为60，"亮度"参数设置为60，如图3-32所示。此时会发现海水中还包含一些绿色，选择绿色光圈，调整"色相"参数为40，将这些少量的绿色变为蓝色，如图3-33所示。

图 3-32　设置青色参数　　　　　　　　　　图 3-33　调整绿色参数

步骤 03 预览效果，用HSL工具对视频调色前后的对比效果如图3-34所示。

图 3-34　调色前后对比效果

■3.2.3　曲线调色

曲线调色是指通过调整曲线的形状来改变图像的色彩和明暗。曲线调色工具适合在需要精细调整色彩和明暗的情况下使用。例如，对于整体偏暗或偏亮的视频，可以通过调整色调曲线的形状，达到增加或减少图像亮度的目的。此外，曲线调色还可以用来纠正图像中的色偏，以及增强照片的对比度和饱和度等。

1. 四个通道

剪映的"曲线调色"由亮度、红色通道、绿色通道以及蓝色通道四个曲线组成。亮度曲线用于调整画面的亮度；红、绿、蓝通道曲线则用于调整图像或视频的颜色，如图3-35所示。

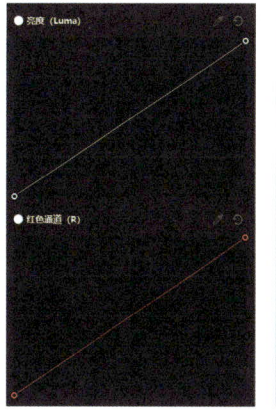

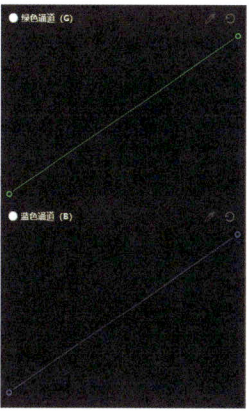

图 3-35　曲线调色的四个通道

2. 曲线调色的原理

在曲线调色中，每个通道中的线条表示该通道颜色的亮度分布。线条上的点可以用来调整该通道颜色的亮度、对比度和饱和度等参数。通过调整线条上的点，可以改变图像或视频的色彩和明暗分布。例如，通过调整红色通道曲线上的点，可以增加或减少红色通道的亮度，从而改变图像或视频的红色分布，如图3-36所示。

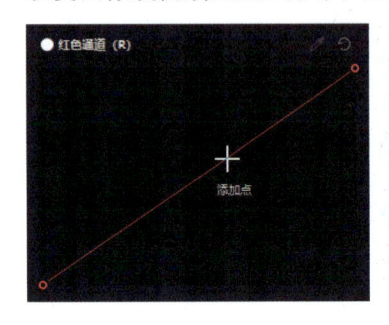

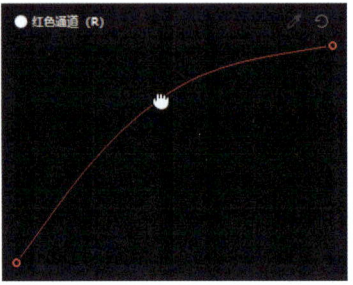

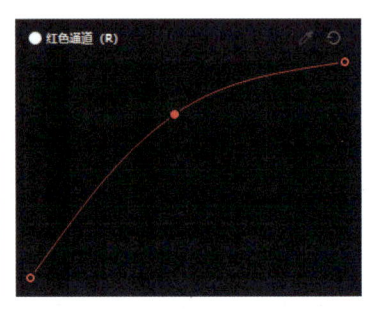

图 3-36　调整红色曲线

3. 使用曲线工具为视频调色

下面将使用曲线工具将视频中的暗部提亮，然后适当调整红色通道和绿色通道的亮度。具体操作步骤如下：

步骤 01 在剪映中导入视频，并将视频添加到轨道中，在功能区中打开"调节"面板，切换到"曲线"选项卡，如图3-37所示。

图 3-37　打开"曲线"选项卡

步骤 02 在"亮度"线条中间稍靠下的位置添加点，然后向下方拖动该点，可适当降低视频的亮度，如图3-38所示。

步骤 03 在"红色通道"中线条靠右上方的位置添加点，并向上方拖动该点，可适当增加画面亮部红色的亮度，如图3-39所示。

步骤 04 在"绿色通道"中线条靠右上方的位置添加点，并向上方拖动该点，可适当增加画面亮部绿色的亮度，如图3-40所示。

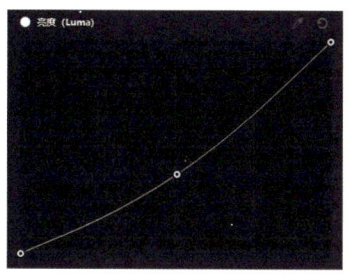

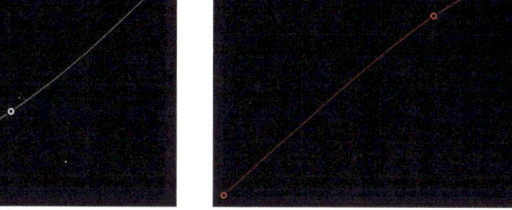

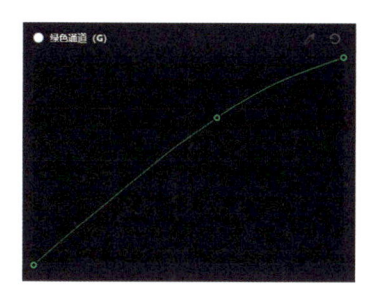

图 3-38　调整亮度曲线　　　图 3-39　调整红色曲线　　　图 3-40　调整绿色曲线

使用曲线调色工具为视频调色前后的对比效果如图3-41所示。

图 3-41　曲线调色前后对比效果

■3.2.4　色轮调色

色轮调色主要通过对四个色轮的色调、饱和度和亮度等参数进行调整，从而改变视频的颜色。剪映的色轮工具提供了暗部、中灰、亮部、偏移四个色轮，如图3-42所示。这四个色轮的主要作用说明如下：

- **暗部**：主要控制画面中比较暗的部分。
- **中灰**：主要控制画面的中间色调。
- **亮部**：主要控制画面中比较亮的部分。
- **偏移**：可以理解为主要控制整个画面的色调。

图 3-42　四个色轮

每个色轮均由颜色光圈、色倾滑块、饱和度滑块及亮度滑块四个主要部分组成，如图3-43所示。拖动色轮中的各种滑块或手动输入数值，可以让视频的色彩更加均衡、饱满，使画面更加美观。色轮中各组成部分的详细说明如下：

- **颜色光圈**：由红、绿、蓝三基色组成。
- **色倾滑块**：色倾是指颜色的倾向性。色倾滑块偏向颜色光圈中的哪种颜色，视频画面的色调就更偏向于哪种颜色。在偏向某种色调时，色倾滑块离颜色光圈越近，这种色调就越浓。
- **饱和度滑块**：用于调整画面的饱和度。越向上拖动，饱和度越高；越向下拖动，饱和度越低。
- **亮度滑块**：用于调整画面的亮度。越向上拖动，亮度越高；越向下拖动，亮度越低。

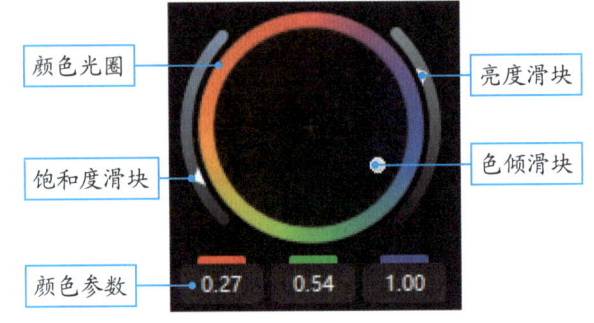

图 3-43　色轮的组成

下面使用色轮调色工具调节视频效果，具体操作步骤如下：

步骤01 在剪映的视频轨道中选择需要调色的视频片段，在功能区中打开"调节"面板，切换至"色轮"选项卡，如图3-44所示。

图 3-44　打开"色轮"选项卡

步骤02 移动"暗部"和"亮部"色轮中的色倾滑块，并拖动亮度滑块和饱和度滑块，调整出满意的色调及饱和度，如图3-45所示。

图 3-45　色轮调色效果

3.3 智能抠取图像

剪映专业版提供色度抠图、自定义抠像和智能抠像三种抠图工具。这三种抠图工具各有特点，在实际应用中用户需要根据具体情况选择合适的抠图工具。

■ 3.3.1 色度抠图

色度抠图是指通过分析视频画面的颜色信息，根据颜色相似度进行图的分割和抠出，适合处理背景颜色较为单一或与主体颜色差异较大的视频，常用于绿幕抠图和背景替换等。下面使用色度抠图功能制作透过窗户看外面风景的效果，具体操作步骤如下：

步骤 01 在剪映中导入"老虎"和"滚动胶卷绿幕素材"两段视频素材，将视频添加到轨道中，让绿幕视频在上方轨道中显示并保持该素材为选中状态。在"画面"面板中打开"抠像"选项卡，勾选"色度抠图"复选框，随后单击"取色器"按钮，如图3-46所示。

图 3-46　添加素材并执行"取色器"命令

步骤 02 将光标移动到播放器窗口中，拖动光标选择要抠除的颜色，此时会显示所选颜色被抠除的效果，单击鼠标确认抠图，如图3-47所示。

图 3-47　选择要抠除的颜色

步骤 03 拖动"强度"滑块，同时观察播放器中的视频画面，根据画面中绿色背景的抠除情况设置合适的抠图强度，如图3-48所示。

图 3-48 设置色度抠图强度

步骤 05 操作完成后预览视频，查看色度抠图的效果，如图3-49所示。

图 3-49 查看色度抠图效果

3.3.2 自定义抠像

利用剪映的自定义抠像功能可以实现按画笔的涂抹自动识别并分割出指定的物体。此外，自定义抠像功能还提供了画笔和擦除工具，无论是人像、物品还是其他图形，只要用画笔工具在物体上简单涂抹，就能快速智能地抠出该物体。具体操作步骤如下：

步骤 01 将需要抠图的视频素材添加到轨道中，选中素材，在"画面"面板中打开"抠像"选项卡，勾选"自定义抠像"复选框，单击"智能画笔"按钮，如图3-50所示。

图 3-50 选择"智能画笔"

步骤 02 将光标移动至播放器窗口中，按住鼠标左键在需要保留的物体上进行涂抹，如图3-51所示。系统会根据涂抹的区域自动识别主体，如图3-52所示。

步骤 03 拖动"大小"滑块，可以调整画笔的大小，在画面中继续涂抹轮廓较细的部分，使用"智能橡皮"或"橡皮擦"工具，可以擦除不需要抠除的区域；停止抠像操作后剪映会自动对图像进行处理，播放器窗口的左上角会显示自定义抠像处理进度。处理完成后，单击"应用效果"按钮（见图3-52），播放器窗口中随即会显示出抠图效果，如图3-53所示。

图 3-51 选择抠图区域　　图 3-52 使用工具抠出细节并应用效果　　图 3-53 完成抠图

步骤 04 若要应用抠出的图像素材，可以继续向轨道中添加其他视频素材，并将抠图对象置于上方轨道，如图3-54所示。

步骤 05 调整好视频的比例以及抠图对象的大小和位置即可，画面合成效果如图3-55所示。

图 3-54 添加素材　　图 3-55 画面合成效果

3.4 为视频添加转场效果

剪映提供了丰富的转场素材和转场特效,创作者可以根据视频的风格,以及拟定好的剪辑思路为视频添加转场效果。

3.4.1 使用内置转场效果

剪映内置了丰富的转场效果,包括叠化、运镜、模糊、幻灯片、光效、拍摄、扭曲、故障、分割、自然、MG动画、互动emoji、综艺等类型。创作者只需通过简单的操作便可以为视频添加各种转场效果。下面简单介绍内置转场效果的使用方法。

在时间线窗口中将时间轴移动到需要添加转场的两个视频段素材之间,在素材区中打开"转场"面板,在"转场效果"组中选择"叠化"分类,单击"叠化"上方的 + 按钮,两段视频素材间随即被添加相应的转场效果,如图3-56所示。

图 3-56 添加转场效果

添加转场效果后,功能区中自动显示"转场"面板,在该面板中拖动"时长"滑块,可以调整转场效果的时长。在"转场"面板右下角单击"应用全部"按钮,可以将当前转场效果应用到所有视频片段之间,如图3-57所示。

图 3-57 设置转场效果时长与执行"应用全部"命令

预览视频，可以查看转场效果，如图3-58所示。

图 3-58　查看转场效果

■3.4.2　用素材片段进行转场

剪映素材库提供了很多转场素材，这些转场素材通常自带动画和音效，创作者可以在两段视频之间添加内置的转场素材，制作转场效果。下面介绍内置转场素材的使用方法。

步骤01　在剪映中导入两段视频素材，并将两段视频添加到主轨道中，如图3-59所示。

图 3-59　添加素材

步骤02　打开"媒体"面板，单击"素材库"按钮，选择"转场"选项，在打开的界面中选择合适的转场素材，单击 + 按钮，转场素材随即被添加到视频轨道中，如图3-60所示。

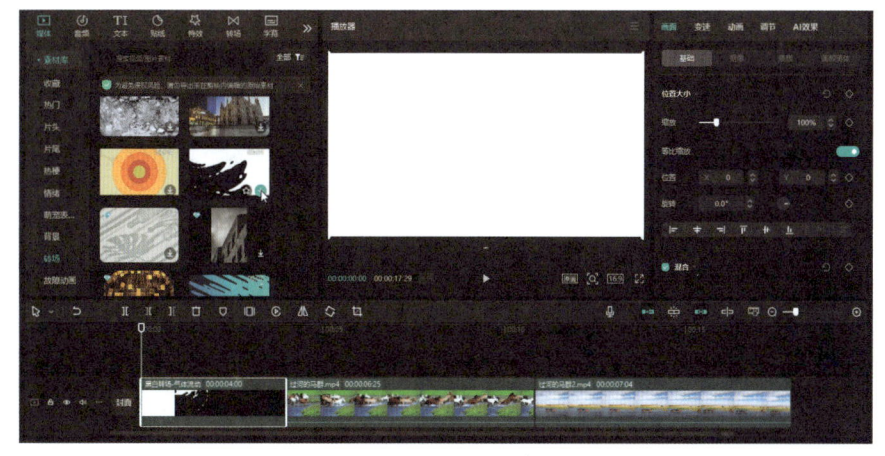

图 3-60　添加转场素材

步骤 03 将转场素材拖动到上方轨道中，并调整其位置，使转场动画正好覆盖于下方两段视频的连接处。在"画面"面板中的"基础"选项卡内设置"混合模式"为"滤色"，如图3-61所示。

图 3-61 设置转场素材的位置及混合模式

步骤 04 预览视频，查看使用内置转场素材制作的转场效果，如图3-62所示。

图 3-62 查看转场效果

3.4.3 用自带特效进行转场

使用剪映自带的特效可以制作出过渡自然的转场效果。例如，有"城市白天"和"城市夜晚"两段视频，如果直接转场，会显得很突兀。如果使用特效制作转场效果，可以使视频之间的过渡很自然。具体操作步骤如下：

步骤 01 在剪映中添加"乡村田野"和"金色田野"视频素材，并将视频添加到同一个轨道中，如图3-63所示。

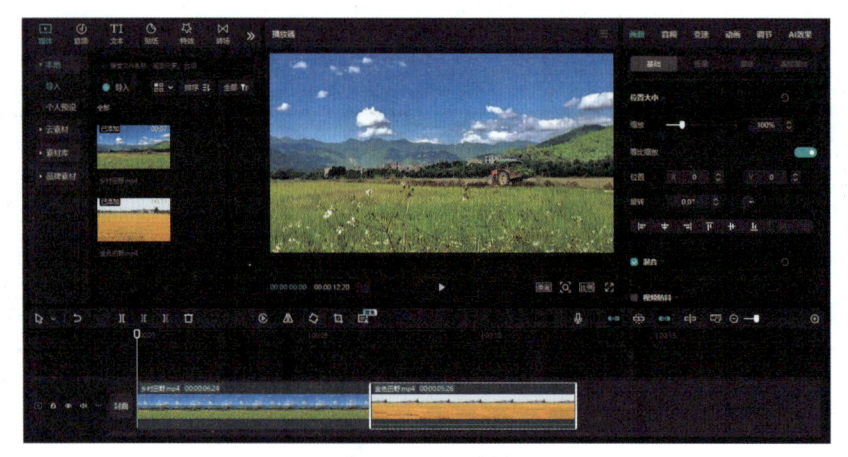

图 3-63 添加素材

步骤 02 将时间轴拖动到第一段视频结束前的合适位置，在素材区中打开"特效"面板，在"画面特效"组中选择"基础"分类，添加"变秋天"特效，如图3-64所示。

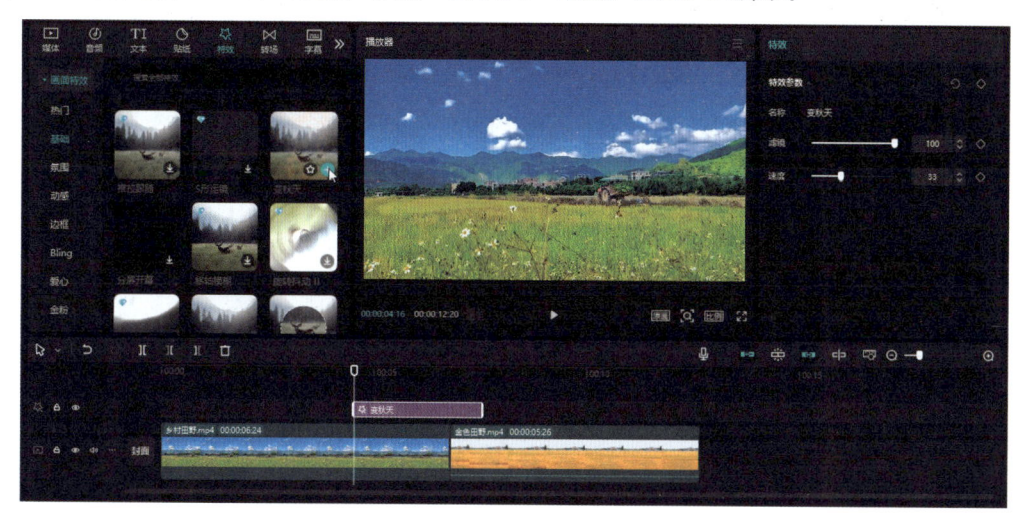

图 3-64 添加特效

步骤 03 调整特效时长，使其结束位置与下方轨道中第一段视频的结束位置对齐，如图3-65所示。

图 3-65 调整特效时长与结束位置

步骤 04 预览视频，查看使用剪映内置特效为视频添加转场的效果，如图3-66所示。

图 3-66 查看特效转场效果

课堂演练：制作中秋月亮特效

本模块主要学习了滤镜、贴纸、特效、抠图、转场等技巧的应用，下面将综合运用所学技巧制作中秋月亮特效，具体操作步骤如下：

步骤 01 在剪映中导入"夜空素材"和"绿幕建筑"素材，将素材添加到轨道中，随后将"绿幕建筑"图片拖动至上方轨道，如图3-67所示。

扫码观看视频

图 3-67　添加素材

步骤 02 拖动上方轨道中的图片素材，使其结束位置与下方轨道中视频的结束位置对齐，如图3-68所示。

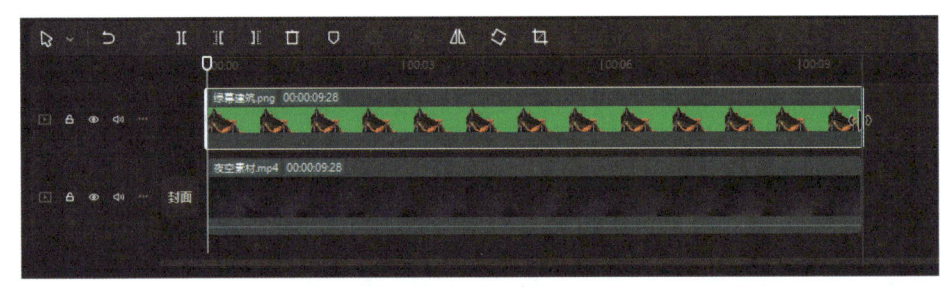

图 3-68　调整"绿幕建筑"素材时长

步骤 03 保持图片素材为选中状态，打开"画面"面板，切换到"抠像"选项卡，勾选"色度抠图"复选框，并单击"取色器"按钮，在预览画面中的绿色区域上方单击，抠除绿色背景，如图3-69所示。

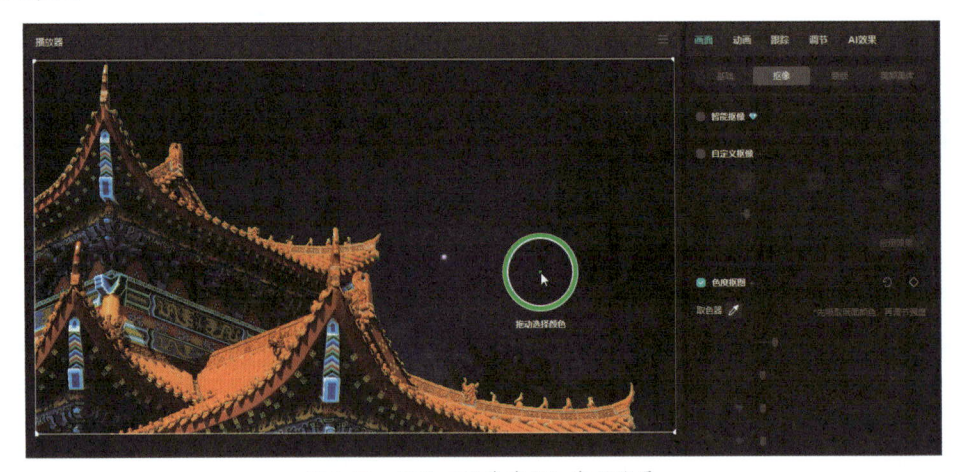

图 3-69　抠除"绿幕建筑"素材背景

步骤 04 在面板中拖动"强度"滑块,设置参数值为40,去除建筑边缘未处理干净的绿色,如图3-70所示。

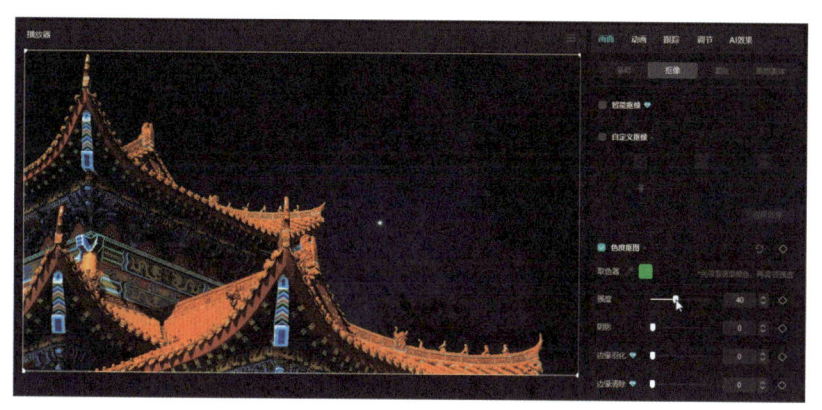

图 3-70　调整抠图强度

步骤 05 切换到"调节"面板,在"基础"选项卡中展开"调节"组,设置"亮度"参数为-13,适当降低建筑的亮度,如图3-71所示。

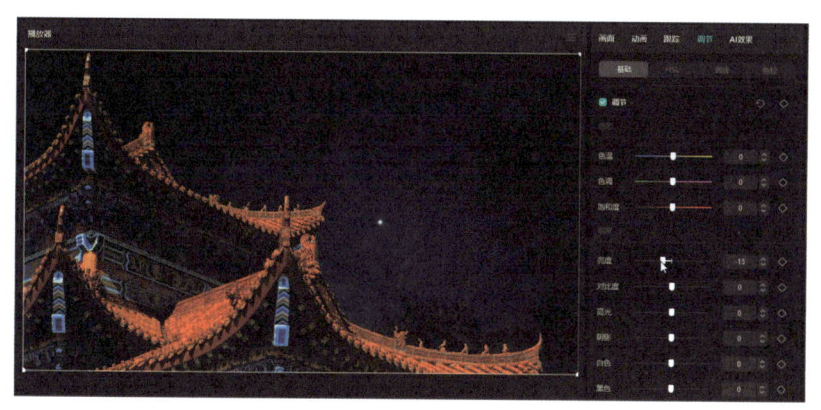

图 3-71　设置亮度参数

步骤 06 选择下方轨道中的"夜空素材",在"调节"面板中设置"亮度"参数为35,适当增加夜空的亮度,如图3-72所示。

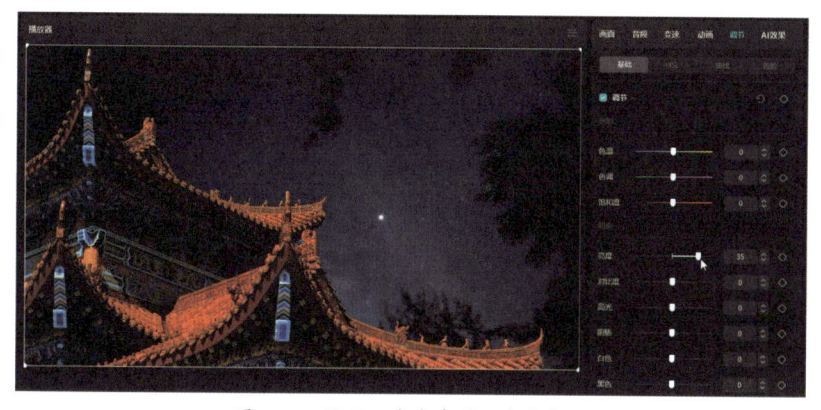

图 3-72　设置"夜空素材"亮度参数

步骤07 将时间轴移动到时间线的最左侧,打开"滤镜"面板,在"滤镜库"组中选择"风景"分类,添加"椿和"滤镜,如图3-73所示。

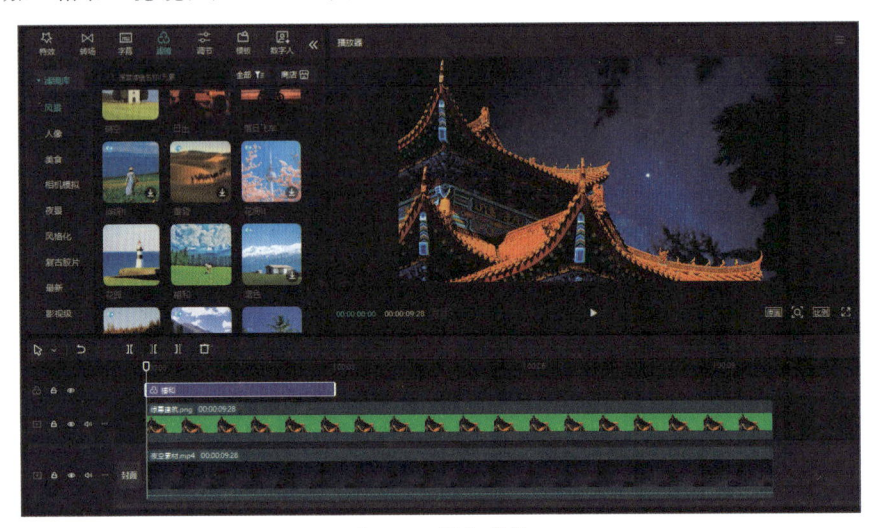

图 3-73 添加滤镜

步骤08 调整滤镜的时长,使其结束位置与下方轨道中素材的结束位置对齐,如图3-74所示。

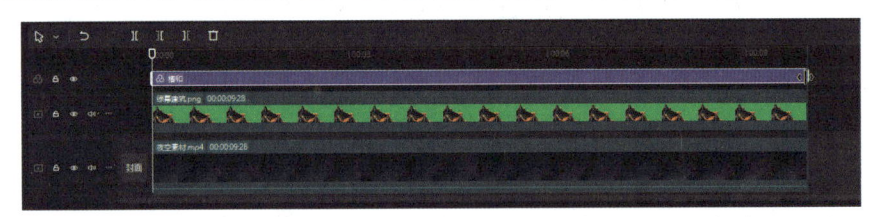

图 3-74 调整滤镜时长

步骤09 打开"贴纸"面板,在"贴纸素材"界面中搜索"月亮",从搜索结果中添加一个效果满意的月亮贴纸,如图3-75所示。

图 3-75 添加月亮贴纸

步骤 ⑩ 调整贴纸的时长，使其结束位置与下方轨道中素材的结束位置对齐，如图3-76所示。

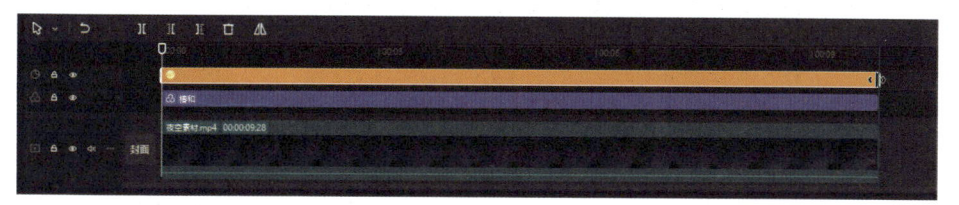

图 3-76 设置贴纸时长

步骤 ⑪ 在"贴纸"面板中设置"缩放"参数为35%，将月亮缩小，随后将月亮拖动至画面中的合适位置，如图3-77所示。

图 3-77 设置贴纸大小和位置

步骤 ⑫ 打开"动画"面板，在"入场"选项卡中选择"向上滑动"动画，在面板下方拖动"动画时长"滑块，设置动画时长为2.5 s，如图3-78所示。

图 3-78 为月亮贴纸添加入场动画

步骤 ⑬ 将时间轴定位于2.14 s的位置，在"贴纸"面板中的"贴纸素材"界面内搜索"月是故乡明"，随后添加一个满意的文字贴纸，如图3-79所示。

图 3-79 添加文字贴纸

步骤14 调整好贴纸的时长。随后在"贴纸"面板中调整"缩放"参数为47%,随后将贴纸移动到合适的位置,如图3-80所示。

图 3-80 调整文字贴纸的大小和位置

步骤15 打开"动画"面板,在"入场"选项卡中选择"缩小"动画,为文字贴纸添加相应动画,如图3-81所示。

图 3-81 为文字贴纸添加动画

步骤 16 将时间轴定位于2.02 s的位置,打开"特效"面板,在"画面特效"组中选择"金粉"分类,添加"金粉闪闪"特效,如图3-82所示。

步骤 17 将时间轴移动至3 s的位置,从之前打开的"特效"面板中添加"金粉洒落"特效,如图3-83所示。

图 3-82　添加"金粉闪闪"特效　　　　图 3-83　添加"金粉洒落"特效

步骤 18 调整特效的时长,使两个特效的结束位置均与下方素材的结束位置对齐,如图3-84所示。

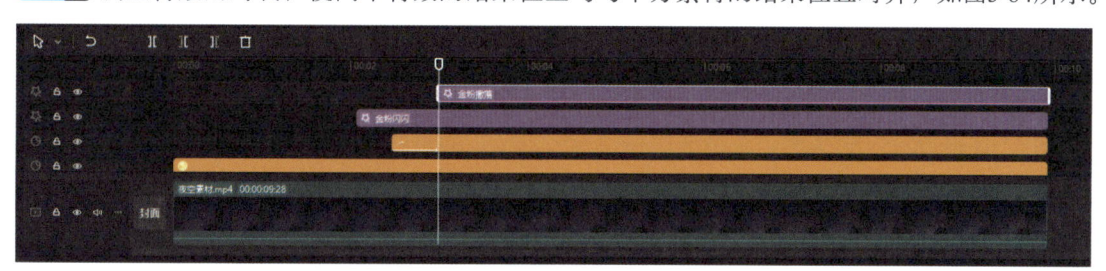

图 3-84　调整特效时长

步骤 19 至此,完成中秋月亮特效的制作。预览视频,查看视频播放效果,如图3-85所示。

图 3-85　查看视频播放效果

光影加油站

光影铸魂

伴随着互联网的高速发展，信息泄露、网络诈骗案件频发，许多人因缺乏防范意识而上当受骗。为了增强公众的防范意识，公安机关利用剪映制作了一段反诈短视频。该视频通过动画和文字解说，详细解析了"冒充客服"诈骗的常见套路：伪造来电显示，冒充官方客服；利用恐吓或利诱手段，诱导用户泄露个人信息；通过虚假链接或二维码，窃取用户资金，等等。视频最后以警示语结束："防范诈骗，从你我做起！"，并在画面中显示公安机关的反诈宣传标语和报警电话，提醒观众提高警惕。该视频在自媒体平台发布后，获得了大量点赞和转发，许多网友留言表示受益匪浅。该视频通过宣传反诈知识，鼓励观众主动传播反诈信息，共同维护社会安全。

剪辑实战

作业名称：反诈卫士

作业要求：

（1）素材整理。收集或制作与反诈骗相关的素材，如新闻片段、动画、图片等，并按照视频结构进行初步分类。

（2）剪辑规划。制订剪辑计划，确定视频的整体结构、转场位置和特效应用点。

（3）剪辑与美化。使用剪映进行视频剪辑，逐步添加滤镜、特效、转场、贴纸等元素，以及进行色彩调整和抠图操作等。例如，添加与主题相关的贴纸，警徽、警示标志等，以增加视频的趣味性，展现视频的专业性。

（4）预览与调整。根据需要多次预览视频，不断调整各项参数，确保视频效果达到最佳。

（5）最终输出。完成所有编辑后，导出高质量的视频文件。

模块 4　视频的创意剪辑

内容概要

在剪映中，蒙版、关键帧以及混合模式的应用共同构成了视频创作的强大工具组合，通过精准控制画面实现动态效果与无缝过渡，以及创造独特的视觉效果，极大地提升了视频的专业度、叙事能力和视觉冲击力，为视频创作者提供了无限的可能性和创意空间。

学习目标

【知识目标】
- 掌握剪映添加蒙版的方法及关键帧的运用技巧。
- 掌握在剪映中进行后期画面合成的方法和要点。

【能力目标】
- 能运用添加蒙版及关键帧的方式剪辑视频。
- 能运用剪映的相关功能对视频进行后期画面合成。

【素质目标】
- 通过学习视频的创意剪辑，培养创新能力。
- 通过进一步学习剪映的使用方法，培养精益求精的工匠精神。

4.1 蒙版的添加和编辑

蒙版允许创作者精确控制视频画面的显示区域，通过调整蒙版的形状、大小和位置，可以去除不需要的画面元素，或者突出主体，使视频内容更加聚焦和清晰。通过蒙版的运用，可以创造出动态的画中画效果、渐变过渡、遮罩动画等，这些效果能够极大地增强视频的视觉冲击力，吸引观众的注意力，提升观看体验。

■ 4.1.1 蒙版的类型

剪映中包含多种蒙版类型，各种蒙版的作用和特点说明如下：

- **线性蒙版**：可以在视频或图片上创建一个渐变遮罩，使得视频或图片的某些区域变得透明或半透明。线性蒙版常用于线条切割转场、更换天空、更换背景等场景。
- **镜面蒙版**：镜面蒙版可以创建一种镜面效果，即将视频或图片翻转并镜像显示。镜面蒙版常用于划痕转场、高级感文字片头等场景。
- **圆形蒙版**：通常被用于创建一些与圆形相关的视觉效果，如将视频或图片呈现为圆形或者突出显示某个物体等。圆形蒙版也常用于圆形蒙版转场等场景。
- **矩形蒙版**：通常被用于创建一些画面分割、画中画等相关的视频或图片效果，如电影中的分镜头效果、播报中的画中画效果等。
- **爱心蒙版**：可以创建出一个爱心形状的遮罩，从而实现一些特殊的视觉效果。爱心蒙版通常被用于创建一些浪漫、温馨或者与节日相关的视频或图片，如七夕节视频、婚礼视频等。
- **星形蒙版**：可以创建出一个星形状的遮罩。星形蒙版通常被用于创建一些与星星、夜空、宇宙相关的视频或图片效果，如星空摄影视频、科幻电影特效等。

■ 4.1.2 添加和编辑蒙版

添加蒙版的方法非常简单，为视频添加蒙版后一般需要根据制作要求对蒙版进行编辑，如设置蒙版大小、调整蒙版位置、旋转蒙版等。不同类型的蒙版，设置其位置和大小的方法略有不同，但是调整旋转角度的方法都相同。下面详细介绍不同类型蒙版的添加以及编辑方法。

1. 编辑线性蒙版

在剪映中导入两段视频素材，将需要在底层显示的视频添加到主轨道，将需要在上层显示并要添加蒙版的视频添加到上方轨道，如图4-1所示。

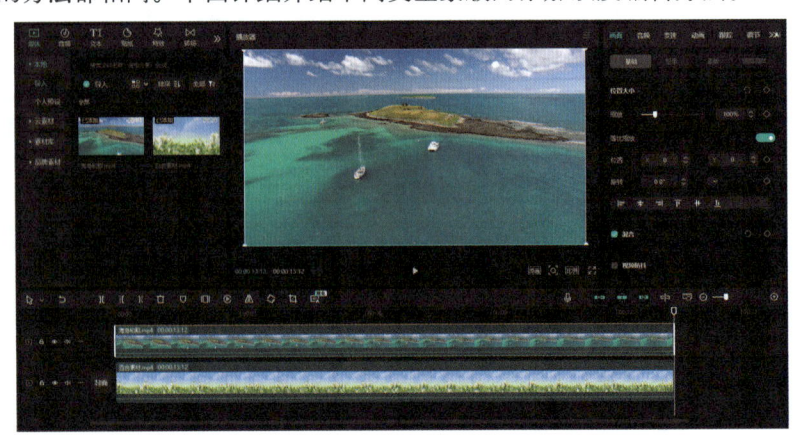

图 4-1 添加素材

选中上方轨道中的视频素材,在功能区中的"画面"面板中打开"蒙版"选项卡,单击所需类型的蒙版按钮即可为视频添加相应蒙版。此处单击"线性"按钮,所选视频随即添加线性蒙版,如图4-2所示。

图 4-2　添加线性蒙版

为视频添加线性蒙版后,在画面上方拖动白色的横线可以扩大或减少蒙版范围,以此来改变蒙版位置,如图4-3所示,

在添加了蒙版的视频画面中按住⟳按钮,拖动鼠标可以将蒙版旋转任意角度,如图4-4所示。

图 4-3　设置蒙版位置　　　　　　　　　　图 4-4　旋转蒙版

2. 编辑镜面蒙版

在"蒙版"面板中单击"镜面"按钮,为视频添加镜面蒙版,如图4-5所示。拖动▭图标,可以调整蒙版的大小,如图4-6所示。

图 4-5　添加镜面蒙版　　　　　　　　　　图 4-6　调整蒙版大小

将光标放在蒙版画面上的任意位置，按住鼠标左键拖动，可以调整蒙版的位置，如图4-7所示。拖动 按钮，可以旋转蒙版，如图4-8所示。

图 4-7　移动蒙版位置

图 4-8　旋转蒙版

3. 编辑圆形蒙版

在"蒙版"面板中单击"圆形"按钮，为视频添加圆形蒙版，如图4-9所示。拖动蒙版任意一个边角位置的圆形控制点，可以等比例缩放蒙版，如图4-10所示。

图 4-9　添加圆形蒙版

图 4-10　等比例缩放蒙版

拖动蒙版左、右方向的控制按钮，可以横向拉伸圆形蒙版，如图4-11所示。拖动上、下方向的控制按钮，可以纵向拉伸圆形蒙版，如图4-12所示。

图 4-11　横向拉伸蒙版

图 4-12　纵向拉伸蒙版

4. 设置矩形蒙版

矩形蒙版的设置方法与圆形蒙版基本相同，但是矩形蒙版有一个特别的功能，即可以设置圆角的大小。默认情况下矩形的每个角都是直角，如图4-13所示。按住 图标，向画面边缘拖动，则可以不断增加圆角的度数，如图4-14所示。

图 4-13　添加矩形蒙版

图 4-14　增加圆角度数

5. 设置爱心和星形蒙版

爱心形和星形蒙版可以等比例缩放大小，方法与设置圆形蒙版相同，如图4-15和图4-16所示。

图 4-15　添加爱心形蒙版

图 4-16　添加星形蒙版

知识延伸 除了在播放器窗口中通过鼠标拖动直接调整蒙版的大小、位置、旋转角度等参数，创作者也可以通过"蒙版"选项卡精确设置蒙版的各项参数值，如图4-17所示。

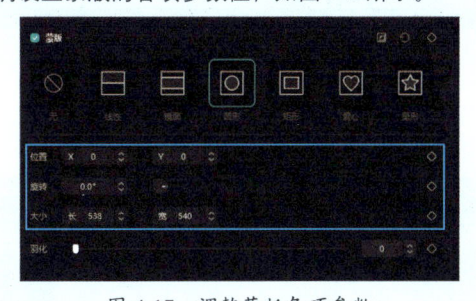

图 4-17　调整蒙版各项参数

■4.1.3　设置蒙版羽化

为蒙版设置羽化效果可以让蒙版边缘逐渐模糊淡出，避免了突兀的画面转换，使画面过渡更加柔和自然，从而提升视频的整体质量。

为视频添加蒙版后，在播放器窗口中拖动羽化图标，或在"画面"面板中的"蒙版"选项卡内拖动"羽化"滑块，即可为蒙版添加羽化效果，如图4-18所示。

图 4-18　添加羽化

4.1.4 反转蒙版

反转蒙版的作用是将蒙版的遮罩效果进行反转，也就是说，原本使用蒙版遮罩隐藏的部分会显示出来，而原本显示的部分则会被遮罩隐藏。设置反转蒙版的具体操作步骤如下：

步骤 01 在"画面"面板中的"蒙版"选项卡内为视频添加圆形蒙版，并适当设置羽化值，如图4-19所示。

图 4-19　添加圆形蒙版并设置羽化

步骤 02 然后在"蒙版"选项卡中单击"反转"按钮，即可将蒙版中所显示的画面反转，如图4-20所示。

图 4-20　反转蒙版

4.1.5 删除蒙版

若要删除蒙版，可以在轨道中选择使用了蒙版的素材，在"画面"面板中的"蒙版"选项卡中单击"无"按钮，即可将蒙版删除，如图4-21所示。

图 4-21　删除蒙版

4.2 "关键帧"的应用

关键帧是指在视频编辑中用来控制动画效果、运动轨迹、音频和特效等参数变化的帧。视频的创作者可以在时间轴上为视频、文字、音频、特效等各种素材添加关键帧，使视频看起来更加生动、流畅，更具有视觉冲击力。

4.2.1 添加关键帧

在剪映中，创作者可以为所选素材的指定参数添加关键帧，如为缩放、位置、旋转、透明度、色彩等参数添加关键帧。在功能区中的各类参数右侧提供了◇按钮，该按钮即为关键帧按钮，如图4-22和图4-23所示。

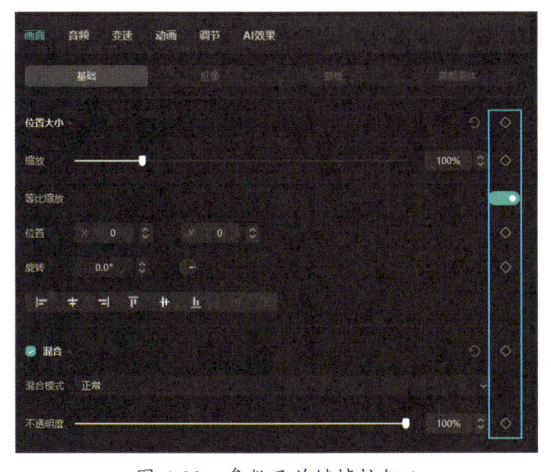

图 4-22　参数及关键帧按钮 1 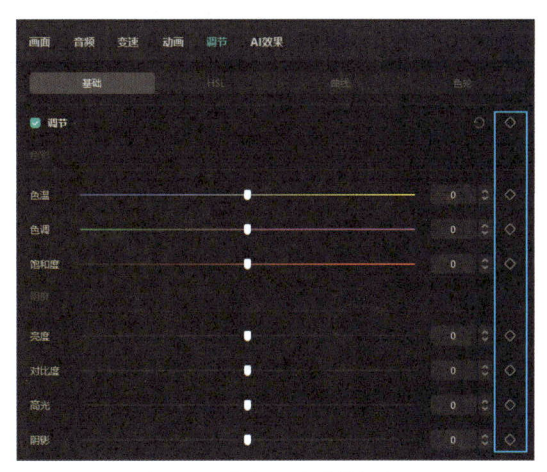　　　　图 4-23　参数及关键帧按钮 2

4.2.2 为图片添加关键帧

为图片添加关键帧可以制作出富有创意的视频效果。下面通过一个示例介绍为图片添加关键帧制作出动态视频的效果，具体操作步骤如下：

步骤 01 将图片导入剪映，并添加到轨道中，图片的默认播放时长为5 s，用户可以在轨道中拖动图片素材右侧边缘位置，将总时长延长至8 s，如图4-24所示。

图 4-24　添加图片素材并设置时长

步骤 02 将时间轴移动到轨道的最左侧，在功能区中的"画面"面板内打开"基础"选项卡，依次单击"缩放"和"位置"右侧的关键帧按钮。适当增大缩放比例，随后移动画面的位置确定好第一帧画面（可以在播放器窗口中使用鼠标拖动，或在面板中设置X、Y的参数值确定画面位置），如图4-25所示。

图 4-25　在视频起始位置为"缩放"和"位置"添加关键帧

步骤 03 在轨道中将时间轴移动到图片素材的结束位置，在"画面"面板中的"基础"选项卡内为"缩放"和"位置"添加关键帧，并修改缩放比例和位置参数，确定好最后一帧画面，如图4-26所示。

图 4-26　在视频结束位置为"缩放"和"位置"添加关键帧

步骤 04 设置完成后在轨道中可以看到图片素材的起始和结束位置均显示出关键帧标记,如图4-27所示。

图 4-27 查看关键帧效果

步骤 05 预览视频,查看图片变为动态视频的效果,如图4-28所示。

图 4-28 查看视频播放效果

4.2.3 为蒙版添加关键帧

为蒙版添加关键帧可以制作出自然的转场效果。下面将使用圆形蒙版制作从中心向四周叠化扩散转场的转场效果,具体操作步骤如下:

步骤 01 向剪映中导入两段视频素材,将素材添加至不同轨道中并调整好素材的位置,保持上方轨道中的视频素材为选中状态,将时间轴移动到该视频的开始位置,如图4-29所示。

图 4-29 添加素材

步骤 02 在功能区中的"画面"面板中打开"蒙版"选项卡,添加"圆形"蒙版,适当增加羽化值,随后单击"蒙版"组右侧的关键帧按钮,为当前蒙版的所有参数添加关键帧,如图4-30所示。

图 4-30 为蒙版添加第一处关键帧

步骤 03 将"大小"的"长"和"宽"参数值均设置为最小值1,此时圆形蒙版将缩放至最小,如图4-31所示。

图 4-31 将蒙版缩至最小

步骤 04 保持上方轨道中的视频素材为选中状态,移动时间轴,使其与下方轨道中视频素材的结束位置对齐。再次单击"蒙版"组右侧的关键帧按钮,随后修改"大小"的"长"和"宽"参数值均为3 300,将圆形蒙版放大至画面之外,如图4-32所示。

图 4-32 为蒙版添加第二处关键帧并设置蒙版大小

步骤 05 预览视频，查看为蒙版添加关键帧后制作出的转场效果，如图4-33所示。

图 4-33　查看蒙版转场效果

■ 4.2.4　为滤镜添加关键帧

为滤镜添加关键帧可以让滤镜逐渐加深或逐渐减淡，从而形成更自然的过渡。下面将制作画面逐渐由彩色变为黑白的效果，具体操作步骤如下：

步骤 01 在轨道中添加素材，将时间轴移动至合适的位置，在素材区中打开"滤镜"面板，添加"牛皮纸"滤镜，并调整滤镜的时长。保持时间轴定位于滤镜的开始位置，在功能区中的"滤镜"面板内将"强度"参数设置为0，单击关键帧按钮，如图4-34所示。

图 4-34　为滤镜添加第一处关键帧

步骤 02 将时间轴向右移动适当距离，在功能区中的"滤镜"面板内将"强度"参数设置为100，此时关键帧按钮会自动点亮，如图4-35所示。

图 4-35　为滤镜添加第二处关键帧

步骤 03 预览视频，查看滤镜由浅变深，画面由彩色逐渐变为黑白的效果，如图4-36所示。

图 4-36　查看视频播放效果

4.3　后期画面合成

设置图层的混合模式以及设置画面透明度是视频后期处理的常用技巧。

4.3.1　混合模式的类型

在剪映专业版中，混合模式包含11种类型，分别为正常、变亮、滤色、变暗、叠加、强光、柔光、颜色加深、线性加深、颜色减淡和正片叠底。这些混合模式可以改变图像的亮度、对比度、颜色和透明度等特性，从而令视频呈现出不同的视觉效果。

如果按照功能归类，可以将混合模式分为四大类，分别为正常组、去亮组、去暗组和对比组。

- **正常组**：正常模式是默认的混合模式，在该模式中，上层图层完全覆盖下层图层，一般通过调节上层图层的不透明度来显示下层图层。
- **去亮组**：变暗、正片叠底、线性加深、颜色加深等模式可以去掉亮部，这类模式常用于处理底色为白色的视频。
- **去暗组**：滤色、变亮、颜色减淡等模式可以去掉暗部。这类模式常用于处理底色为黑色的视频。
- **对比组**：叠加、强光、柔光等模式可以增加图像对比度，从而产生各种视觉效果。

4.3.2　滤色混合模式

滤色是最为常用的混合模式之一。在剪映应用中，滤色混合模式可以过滤掉较暗的像素，保留较亮的像素，并将这些像素的颜色值与底层的颜色值混合，从而得到更亮的效果。

下面通过一个实例说明滤色混合模式的使用，具体操作步骤如下：

步骤 01 将素材添加到不同轨道中，选中上方轨道中的视频素材，在"画面"面板中的"基础"选项卡内单击"混合模式"下拉按钮，选择"滤色"选项，如图4-37所示。

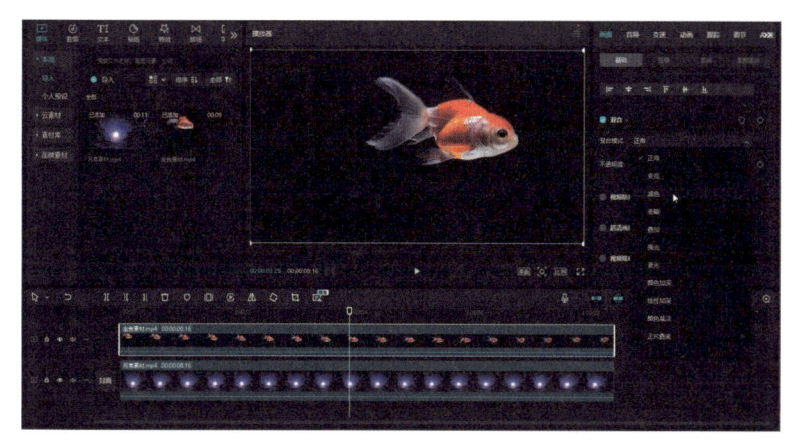

图 4-37 对上层视频执行"滤色"命令

步骤 02 所选视频的黑色背景随即被去除，下方轨道中的视频画面便显示出来，从而形成两个视频画面相互重叠的效果，如图4-38所示。

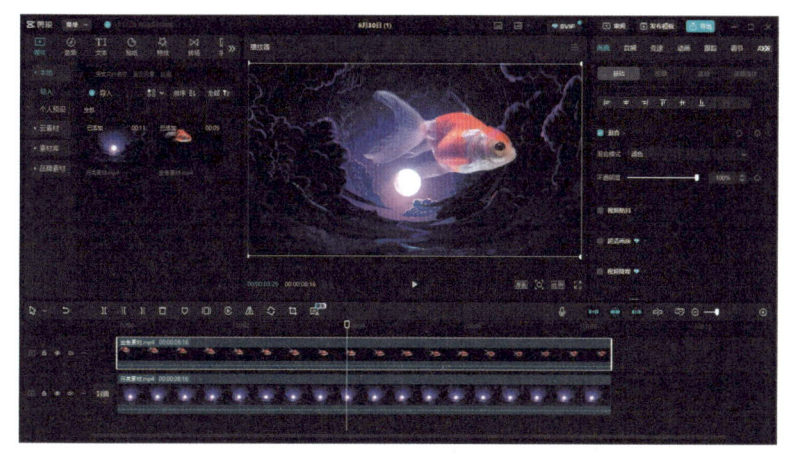

图 4-38 应用"滤色"混合模式

步骤 03 预览视频，查看为上层视频设置滤色混合模式的效果，如图4-39所示。

图 4-39 查看画面合成的效果

■4.3.3 变暗混合模式

变暗混合模式的原理是去掉亮色保留暗色。下面将使用变暗混合模式制作笔刷效果的开场片头，具体操作步骤如下：

103

步骤 01 在轨道中添加两段视频素材，让白色笔刷素材在上方轨道中显示，并保持该素材为选中状态，设置其"混合模式"为"变暗"，如图4-40所示。

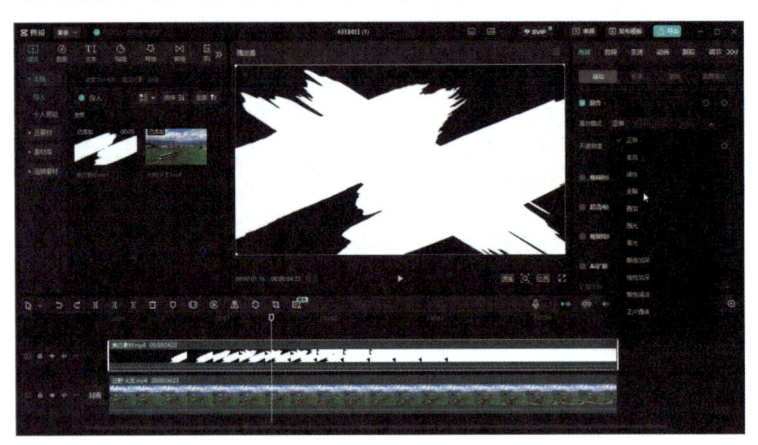

图 4-40　为上层素材执行"变暗"命令

步骤 02 所选素材中的白色部分随即变为透明的，如图4-41所示。

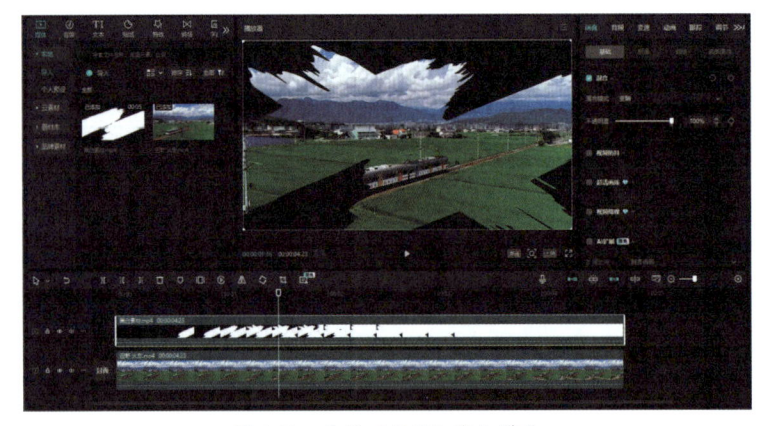

图 4-41　应用"变暗"混合模式

步骤 03 预览视频，查看笔刷开场片头的效果，如图4-42所示。

图 4-42　查看画面合成的效果

4.3.4　变亮混合模式

变亮混合模式和变暗混合模式的效果正好相反，它会保留上层图像中颜色较亮的像素，而去除颜色较暗的像素。下面给出应用变亮混合模式的具体步骤。

步骤 01 在轨道中添加视频素材，并调整好素材的位置，选中上方轨道中的"马群"视频素材，设置"混合模式"为"变亮",如图4-43所示。

图 4-43　为上层图像执行"变亮"命令

步骤 02 图片中较暗的部分随即变为透明,下方轨道中的内容便显示出来了,如图4-44所示。

图 4-44　应用"变亮"混合模式

步骤 03 预览视频,查看为视频设置"变亮"混合模式的效果,如图4-45所示。

图 4-45　查看画面合成的效果

■4.3.5　正片叠底混合模式

　　正片叠底混合模式是一种暗混合模式,它可以将上层图层与底层图层进行混合,使图像颜色更深暗。由于正片叠底混合模式的效果是使颜色更深暗,因此在剪映中常被用来抠除白底的图像，或者减少图像的亮度。正片叠底混合模式应用的具体操作步骤如下：

步骤 01 在剪映中添加视频并调整好视频的位置，选中上方轨道中的视频片段，设置"混合模式"为"正片叠底"，如图4-46所示。

图 4-46 为上层视频执行"正片叠底"命令

步骤 02 预览视频，查看为视频设置"正片叠底"混合模式的效果，如图4-47所示。

图 4-47 查看画面合成的效果

4.3.6 调整画面透明度

在剪映中，通过调整不透明度可以控制图像中各个像素的透明度，从而实现各种视觉效果。创作者可以在任何一种混合模式下设置视频或图像的透明度。

如图4-48所示，为上方轨道中的素材使用"强光"混合模式后，由于下方素材比较暗，因此几乎无法看到下层的元素。

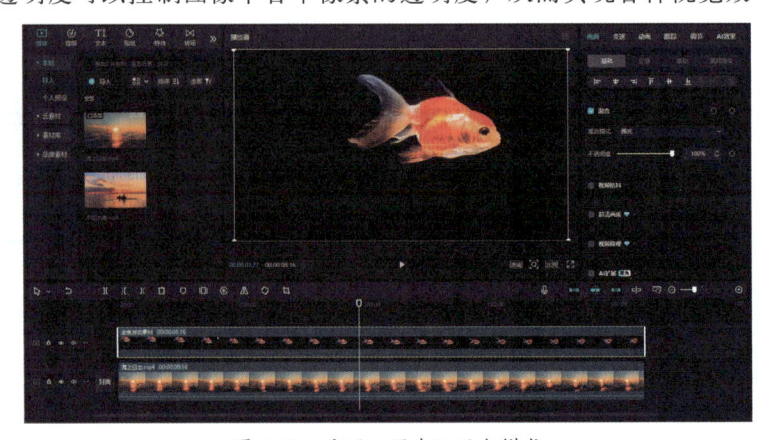

图 4-48 应用"强光"混合模式

在左侧面板中的"混合模式"选项下方可以看到"不透明度"的默认值为"100%"（即不透明），拖动"不透明度"滑块，设置图片的透明度，即可让下方的视频元素显示出来，如图4-49所示。

图 4-49　调整"不透明度"

课堂演练：制作延时拍摄特效

本模块主要介绍了蒙版、关键帧、混合模式等高级剪辑技巧，下面将综合应用本模块所学知识，制作延时拍摄效果，具体操作步骤如下：

步骤01 在剪映中导入"海边"和"星空"素材，先将"海边"素材添加至轨道中，如图4-50所示。

扫码观看视频

图 4-50　添加素材

步骤02 保存轨道中的"海边"素材为选中状态，在功能区中打开"变速"面板，在"常规变速"选项卡中设置"倍数"为3.0，即加快视频播放速度，如图4-51所示。

图 4-51　设置素材变速

步骤 03 保持时间轴停留在视频起始位置。打开"调节"面板，在"基础"选项卡中将"亮度"参数设置为25，随后为该参数添加关键帧，如图4-52所示。

图 4-52　在第一处时间点设置"亮度"参数并添加关键帧

步骤 04 将时间轴移动到1.29 s位置，设置"色温"参数为15、"亮度"参数为0，并为这两个参数添加关键帧，如图4-53所示。

图 4-53　在第二处时间点设置"色温"和"亮度"参数并添加关键帧

步骤 05 将时间轴移动至3.15 s位置，设置"色温"参数为44、"色调"参数为0、"亮度"参数为-15，然后为色温、色调和亮度参数添加关键帧，如图4-54所示。

图 4-54　在第三处时间点设置"色温""色调"和"亮度"参数并添加关键帧

步骤 06 将时间轴移动至 5.12 s 位置,设置"色温"参数为 30、"色调"参数为-50、"亮度"参数为-50,同时为这三个参数添加关键帧,如图 4-55 所示。

图 4-55 在第四处时间点设置"色温""色调"和"亮度"参数并添加关键帧

步骤 07 将时间轴移动至 3.15 s 位置,将"星空"图片素材拖动到上方轨道中,使其起始位置与时间轴对齐,如图 4-56 所示。

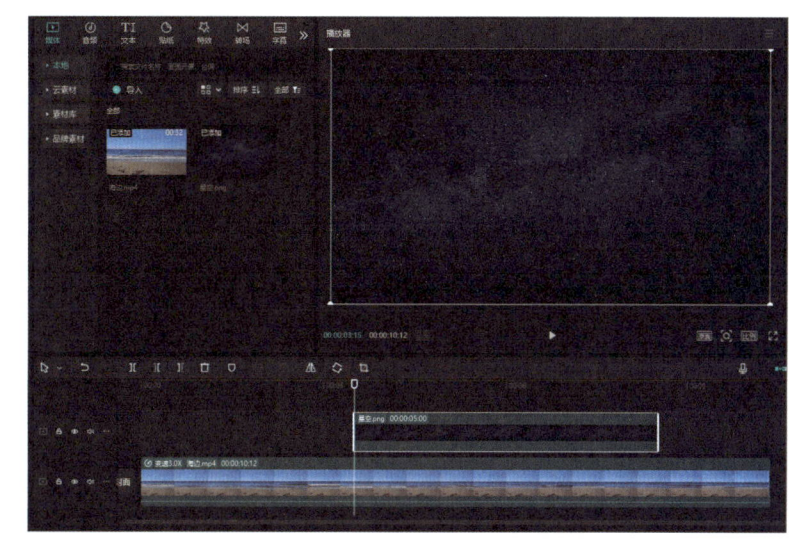

图 4-56 添加"星空"素材

步骤 08 保持"星空"素材为选中状态,在"画面"面板中打开"蒙版"选项卡,添加"线性"蒙版,在播放器窗口中拖动蒙版边界线,随后拖动旋转按钮,将蒙版下端与海平线对齐,适当设置羽化值,使星空和海平线相接的位置更加自然,如图 4-57 所示。

图 4-57 为"星空"素材添加蒙版并调整各项参数

步骤09 保持"星空"图片素材为选中状态,且时间轴停留在该素材的起始位置,打开"画面"面板,在"基础"选项卡中的"混合"组内设置"不透明度"参数为0%,为该参数添加关键帧,如图4-58所示。

图 4-58 为"星空"素材添加第一处关键帧

步骤10 将时间轴移动到6.26 s位置,将"不透明度"参数设置为100%,并添加关键帧,随后拖动"星空"图片素材的右侧边缘,使其结束位置与下方视频的结束位置对齐,如图4-59所示。

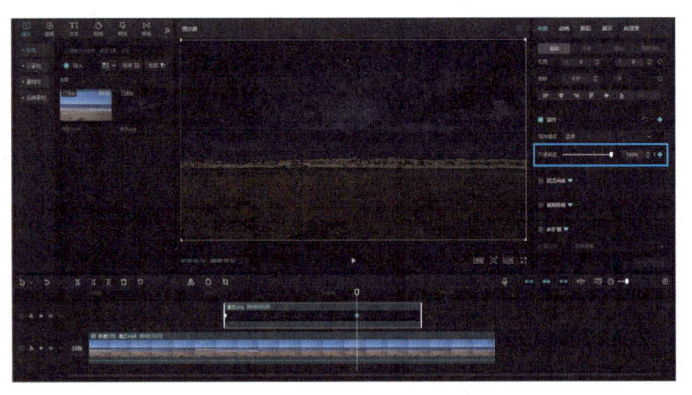

图 4-59 为"星空"素材添加第二处关键帧并对齐结束位置

步骤11 将时间轴移动至合适位置,在素材区中打开"贴纸"面板,在"贴纸素材"界面中搜索"星光闪闪",从搜索结果中添加效果满意的星光贴纸(可以添加多种贴纸),如图4-60所示。

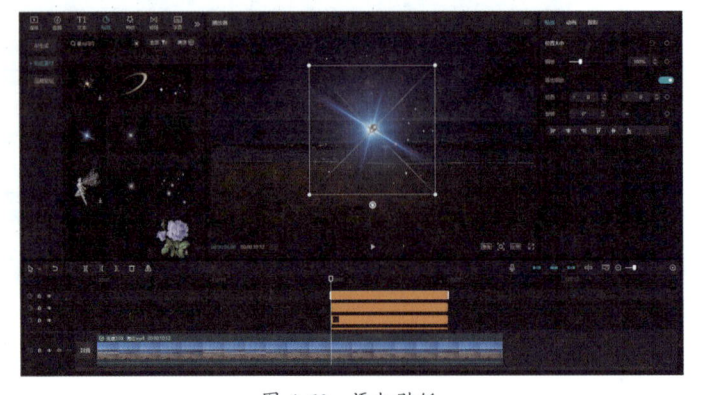

图 4-60 添加贴纸

步骤12 调整好所有星光贴纸的大小和位置以及开始播放的时间,将所有贴纸的结束位置全部设置为与主轨道中的视频结束位置对齐,在时间线窗口中拖动鼠标选中所有贴纸素材,随后右击任意一个贴纸素材,在弹出的快捷菜单中选择"新建复合片段"选项,如图4-61所示。

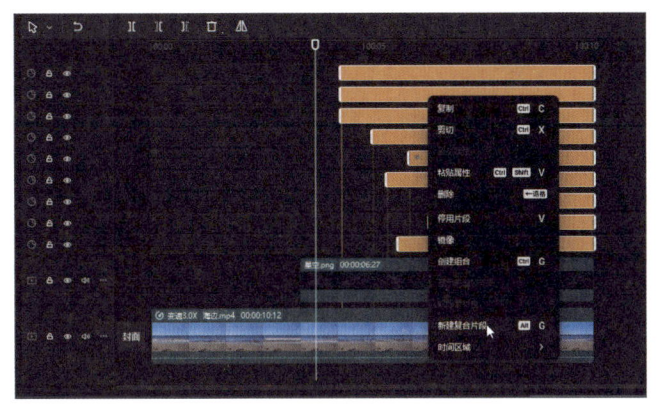

图 4-61 对所有贴纸执行"新建复合片段"命令

步骤13 所有贴纸素材随即被创建为一个复合片段,如图4-62所示。

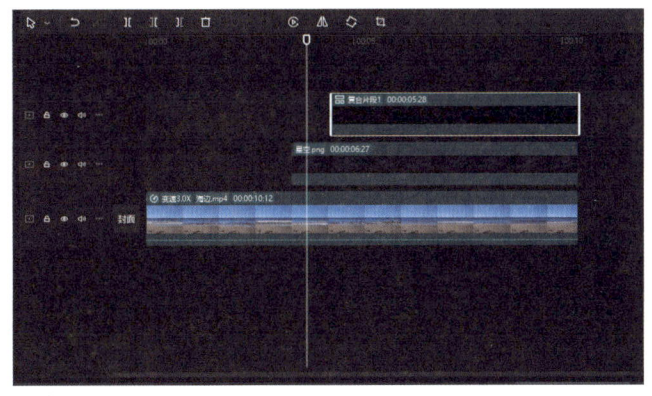

图 4-62 创建复合片段效果

步骤14 至此,完成了延时拍摄效果的制作,预览视频,查看制作效果,如图4-63所示。

图 4-63 查看延时拍摄效果

光影加油站

光影铸魂

随着自媒体用户需求的多样化，AI剪辑、智能推荐等技术的应用将进一步提升用户体验和内容传播效率。例如，某乡村以传统竹编技艺闻名，但由于缺乏推广，这项非遗技艺逐渐面临失传的风险。当地政府与非遗传承人合作，利用剪映制作短视频，展示竹编技艺的魅力，并推动其产业化发展。视频通过真实的人物故事和数据，展现非遗技艺如何改变乡村生活，增强了观众的代入感；通过展示非遗技艺的独特魅力，增强了观众对中华优秀传统文化的认同感和自豪感。"非遗竹编技艺"的短视频在自媒体平台的播放量超过3 000万次，成为文化传播的一个典型案例。该视频在发布后，获得了大量的点赞和转发，吸引了众多网友的关注，大大促进了当地竹编产品的销售，增加了村民收入，使乡村经济得到改善。

剪辑实战

作业名称：非遗助力乡村振兴

作业要求：

（1）主题阐述。视频需围绕"非遗助力乡村振兴"这一核心主题，通过展示非遗项目在乡村的传承、创新与发展，体现非遗文化为乡村带来的经济、文化及社会价值。

（2）素材收集。收集与非遗项目相关的视频素材，如传统手工艺制作过程、非遗表演、乡村风景等。搜集乡村振兴前后的对比照片或视频，用以突出非遗的助力效果。

（3）剪辑要求。至少使用两次蒙版功能，实现画面间的创意过渡或局部特效。运用关键帧设置画面元素的动态变化，使视频节奏更加生动流畅。尝试使用不同的混合模式，调整图层间的色彩与透明度，营造出独特的视觉效果。视频总时长控制在3～5分钟，内容精练，重点突出。

（4）提交作品。提交完整的项目文件，以便老师检查剪辑细节。要求视频质量清晰，适合网络传播，并将其发布至自媒体平台。

模块 5　短视频音字处理与导出

内容概要

　　剪映的音频处理功能支持创作者为视频轻松添加背景音乐、音效，支持音频分割、变声处理、调整音量大小及淡入淡出效果，轻松制作出更加生动有趣的视频作品；字幕功能可以提供多样化的样式和动画效果，用户可以自定义文字内容、颜色、字体及位置，实现精准匹配视频情感与节奏，提升观众的观看体验。视频制作完成后，一键即可快速导出高清视频，且支持多种分辨率和格式的选择，能够满足不同平台的上传需求。

学习目标

【知识目标】
- 掌握剪映为视频添加音乐的方法，理解音乐在短视频中的作用及其对观众情绪的影响。
- 掌握剪映中视频原声处理的技巧及设置方法。

【能力目标】
- 能够熟练使用剪映为短视频添加背景音乐、音效和录音。
- 能够运用剪映的智能工具自动提取字幕或生成语音。

【素质目标】
- 具备敏锐的听觉感知能力，能够根据视频内容选择恰当的音乐和音效，提升视频的情感表达效果。
- 具备细致的工作态度，确保视频质量符合平台要求。

5.1 添加背景乐

音乐在短视频中具有重要的作用，恰当的音乐既可以推进故事情节、烘托气氛，又可以带动用户的情绪、引起共鸣、带来愉悦感，还可以增强视频信息的传递效果，同时提高视频的观看度和分享度。

5.1.1 从音频库中添加背景乐

剪映的音乐素材库为创作者提供了丰富的免费音乐资源[①]，并根据音乐的特点进行了详细的分类，如纯音乐、卡点、VLOG、旅行、悬疑、浪漫、轻快等类别。短视频创作者可以根据不同平台的特点和观众喜好，选择不同的音乐类型和风格，以获得更好的效果。

在剪映的素材区中打开"音频"面板，在"音乐"分组中可以根据类型选择音乐，也可以直接搜索关键词查找自己需要的音乐素材，如图5-1和图5-2所示。

图 5-1　剪映的音乐素材库 1　　　　图 5-2　剪映的音乐素材库 2

为了找到与视频更加匹配的音乐，可以在音乐素材库中单击音频文件，试听当前音乐。若要使用该音乐，则单击该音频文件上方的 按钮，时间线窗口中随即自动新建音乐轨道，并自动添加所选的音乐素材，如图5-3所示。

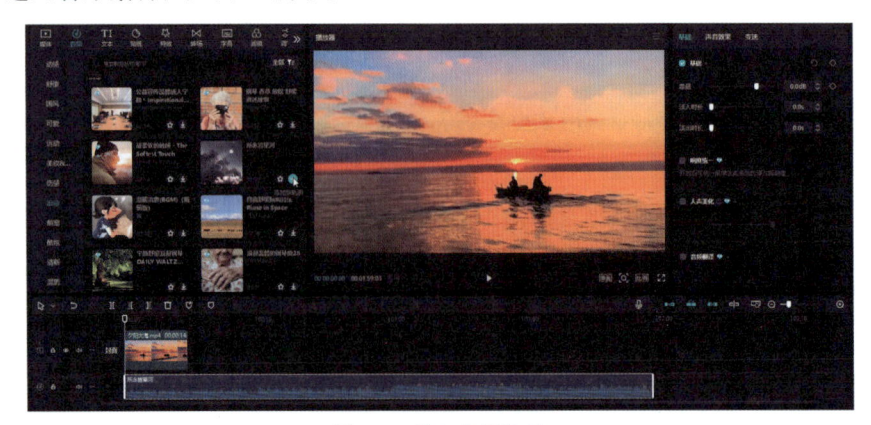

图 5-3　添加音频素材

---

① 剪映平台上提供的所有音乐素材仅供非商业性质的使用。

音频文件被添加到轨道中以后，可以通过裁剪音频选择音乐的起始点和结束点。在轨道中选中音频素材，将时间轴移动到要裁剪的位置，通过工具栏中的"分割""向左裁剪""向右裁剪"等按钮，可以从时间轴位置对视频素材进行分割或裁剪。如图5-4所示，此处单击"向右裁剪"，时间轴右侧的音频片段随即被裁剪掉。

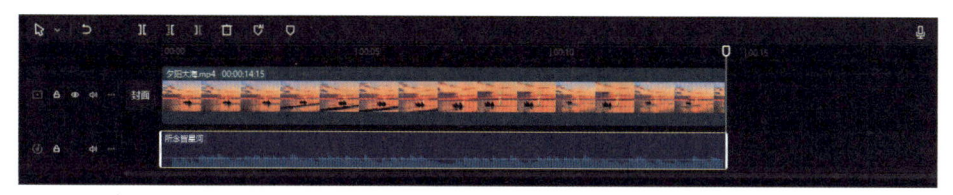

图 5-4 裁剪音频素材

知识延伸 用户也可以通过拖动音频素材的左侧边缘或右侧边缘，对音频的开始或结束位置进行调整，如图5-5所示。

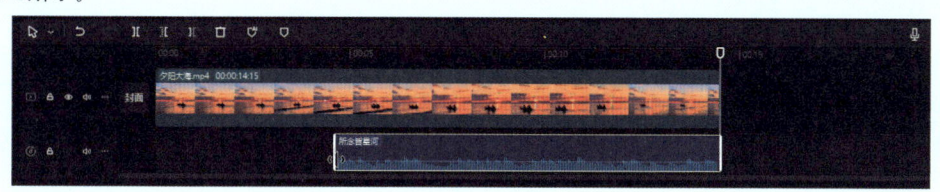

图 5-5 使用鼠标拖动素材边缘裁剪音频素材

5.1.2 导入本地音乐

在剪映中编辑视频时也经常需要使用自己准备的音乐素材，导入音频的方法和导入视频的方法基本相同，具体操作步骤如下：

步骤01 在素材区中打开"媒体"面板，单击"本地"按钮，展开该分组，在"导入"界面中单击"导入"按钮，如图5-6所示。

步骤02 在弹出的"请选择媒体资源"对话框中选择需要的音频文件，单击"打开"按钮，如图5-7所示。

图 5-6 执行"导入"命令　　　图 5-7 选择音频文件

步骤03 所选音频文件随即被导入剪映的素材区中。单击该音频素材上方的 按钮，即可将音频添加到轨道中，如图5-8所示。

图 5-8　将音频素材添加至轨道

■5.1.3　提取视频中的音乐

如果想使用某段视频中的背景音乐,可以将该视频导入剪映,然后提取该视频中的背景音乐。具体操作步骤如下:

步骤01 在素材区中打开"音频"面板,单击"音频提取"按钮,在打开的界面中单击"导入"按钮,如图5-9所示。

步骤02 弹出"请选择媒体资源"对话框,选择需要提取其音频的视频文件,单击"打开"按钮,如图5-10所示。

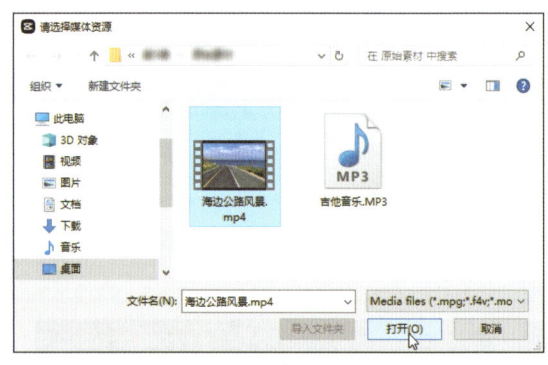

图 5-9　执行"导入"命令　　　　　图 5-10　选择视频文件

步骤03 所选视频文件中的背景音乐随即被自动提取到剪映中,单击 ➕ 按钮即可将该音频添加到音频轨道中,如图5-11所示。

图 5-11　将提取的背景音乐添加至轨道

5.2　添加音效与录音

在剪映中除了可以添加音乐素材，还可以添加音效素材以及录制声音。

5.2.1　添加音效

在视频创作中，音效的添加具有增强现场感、渲染场景的气氛、描述人物的内心感受、构建场景以及增强视频的趣味性等作用。适当运用音效可以使得视频更加生动有趣，更具有感染力。

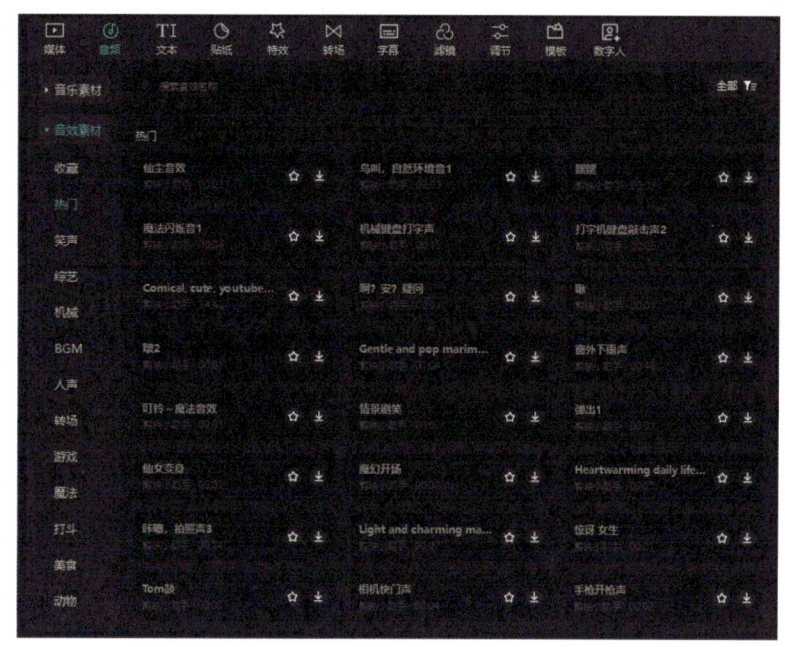

剪映包含了大量免费的音效素材，包括笑声、综艺、机械、悬疑、BGM（背景音乐）、人声、转场、游戏、魔法、打斗等类型。在素材区域中的"音频"面板中单击"音效素材"按钮，可以看到所有音效类型，如图5-12所示。

图 5-12　剪映音效素材库

在"音频"面板中展开"音效素材"组，选择需要的分类，此处选择"环境音"，素材区中会显示出各种环境音类的音效列表文件，用户可以单击音效文件试听，在试听过程中，剪映会自动下载该音效并以缓存形式存储，缓存成功后音效文件上方会出现 按钮，单击该按钮，可以将该音效添加到轨道中，如图5-13所示。

图 5-13　添加音效到轨道

用户也可以通过关键词搜索需要的音效。例如，在"音效素材"界面顶部的搜索框中输入"海浪"，按下Enter键即可搜索到库中与海浪声相关的所有音效素材。使用此方法可以帮助创作者快速添加需要的音效，如图5-14所示。

图 5-14 搜索音效

5.2.2 录制声音

剪映的录音功能允许用户在剪辑视频的过程中录制自己的录音，为视频内容提供更多的创作空间。具体操作步骤如下：

步骤01 在时间线窗口中，将时间轴移动到开始录制声音的时间点，在工具栏中单击"录音"按钮，如图5-15所示。

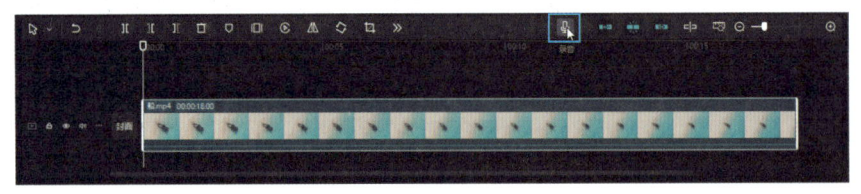

图 5-15 执行"录音"命令

步骤02 弹出"录音"对话框，如图5-16所示。单击"点击开始录制"按钮，如图5-17所示。

步骤03 播放器窗口中随即进入3 s倒计时，如图5-17所示。倒计时结束后用户可以录制声音，时间线窗口中会同步生成声音素材，录制完成后单击"点击结束录制"按钮即可，如图5-18所示。

图 5-16 开始录制　　图 5-17 倒计时

图 5-18 结束录制

5.3　对视频原声进行处理

录制视频时，受到录制现场环境或者录制设备自身的影响，视频的原声可能会受到一定的影响，此时可以对视频的声音进行适当处理，如调整音量、降噪、变调等。

■ 5.3.1　调整音量

视频中的音量可以根据需要放大或减小。在剪映中调整音量的方法不止一种。

1. 在轨道中调整音量

不管是带原声的视频还是单纯的音频文件，添加到剪映的轨道中以后，素材上方都会显示一条代表音量的横线。将光标移动到横线上方，当光标变成双箭头形状时，按住鼠标左键拖动即可快速调整音量，向上拖动为增加音量，向下拖动为减小音量，如图5-19所示。

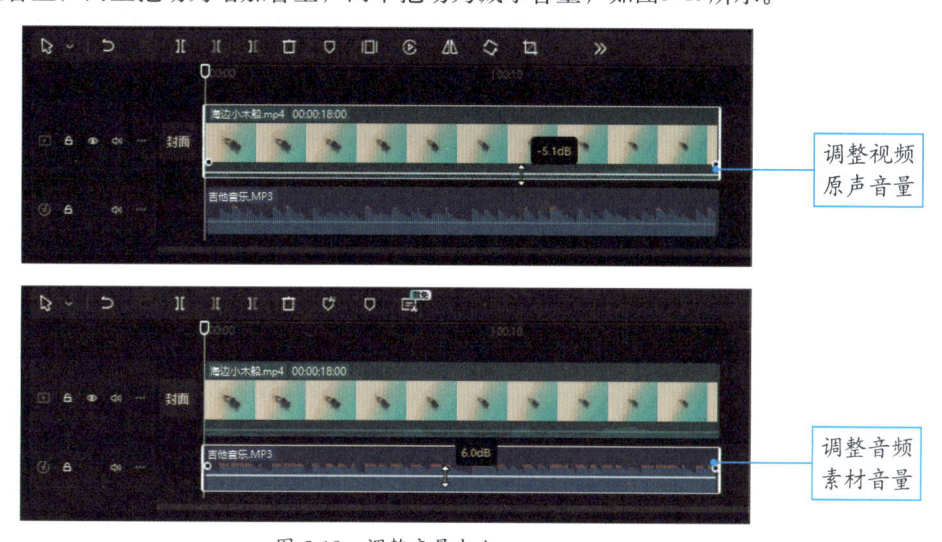

图 5-19　调整音量大小

2. 在功能区面板中调整音量

带原声的视频素材和纯音频素材，其音量调节工具的保存位置有所不同。因此，用功能区中的音量调节工具调整音量，对这两类素材来说是不完全一样的。

（1）设置纯音频素材的音量

在轨道中选择音频素材，在功能区中的"基础"面板中拖动"音量"滑块可以调整音量的大小，向左拖动滑块可以减小音量，向右拖动滑块可以增加音量，如图5-20所示。

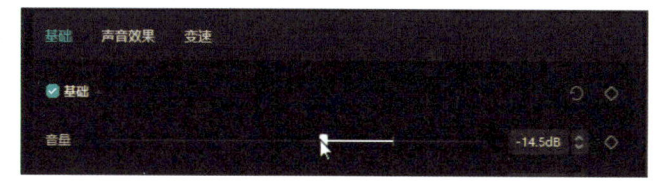

图 5-20　在功能区面板中调整音量

(2) 设置视频原声的音量

在轨道中选择包含原声的视频素材，在功能区中打开"音频"面板，在"基础"选项卡中拖动"音量"滑块即可调整音量大小，向左拖动滑块减小音量，向右拖动滑块增加音量，如图5-21所示。

图 5-21　设置视频音量

> **知识延伸** 若要对一段音频中的指定部分调整音量，可以先使用分割工具分割音频，然后单独对其中的一段音频素材调整音量，如图5-22所示。

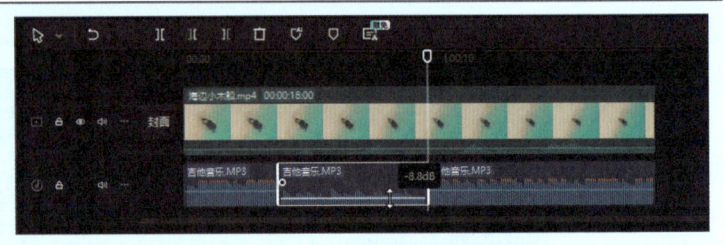

图 5-22　局部调整音频的音量

5.3.2　音频变速

音频变速是利用延长或缩短音频总时长，达到放缓或加速声音的效果。在轨道中选择音频素材，在功能区中打开"变速"面板，拖动"倍数"滑块便可设置音频变速，如图5-23所示。

音频的默认播放速度为"1.0×"，向左拖动"倍数"滑块，参数值变小，会减缓声音速度，此时音频总时长会相应增加；向右拖动滑块，参数值变大，会加快声音播放速度，此时音频总时长会变短。

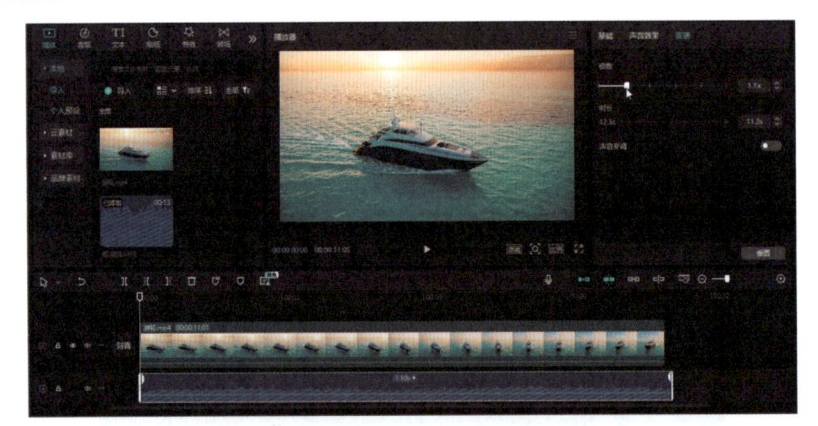

图 5-23　音频变速

对于视频中的原声来说，其变速应和画面是同步的。在轨道中选择视频片段，在功能区中打开"变速"面板，在"常规变速"选项卡中拖动"倍数"滑块，可以调整视频和原声变速，如图5-24所示。切换到"曲线变速"选项卡，还可以为视频设置曲线变速，如图5-25所示。曲线变速能够绘制出个性化的变速曲线，这意味着音频的播放速度可以随着曲线的起伏而自由变化，创造出丰富的听觉动态效果。

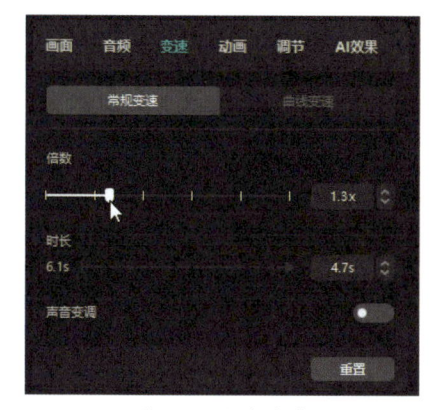

图 5-24　视频变速

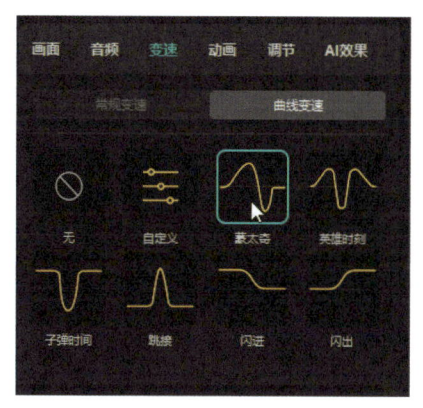

图 5-25　视频曲线变速

5.3.3　原声变调

剪映支持对音频进行"声音变调"处理，即改变视频中声音的音调。声音变调需要在音频变速的情况下才能实现。在轨道中选择音频素材，在功能区中打开"变速"面板，拖动"倍数"滑块设置音频变速，然后打开"声音变调"开关，所选音频随即自动改变音调，如图5-26所示。

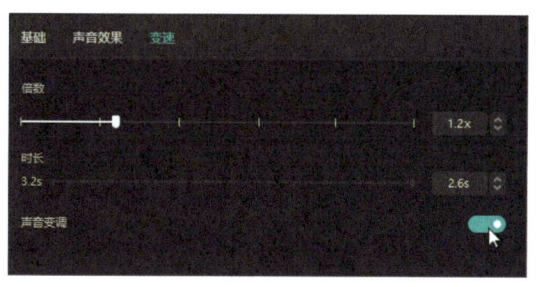

图 5-26　声音变调

5.3.4　关闭原声

编辑视频时若不想使用视频原声，可以将原声关闭，其操作方法非常简单，只需在视频轨道的左侧单击"关闭原声"按钮，如图5-27所示。此时，该轨道中所有视频的原声即被关闭，如图5-28所示。

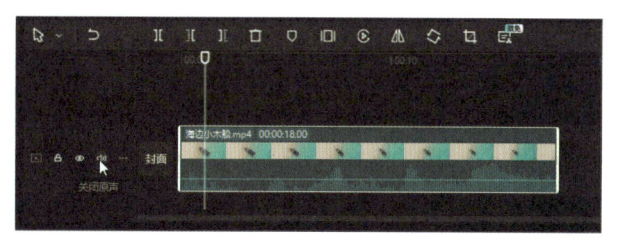

图 5-27　执行"关闭原声"命令

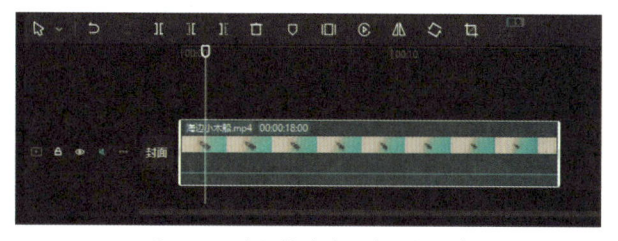

图 5-28　关闭轨道中所有视频原声

5.4 音频素材进阶操作

为了让视频中的声音和画面更加匹配，还可以对音频素材进行更多设置，如将音频和画面分离、设置音频淡入淡出、为音频踩点等。

5.4.1 音画分离

为了方便对视频的画面或声音进行单独编辑，可以将视频的原声与画面分离。在轨道中右击视频素材，在弹出的菜单中选择"分离音频"选项（见图5-29），视频中的音频随即被分离出来并自动显示在下方的音频轨道中，如图5-30所示。

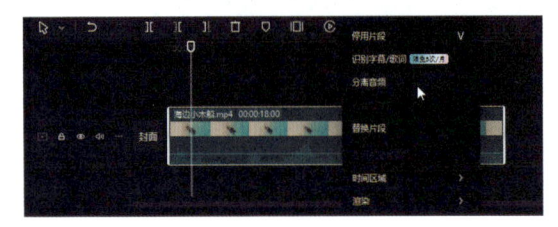

图 5-29　执行"分离音频"命令　　　　　　　　图 5-30　音频被分离

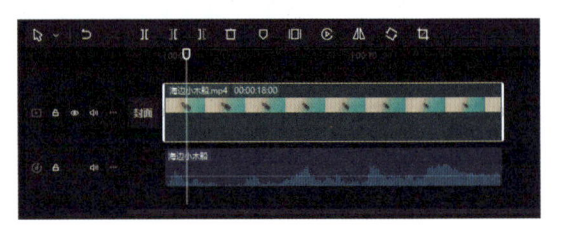

5.4.2 音频淡化

为视频添加背景音乐时，为了防止音乐的突然出现和突然消失使音乐的起止显得太突兀，可以为音频设置淡入淡出效果。淡入可以让声音逐渐从无到有，淡出则可以让声音逐渐从有到无，使得音乐的起始和结束更加自然，如图5-31所示。

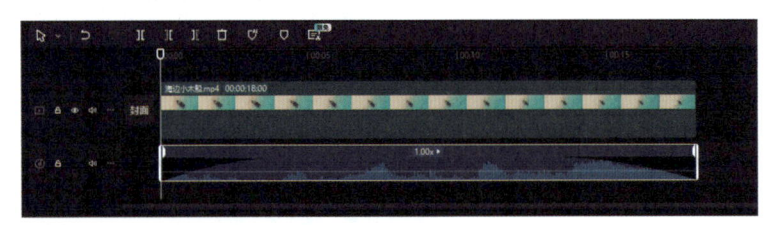

图 5-31　音频淡化

在时间线窗口中，当把光标移动到音频素材上方时，音频素材的两端会分别显示一个圆形的控制点，这两个控制点即淡入和淡出控制点，用于设置音频的淡入和淡出效果，此处以设置音频淡出时长为例。将光标移动到音频结束位置的淡出控制点上方，当光标变成白色的双向箭头时（见图5-32），按住鼠标左键拖动，即可为音频设置淡出效果，如图5-33所示。

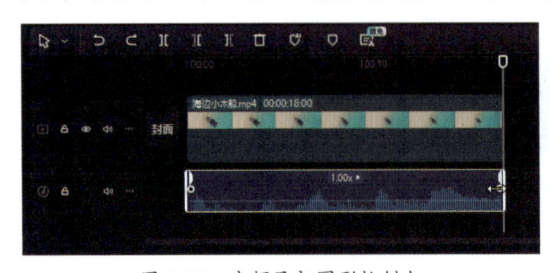

图 5-32　音频尾部圆形控制点　　　　　　　　图 5-33　拖动控制点

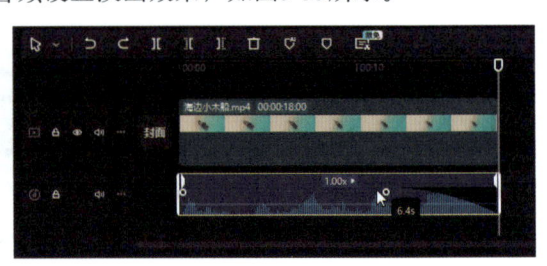

除了直接在轨道中设置音频的淡入、淡出效果，也可以将音频素材选中，通过在功能区中的"基础"面板内设置"淡入时长"和"淡出时长"参数，为所选音频添加淡入和淡出效果，如图5-34所示。

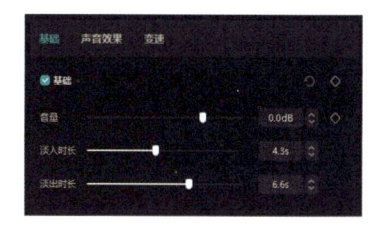

图 5-34　在面板中设置

5.4.3　添加节拍标记

添加音乐节拍标记是指跟上音乐节奏，在音乐的节奏、旋律、节拍等元素的基础上，将视频画面按照音乐的节奏进行剪辑，以达到画面与音乐完美同步的效果。

在时间线窗口中选择音频素材，在工具栏中单击"添加音乐节拍标记"按钮，在下拉列表中可以根据需要选择"踩节拍Ⅰ"或"踩节拍Ⅱ"。"踩节拍Ⅰ"的自动踩点频率要低于"踩节拍Ⅱ"，如图5-35所示。

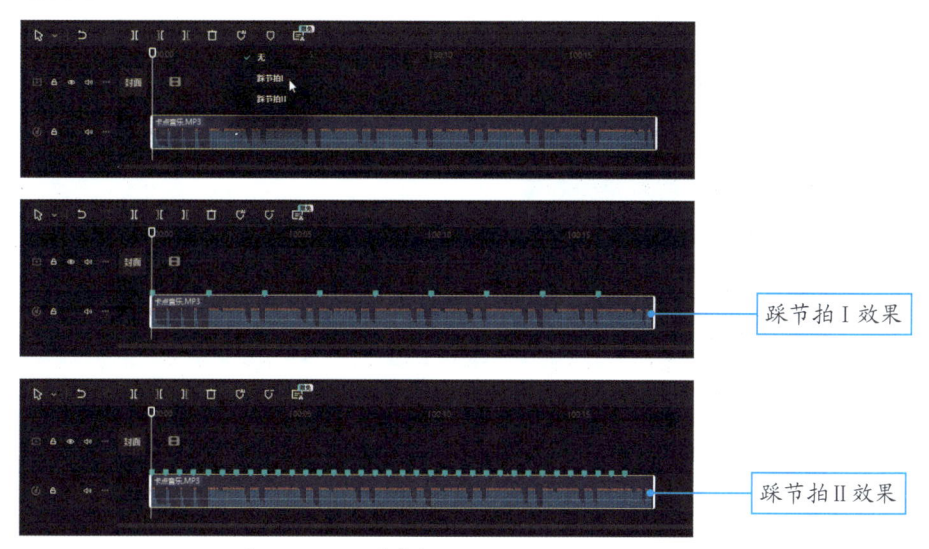

图 5-35　添加踩节拍标记

剪映支持自动添加标记和手动添加标记两种方式。若要手动为音频添加标记，可以将音频素材选中，然后将时间轴拖动到要添加标记的位置。在工具栏中单击"添加标记"按钮（图5-36）。时间轴位置随即会被添加一个标记，如图5-37所示。

图 5-36　执行"添加标记"命令　　　　　图 5-37　添加标记后的显示结果

知识延伸　添加标记后，若要单独删除某个标记，可以将时间轴移动到该标记上方，在工具栏中单击"删除标记"按钮，即可将该标记删除。

5.5 创建字幕

在剪映中创建字幕的方法有很多种，创作者可以新建字幕，或使用系统提供的"花字"和"文字模板"创建字幕。

在剪映中添加字幕后，为了让字幕更贴合画面，也为了让字幕更具艺术效果，还可以对字幕的样式进行设置。

■ 5.5.1 添加并设置字幕

字幕的基础样式可以通过字体、字号、颜色、字间距等进行设置。具体操作步骤如下：

步骤01 在时间线窗口中定位好时间轴，在素材区中打开"文本"面板，在"新建文本"组下的"默认"面板内单击"默认文本"上方的 按钮，向轨道中添加文本素材，如图5-38所示。

图 5-38 添加默认文本素材

步骤02 保持默认文本素材为选中状态，在功能区中打开"文本"面板，在"基础"选项卡中的文本框内输入文本内容，如图5-39所示。

图 5-39 输入字幕内容

步骤 03 保持文本素材为选中状态，在"文本"面板中的"基础"选项卡内可以对字体、字号、样式、颜色、字间距等进行设置，如图5-40所示。

图 5-40 设置字幕效果

步骤 04 在播放器窗口中拖动文本素材，将其移动到合适的位置，如图5-41所示。字幕设置完成的效果如图5-42所示。

图 5-41 调整字幕位置　　　　　　　　图 5-42 查看字幕效果

5.5.2 设置创意字幕

创作者还可以通过其他文本工具设置出各种具有创意的字幕效果，如竖排文字、发光字、弯曲文字等。具体操作步骤如下：

步骤 01 在时间线窗口中定位好时间轴，添加默认文本素材并调整好素材时长，在文本框中输入文字，如图5-43所示。

图 5-43 添加字幕

步骤02 在"文本"面板中的"基础"选项卡内设置字体为"墩墩体",字间距为2,在"预设样式"组中选择一个合适的样式,设置缩放比例为50%,如图5-44所示。

图5-44 设置字幕效果

步骤03 勾选"弯曲"复选框,文本框中的文字随即自动变成弯曲显示,如图5-45所示。

图5-45 弯曲字幕

步骤04 拖动文本框下方的"旋转"按钮,适当旋转文本框,将文本拖动到视频画面左侧的星球边缘,为了让文字和星球的弧度更贴合,可以在右侧面板中滑动"弯曲程度"滑块来调整字幕文本框的弯曲程度,如图5-46所示。

图5-46 调整字幕位置和弯曲程度

步骤05 为了让弯曲的字幕始终随着视频画面中的星球一起移动,可以在字幕的起始位置和结束位置分别为"位置"和"平面旋转"两个参数设置关键帧。字幕起始位置关键帧参数如图5-47所示,结束位置关键帧参数如图5-48所示。

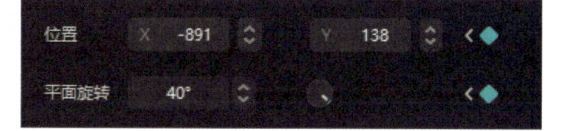

图 5-47 字幕起始位置关键帧　　　　　　　　图 5-48 字幕结束位置关键帧

步骤06 预览视频,查看创意字幕效果,如图5-49所示。

图 5-49 查看字幕效果

5.5.3 创建花字效果

剪映的花字是一种非常有特色的文字特效功能,花字通常具有鲜艳的颜色和独特的造型,具有很强的艺术感,可以大大提升视频的视觉效果,让视频更加生动有趣。下面详细介绍花字的使用方法。

步骤01 剪映内置了丰富的花字模板,打开素材区中的"文本"面板,展开"花字"分组,此时可以看到所有内置的花字类型。在要使用的花字上方单击 按钮,即可将该花字素材添加到文本轨道中,如图5-50所示。

图 5-50 添加花字

步骤02 在功能区中打开"文本"面板,在"基础"选项卡中输入字幕内容,然后设置好字体、字间距,调整好缩放比例,并将花字字幕拖动到合适的位置,如图5-51所示。

图 5-51　设置花字效果

5.5.4 使用文字模板

剪映为创作者提供了海量的文字模板,这些模板不仅被设定好了创意十足的文字样式,而且大部分文字模板还自带动画效果。视频创作者只要根据需要修改模板中的文本内容,就可以快速获得高质量的字幕。文字模板的使用方法如下:

步骤01 在时间线窗口中定位好时间轴,在素材区中打开"文本"面板,展开"文字模板"组,选择"手写字"分类,在打开的界面中找到想要使用的文字模板,单击 按钮,将其添加到文本轨道中,如图5-52所示。

图 5-52　添加文字模板

步骤02 在轨道中拖动文字模板素材的右侧边缘,设置其结束时间与下方视频的结束时间相同,如图5-53所示。

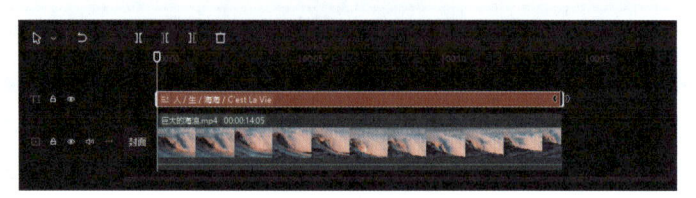

图 5-53　设置字幕时长

步骤 03 保持模板文本素材为选中状态，在功能区中打开"文本"面板，在"基础"选项卡中可以对模板中的文字进行修改，然后拖动"缩放"滑块，适当缩放文字模板，如图5-54所示。

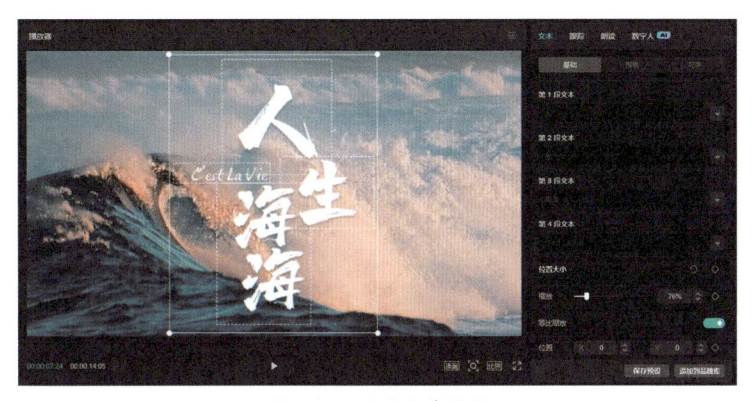

图 5-54　设置字幕效果

步骤 04 预览视频，查看使用文字模板创建的字幕效果，如图5-55所示。

图 5-55　查看字幕效果

5.6　智能应用

在剪映中可以通过智能工具自动提取字幕或将字幕自动转换成语音，下面逐一介绍这些智能工具。

5.6.1　识别字幕

识别字幕可以识别音频或视频中的人声，并自动生成字幕。具体操作步骤如下：

步骤 01 将视频添加到轨道中，并保持轨道中的视频为选中状态。打开"文本"面板，单击"智能字幕"按钮，在素材区中单击"识别字幕"选项卡中的"开始识别"按钮，如图5-56所示。

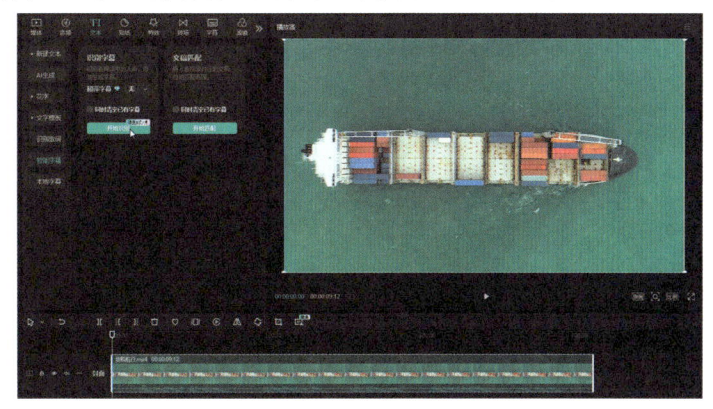

图 5-56　执行"开始识别"命令

步骤 02 剪映即开始识别所选视频中的人声,并自动将识别到的人声转换成字幕,字幕的位置会与视频中声音的位置匹配,如图5-57所示。

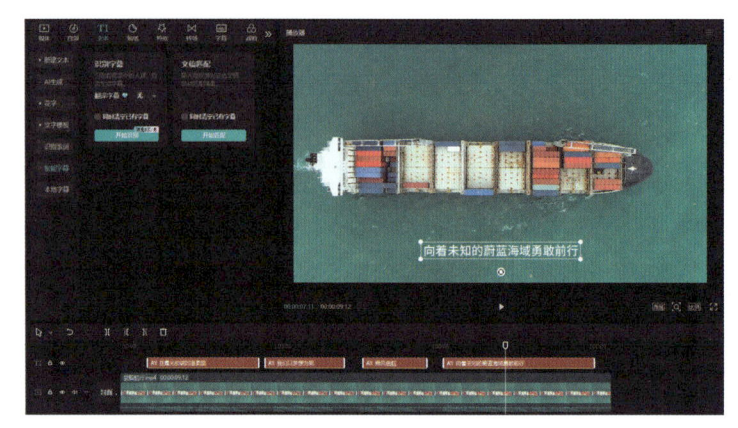

图 5-57 自动生成字幕

步骤 03 在轨道中选择任意一段字幕,在功能区中打开"字幕"面板,可以看到每一段字幕的详细内容。根据声音自动识别生成的字幕可能会出现错别字或断句不正确的情况,用户可以在该面板中对字幕进行修改和整理,如图5-58所示。

图 5-58 修改字幕

步骤 04 自动识别生成的字幕默认为一个整体,用户可以为其中一段字幕设置格式,其他字幕会自动应用相同的格式,如图5-59所示。

图 5-59 为字幕应用预设样式

步骤 05 预览视频，查看自动识别生成的字幕效果，如图5-60所示。

图 5-60　查看自动生成的字幕效果

5.6.2　字幕朗读

剪映的文本朗读功能可以将字幕以语音的形式呈现出来，并且有多种音色选择。视频的创作者可以根据不同的需求选择合适的声音来为文字配音。具体操作步骤如下：

步骤 01 将视频添加到轨道中，随后创建字幕。选择需要朗读的字幕，在功能区中打开"朗读"面板，在不同声音选项上单击可以试听声音效果，选定一个合适的声音，单击"开始朗读"按钮，如图5-61所示。

图 5-61　执行"开始朗读"命令

步骤 02 剪映根据所选字幕自动生成由所选声音朗读的音频，并添加在下方音频轨道中与字幕对应的位置，如图5-62所示。

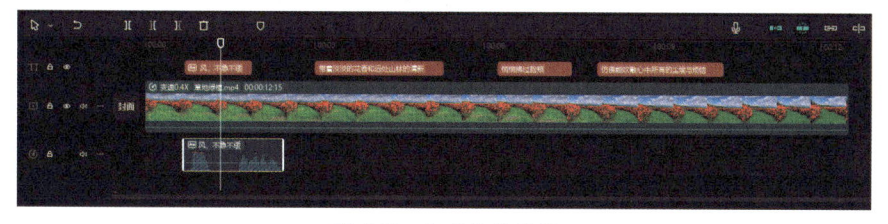

图 5-62　生成朗读音频

步骤03 用户也可以一次选择多段字幕进行朗读。在轨道中拖动鼠标框选多段字幕素材，随后在"朗读"面板中选择要使用的声音，单击"开始朗读"按钮，即可批量朗读字幕，生成的音频自动添加到音频轨道中，并与字幕位置相对应，如图5-63所示。

图 5-63 批量朗读字幕

5.6.3 识别歌词

剪映具有自动识别歌词的功能。该功能可以帮助用户快速地将音频中的歌词提取出来，免去了用户手动输入歌词的麻烦。

需要注意的是，自动识别歌词功能并不能做到百分百准确识别，对于一些口音较重或者背景噪声较大的音频，识别率会有所下降。因此，在使用这个功能时，最好选择清晰、干净的音频素材以提高识别准确率。具体操作步骤如下：

步骤01 在剪映中导入视频，并将视频添加到轨道中，选中视频。打开"文本"面板，单击"识别歌词"按钮，在素材区中单击"开始识别"按钮，如图5-64所示。

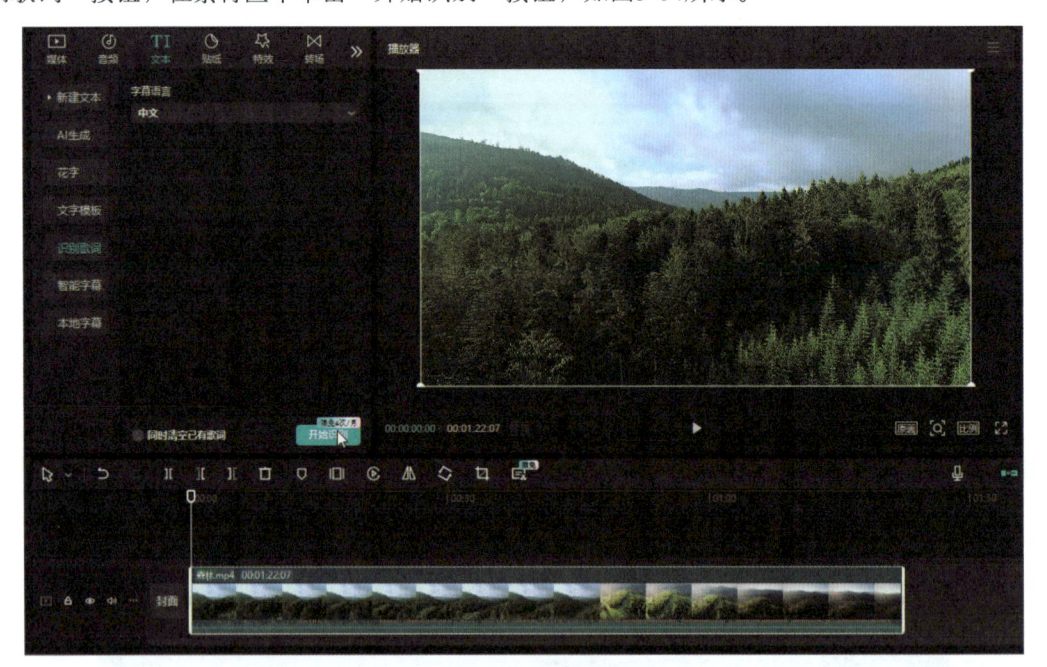

图 5-64 自动识别歌词

步骤02 识别完成后，轨道中会自动添加文本轨道，并显示歌词字幕，字幕位置会自动与歌词中的位置相对应，如图5-65所示。

图 5-65　生成歌词字幕

步骤 03 预览视频，查看自动识别歌词的效果并校对文字，如图5-66所示。

图 5-66　查看歌词效果

知识延伸 除了使用"文本"面板中的"识别歌词"功能自动识别歌词，创作者也可以在轨道中右击视频素材或音频素材，在弹出的快捷菜单中选择"识别字幕/歌词"选项，也能自动识别歌词并转换成字幕。

5.7　视频的导出设置

视频编辑完成后需要导出才能在短视频平台上发布。导出视频也有一些操作技巧，如导出封面、设置视频分辨率和格式、导出音频等。

5.7.1　封面的添加和导出

短视频的封面设计对于吸引观众、提升视频质量和品牌形象具有重要意义，如图5-67所示。封面的主要作用说明如下：

- **吸引用户点击观看**：短视频封面是视频的第一印象，一个好的短视频封面可以吸引观众的注意力，增加点击观看的可能性。
- **提升视频完播率**：当观众在首页划到本条视频时，首先浏览到的就是短视频封面。封面是否有足够的吸引力往往决定了视频的点击率及播放量。
- **体现视频质量**：短视频封面是否有标题、是否有吸引力，往往能直观体现出该视频的创作者是普通内容创作者还是专业内容创作者。画面清晰是制作短视频封面的基本要求，画面模糊会影响作品的吸引力，使观众失去点击观看的欲望。
- **提升品牌形象**：对于机构类账号，使用原创且符合品牌调性的封面，会给观众形成一种比较精致的感觉，这样可以提升观众的好感度，同时也有利于提升机构的品牌形象。

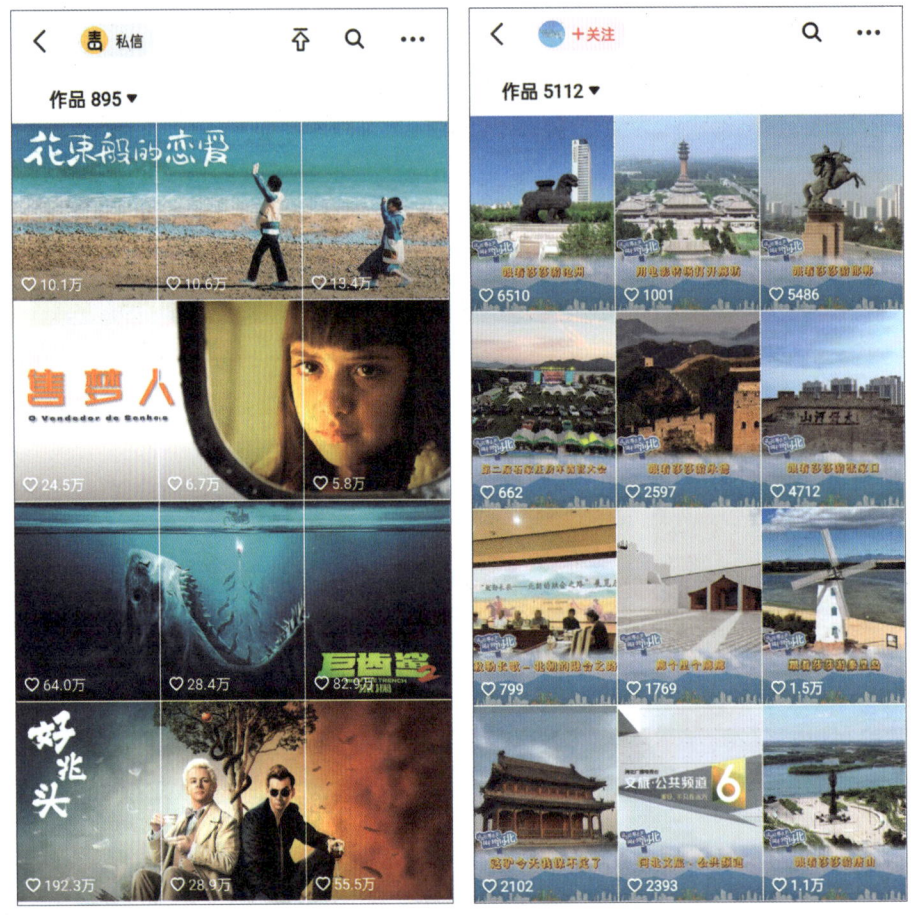

图 5-67　短视频封面效果

1. 添加封面

在导出短视频前，可以为短视频添加封面。使用剪映创作短视频时，可以从视频中选择一帧作为封面，也可以从本地导入图片作为封面。下面以前者（使用视频中的画面创建封面）为例进行介绍，具体操作步骤如下：

步骤 01　在时间线窗口中的主轨道左侧提供了"封面"按钮，单击该按钮，如图5-68所示。

图 5-68　执行"封面"命令

步骤 02 打开"封面选择"对话框,默认状态下对话框中显示当前正在编辑的视频的第一帧画面,移动预览轴选择要作为封面使用的那一帧画面,选择好后单击"去编辑"按钮,如图5-69所示。

图 5-69 选择封面

步骤 03 若直接使用所选画面,单击"完成设置"按钮即可完成封面的添加。若要对画面进行适当裁剪,可以单击预览图左下角的"裁剪"按钮,如图5-70所示。

图 5-70 执行"裁剪"命令

步骤 04 此时画面四周会出现裁剪控制点,拖动这些裁剪控制点,调整好要保留的区域,单击裁剪框右下角的"完成裁剪"按钮,如图5-71所示。

图 5-71 裁剪封面

步骤 05 完成画面裁剪后，单击"完成设置"按钮，即可将当前对话框中的画面设置为视频封面，如图5-72所示。

图 5-72　完成封面设置

知识延伸　"封面设计"对话框左侧包含"模板"和"文本"两个选项卡，默认打开的是"模板"选项卡，这里提供了不同类型的文字模板；而在"文本"选项卡中则包含默认文本框和花字。创作者可以使用这些功能向封面中添加文字，如图5-73和图5-74所示。

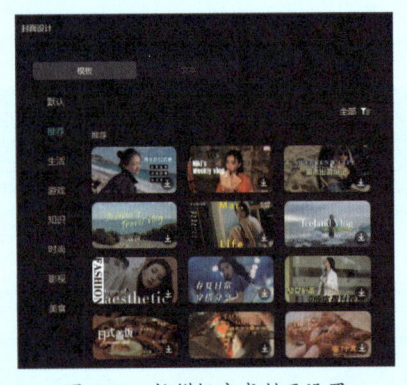

图 5-73　按模板完成封面设置 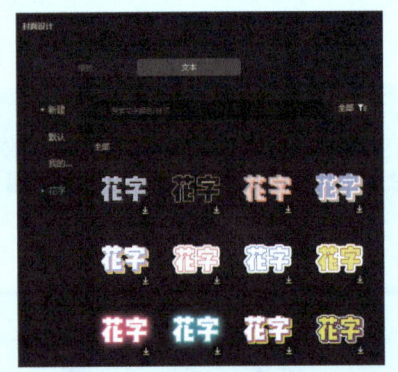　　　　图 5-74　按花字完成封面设置

2. 导出封面

在创作界面单击右上角的"导出"按钮，打开"导出"对话框。视频添加封面后对话框中会提供"封面添加至视频片头"复选框，勾选该复选框，同时设置好视频的标题、导出位置以及导出的其他参数，单击"导出"按钮，即可将视频以及封面导出，如图5-75所示。

图 5-75　导出封面及视频

5.7.2 设置视频标题

在剪映中编辑的视频默认以创建日期作为标题,标题显示在创作界面顶部。若要修改标题,可以在标题位置单击,标题随即变为可编辑状态,如图5-76所示。输入标题名称后按Enter键或在界面任意位置单击即可完成标题的更改,如图5-77所示。

图 5-76　选中标题

图 5-77　修改标题

5.7.3 选择分辨率和视频格式

常见的视频分辨率包括480 P、720 P、1 080 P、2K、4K、8K,甚至10K、16K等。如果以人眼对视频画质清晰度的感觉来划分,一般可分为标清、高清、全高清、超高清这几种效果。

- **标清**:分辨率为480 P,即分辨率为640×480。标清的代表是广播电视、DVD的清晰度。
- **高清**:分辨率为720 P,即分辨率为1 280×720。高清的代表是HDVD、低画质的蓝光等的清晰度。
- **全高清**:即分辨率为1 080P,即分辨率为1 920×1 080。一般是蓝光的标准画质。
- **超高清**:超高清的定义一般包括4K、8K等分辨率标准。

对于自媒体短视频的制作来说,不需要用非常高的分辨率;对于各大短视频网站来说,1 080 P全高清已经足够。

在剪映中导出的视频默认分辨率为1 080 P,默认导出的格式为mp4。除此之外,剪映还提供了不同的分辨率以及视频格式，用户可以根据需要进行选择。

视频制作完成后，单击界面右上角的"导出"按钮，打开"导出"对话框，单击"分辨率"下拉按钮，从下拉列表提供的选项中选择一种分辨率，如图5-78所示。在"导出"对话框中单击"格式"下拉按钮，可以将视频格式修改为"mov"，如图5-79所示。

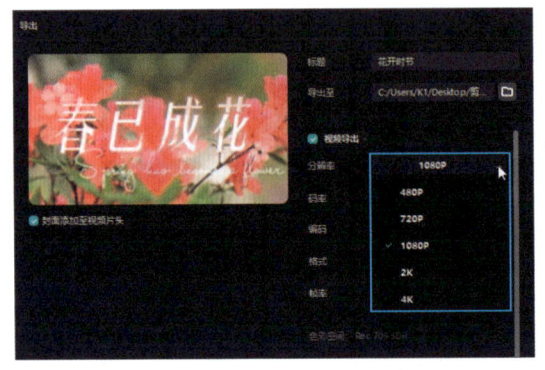

图 5-78　选择分辨率

图 5-79　选择视频格式

知识延伸 mov格式是QuickTime的封装格式，由Apple公司开发。mov文件可以跨平台使用，在苹果系统、Windows系统中非常流行。mov格式不仅包含视频和音频，还包含Java、脚本、skin、图片等元素，是一种很复杂的封装格式。mp4格式则是把mov格式中的音频、视频部分提取出来标准化，也可以包含一些简单的脚本，但复杂程度比不上mov格式。

5.7.4　只导出音频

导出视频时，可以选择将视频中的音频单独导出成一个文件，也可以不导出视频，只导出音频。

视频制作完成后，单击界面右上角的"导出"按钮，在"导出"对话框中勾选"音频导出"复选框，默认导出的音频格式为"MP3"，单击"格式"下拉按钮，在下拉列表中可以更改音频格式，如图5-80所示。

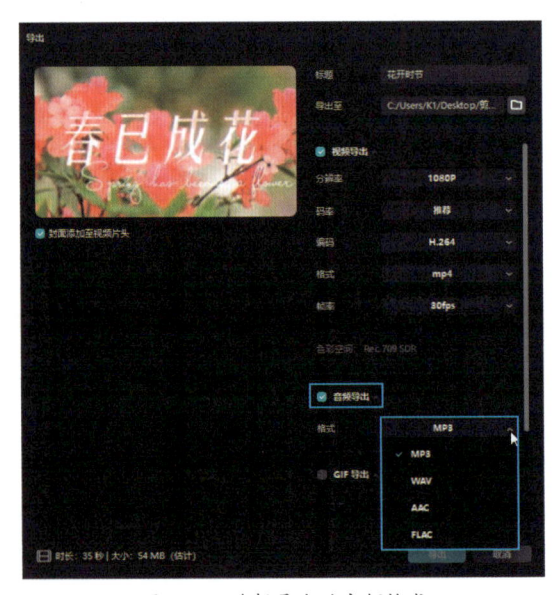

图 5-80　选择导出的音频格式

若不导出视频，只导出音频，可以在"导出"对话框中取消"视频导出"复选框的勾选，仅勾选"音频导出"复选框，最后单击"导出"按钮，即可只导出音频，如图5-81所示。

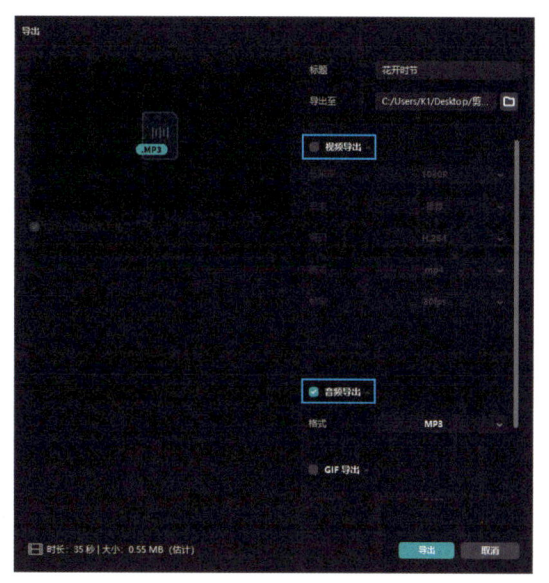

图 5-81　只导出音频

■5.7.5　导出静帧画面

剪映支持将动态视频中指定的某一帧直接导出为图片。拖动时间轴定位至要导出为图片的那一帧，单击播放器窗口右上角的■按钮，在展开的列表中选择"导出静帧画面"选项，如图5-82所示。打开"导出静帧画面"对话框，设置好名称、导出位置，并根据需要设置分辨率和格式，单击"导出"按钮，即可将时间轴所对应的画面导出为图片，如图5-83所示。

图 5-82　执行"导出静帧画面"命令　　　　图 5-83　导出静帧画面效果

■5.7.6　草稿的管理

剪映是在联网状态下工作的，每一步操作都会被自动保存，退出视频编辑后可以在草稿中找到编辑过的视频。草稿中的视频较多时需要进行适当的管理，以便更好地开展视频剪辑工作。

1. 处理指定草稿

启动剪映，在初始界面中的草稿区内可以看到所有草稿。将光标移动到指定草稿上方，

单击草稿右下角的 ■ 按钮，在展开的列表中可以对该草稿执行上传、重命名、复制、删除等操作，如图5-84所示。

图 5-84　对草稿执行所需操作

2. 快速搜索草稿

在草稿区右上角单击"搜索"按钮 ，如图5-85所示。在展开的文本框中输入草稿名称中的关键词，即可快速搜索到该草稿，如图5-86所示。

图 5-85　执行"搜索"命令　　　　　　图 5-86　根据关键词搜索草稿

3. 更改草稿布局

默认情况下草稿以"宫格"形式布局。单击草稿区右上角的 ■ 按钮，在下拉列表中选择"列表"选项，可以将草稿的布局更改为列表形式，如图5-87所示。

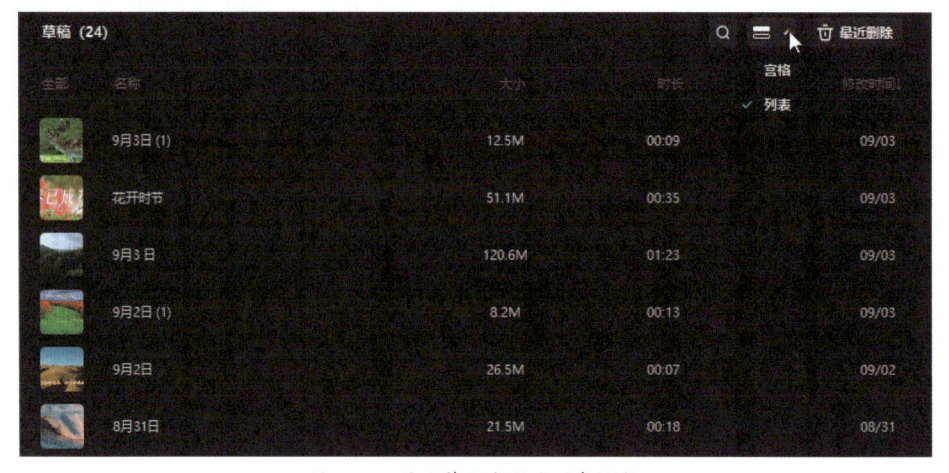

图 5-87　更改草稿布局为列表形式

4. 恢复删除的草稿

在草稿区右上角单击 最近删除 按钮，打开"最近删除"对话框，该对话框中会显示最近30天内删除的草稿，在指定草稿上方右击鼠标，在弹出的菜单中选择"恢复"选项，即可该草稿恢复到草稿区，如图5-88所示。

若要批量恢复被删除的草稿，可以依次单击多个草稿，将这些草稿选中，在对话框下方单击"恢复"按钮，即可将所有选中的草稿恢复到草稿区，如图5-89所示。

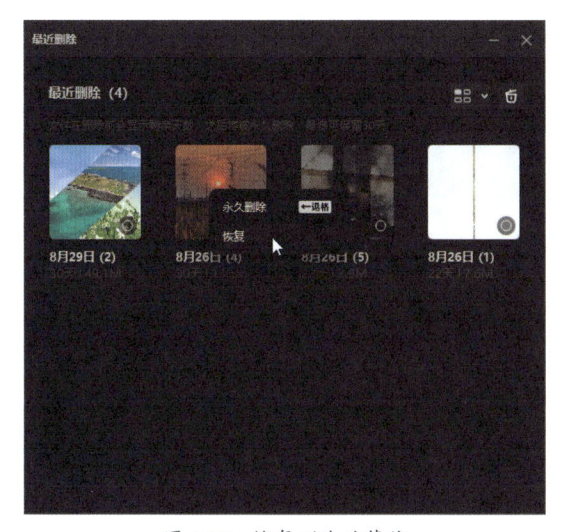

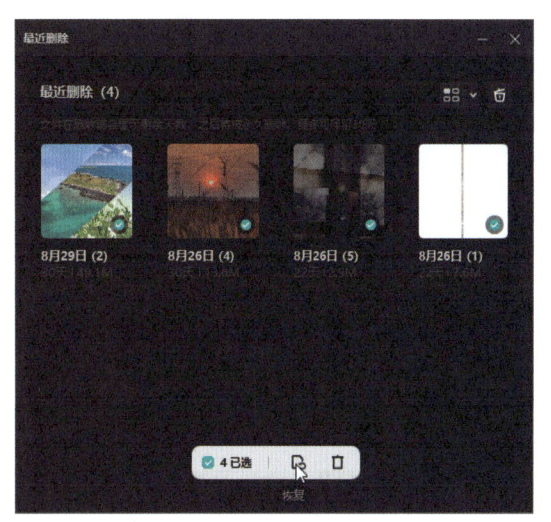

图 5-88　恢复删除的草稿　　　　　图 5-89　批量恢复删除的草稿

课堂演练：制作卡点短视频

卡点视频是目前十分流行的一种短视频形式，其主要特点是视频的画面切换与背景音乐的节奏相契合。在制作卡点视频时，剪辑者需要根据音乐的节奏，精确地将不同的视频片段进行切换，使得画面与音乐节奏完美同步，从而创造出一种独特的观赏体验。下面结合本模块所学知识，介绍卡点视频的制作，具体操作步骤如下：

步骤 01 将所有视频素材导入剪映，并将这些素材添加到同一轨道中，根据需要调整好素材的播放顺序，如图5-90所示。

扫码观看视频

图 5-90　添加素材

步骤02 在素材区中打开"音频"面板,在"音乐素材"界面中搜索"烟雨小镇",在搜索到的结果中单击第一个音乐素材上方的 ⊕ 按钮,将该音乐素材添加到音频轨道中,如图5-91所示。

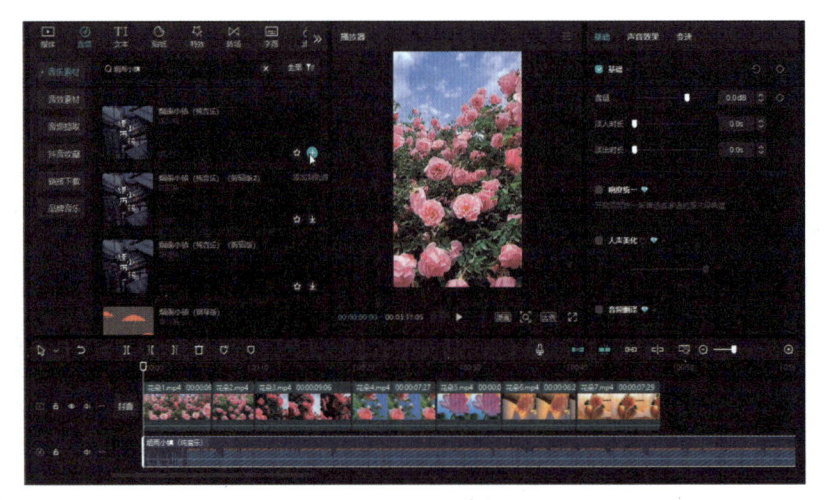

图 5-91 添加背景音乐

步骤03 保持音频素材为选中状态,在工具栏中单击"添加音乐节拍标记"按钮,在下拉列表中选择"踩节拍Ⅱ"选项,音频素材上方随即被添加节拍标记,如图5-92所示。

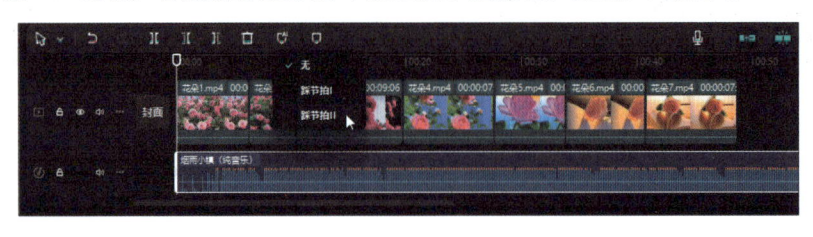

图 5-92 为音频素材添加踩节拍标记

步骤04 将时间轴移动到0.27 s的位置,向右拖动音频素材,使第一个节拍标记与时间轴对齐,如图5-93所示。

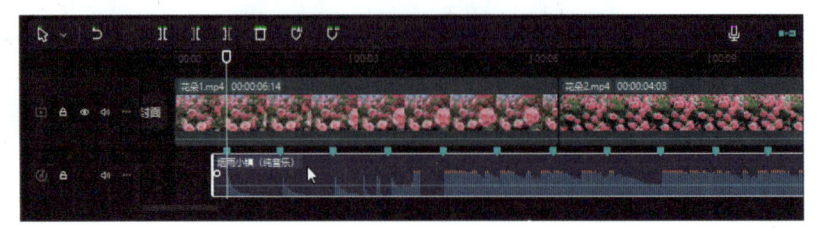

图 5-93 调整音频位置

步骤 05 选中第一段视频素材,将光标移动到该素材的结束位置,当光标变成双向箭头时按住鼠标左键向左拖动,使该素材的结束位置与音频素材上的第一个节拍标记对齐。参照此方法继续调整第2个视频素材和第3个视频素材的时长,使它们的起始和结束位置均与音频上的节拍标记对齐,如图5-94所示。

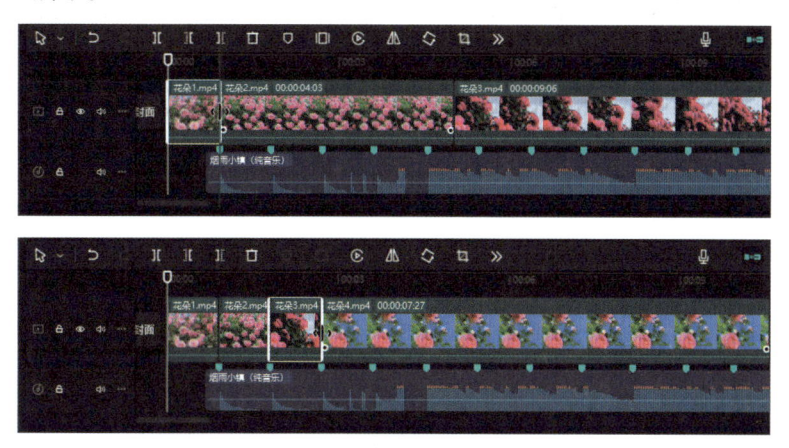

图 5-94 设置前三个视频素材时长

步骤 06 调整第4~7个素材的播放时长,使每个素材占3个节拍标记,并且起始和结束位置与下方音频上的节拍标记对齐,如图5-95所示。

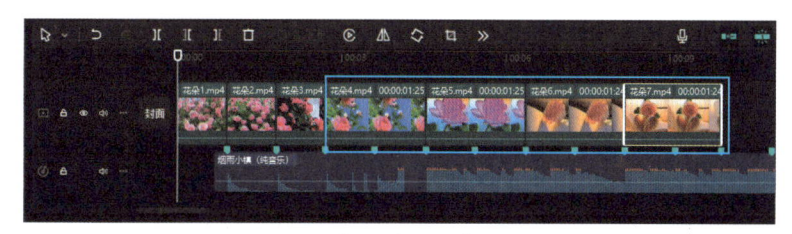

图 5-95 调整剩余视频素材的时长

步骤 07 选中轨道中的所有视频素材,按【Ctrl+C】组合键进行复制,随后按【Ctrl+V】组合键粘贴。被复制的素材默认在上方轨道中显示,用户可以将其拖动至主轨道内,如图5-96所示。

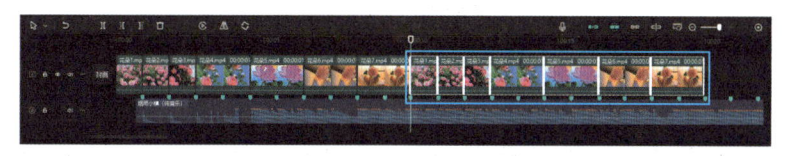

图 5-96 批量复制视频素材

步骤 08 调整好复制出的7个视频素材的时长,使他们均与音频节拍点对齐,调整效果如图5-97所示。

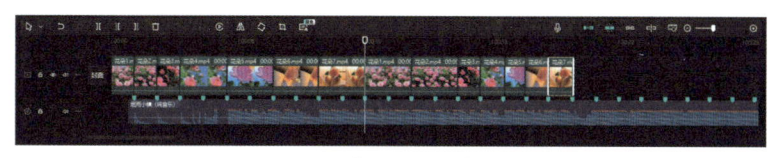

图 5-97 调整复制的视频素材的时长

步骤09 选中音频素材，将时间轴移动至最后一个视频素材的结束位置，在工具栏中单击"向右裁剪"按钮，删除多余的音频，如图5-98所示。

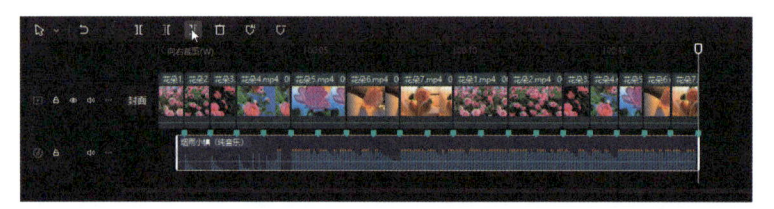

图 5-98 裁剪背景音乐的多余部分

步骤10 拖动音频素材结束位置的"淡出时长"滑块，适当设置淡出时长，如图5-99所示。

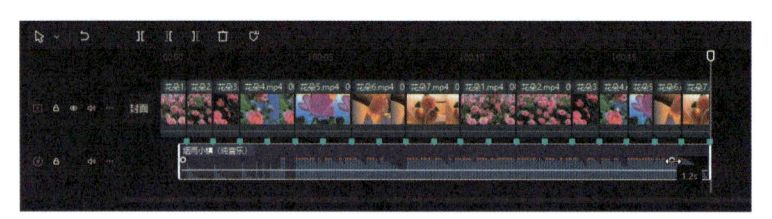

图 5-99 设置背景音乐淡出效果

步骤11 将时间轴移动至轨道的起始位置，在素材区中打开"特效"面板，展开"画面特效"组，在Bling分类中添加"美式Ⅳ"特效，并调整特效的时长，使其结束位置与视频的结束位置对齐，如图5-100所示。

步骤12 将时间轴移动至第三个视频素材的结束位置，通过在"特效"面板中搜索关键词，在轨道中添加"泡泡变焦"和"变彩色"特效，如图5-101所示。

图 5-100 添加"美式Ⅳ"特效 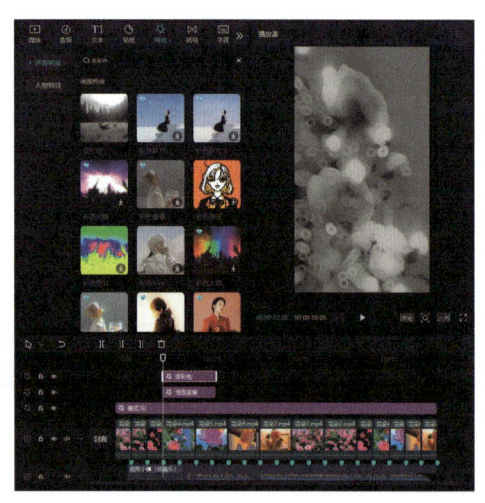　　　图 5-101 添加"泡泡变焦""变彩色"特效

步骤13 将时间轴移动至轨道起始位置，打开"滤镜"面板，在"滤镜库"组中选择"风景"分类，随后添加"绿妍"滤镜，调整滤镜时长，使其结束位置与视频的结束位置对齐，如图5-102所示。

步骤14 将时间轴移动至第三个视频素材的结束位置，打开"文本"面板，展开"文字模板"

组,选择"手写字"分类,添加一个合适的文字模板,调整文字模板的时长,使其与视频的结束位置对齐,如图5-103所示。

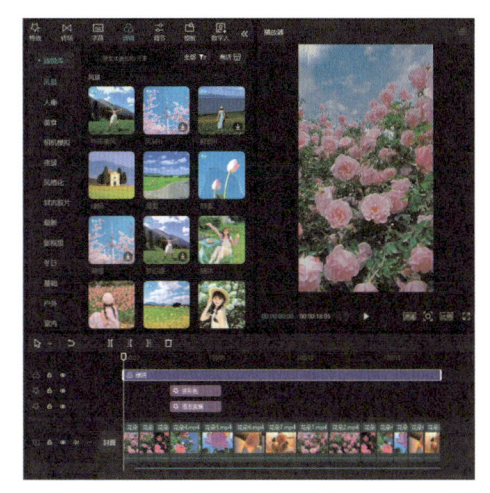

图 5-102　添加滤镜

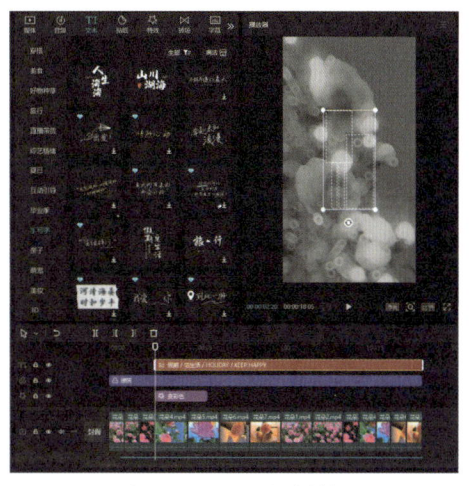

图 5-103　添加文字模板

步骤 15 在功能区中的"文本"面板中修改模板中的文字内容,适当调整文字模板的缩放值,如图5-104所示。

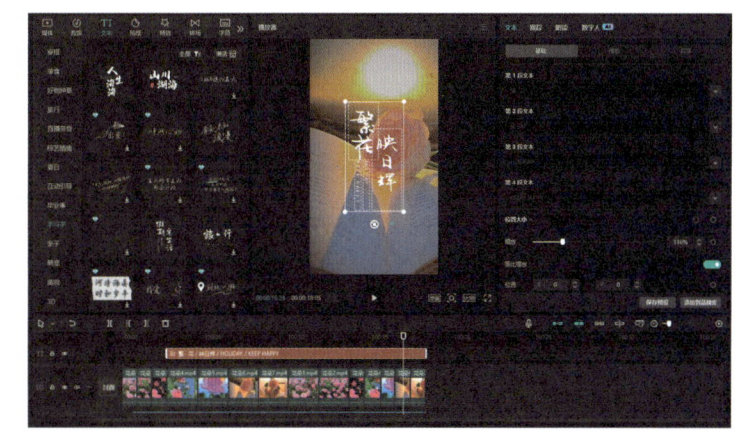

图 5-104　编辑文字模板

步骤 16 至此,完成氛围感音乐短视频的制作。预览视频,查看播放效果,如图5-105所示。

图 5-105　查看播放效果

光影加油站

光影铸魂

在当今数字化时代，科技创新与短视频紧密相连，共同推动着社会的发展与进步。2024年，中国科研团队成功研发出一种新型的短视频智能剪辑技术。这项技术利用人工智能算法，能够自动识别视频中的关键场景、人物表情和动作，从而实现高效、精准的剪辑。与传统剪辑方式相比，它不仅大大提高了剪辑效率，还能生成更具吸引力和感染力的短视频内容。这项科技创新成果被迅速应用于多个领域。在教育领域，短视频平台利用该技术为学生制作个性化的学习视频，根据学生的学习进度和兴趣点，精准推送知识点讲解视频，助力学生高效学习。在文化传承方面，创作者通过智能剪辑技术，将传统文化元素融入短视频，让更多年轻人了解和喜爱传统文化。在商业推广中，企业利用该技术可制作高质量的宣传视频，提升品牌影响力。

剪辑实战

作业名称：科技之光——创新

作业要求：

（1）查找素材。查找与科技创新相关的素材，如图片、动画、视频、音频等，内容可以是科技展览、创新产品展示、科技企业访谈等。

（2）视频编辑。使用剪映软件对素材进行整理和剪辑。例如，运用变声处理，灵活调整音量大小，并细致设置淡入淡出等效果，为视频添加背景音乐，增添视频的趣味性与吸引力。同时，紧密结合视频主题及内容，为字幕添加合适的样式及动画，提升视频的视觉表现力。要求视频时长控制在1~2分钟，符合剪映平台的发布标准。

（3）发布作品。完成剪辑后，设置输出参数，导出高品质视频文件（编码格式为H.264）。

（4）提交作业。提交到自媒体相关平台，并撰写一份简短的创作说明，包括素材内容、剪辑思路、遇到的问题及解决方法等。

模块 6 Premiere 剪辑操作

内容概要

　　Premiere是一款专业的视频编辑软件，被广泛用于短视频和影视制作。它支持用户新建项目或导入素材，并通过重新组合和剪辑，制作出独特的创意视频效果。无论是专业制作还是个人创作，Premiere都能提供灵活的工具，帮助用户实现创意。本模块将介绍Premiere的剪辑操作。

学习目标

【知识目标】
- 掌握Premiere软件的基本工作界面布局及自定义工作区的设置方法。
- 掌握短视频字幕的创建、编辑和调整技巧，包括文本样式和动画效果的应用。

【能力目标】
- 能够熟练使用Premiere进行素材的导入、管理和基础剪辑操作。
- 能够独立完成短视频的渲染和输出，并根据不同平台的要求调整输出设置。

【素质目标】
- 培养审美能力，能够根据视频内容合理设计字幕和文本样式，提升视频的观赏性。
- 具备团队协作精神，能够在多人合作项目中有效沟通并完成视频剪辑任务。

6.1　Premiere软件入门

Premiere是一款功能强大的视频编辑软件，在短视频制作领域的应用非常广泛。它具备多种功能，包括剪辑、调色、字幕、特效制作和音频处理，能够满足短视频制作的各种需求。

Premiere提供了一个高度灵活和可扩展的工作环境，支持多种功能，如剪辑、转场、调色、特效和混音等。这些功能可以帮助短视频创作者完成从原始素材采集到最终成片发布的整个过程。目前，Premiere主要应用于电影后期制作、电视节目后期制作、广告、网络短视频和预告片等多个领域。例如，图6-1为Premiere调色对比效果。

图 6-1　不同的调色效果

6.1.1　Premiere的工作界面

Premiere的工作界面包含多个不同的工作区，用户可以根据需要选择不同的工作区，以便突出显示相应的面板和功能，图6-2为选择"效果"工作区时的工作界面。

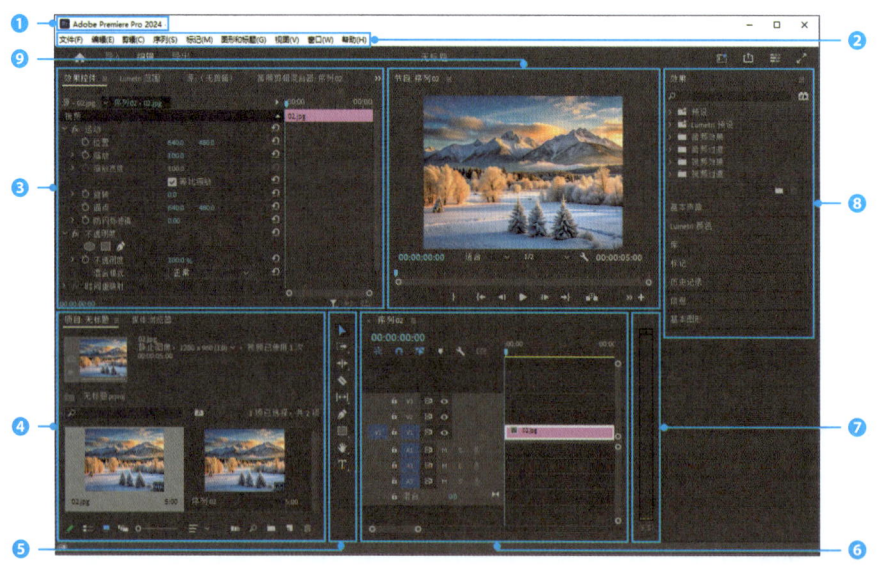

图 6-2　Premiere 工作界面

❶ 标题栏　　　　　　　　❷ 菜单栏　　　　　　❸ 效果控件、Lumetri 范围、源监视器、音频剪辑混合器面板组
❹ 项目、媒体浏览器面板组　❺ 工具面板　　　　　❻ 时间轴面板　　　　　❼ 音频仪表
❽ 效果、基本声音、Lumetri 颜色、库面板组、基本图形　　　　　❾ 节目监视器

其中，常用面板的作用说明如下：

- **监视器**：包括"源监视器"面板和"节目监视器"面板两种，其中"源监视器"面板主要用于查看和剪辑原始素材，而"节目监视器"面板主要用于查看、编辑媒体素材合成后的效果。
- **时间轴**：编辑操作的主要工作场所，从中可以进行剪辑素材、调整素材轨道、调整素材持续时间等操作。
- **工具**：存放剪辑工具，用户可以单击选择，右下角有三角符号的为工具组，长按三角符号将展开该工具组，可以选择该工作组中其他隐藏的工具。
- **效果**：存放Premiere内置的预设及效果，每类效果中往往包括多种预设效果，供用户选择应用。需要注意的是，大多数效果被添加后，需要在"效果控件"面板中进行设置才会得到应用。
- **效果控件**：设置选中素材效果的场所，其中既可以设置素材的固定属性，如运动、不透明度等，又可以设置添加的效果。
- **基本图形**：用于添加并编辑图形及文字内容，其中"浏览"选项卡中可以选择预设的图形文字效果进行设置，"编辑"选项卡中可以新建并编辑图形、文字内容等。
- **基本声音**：用于设置音频，通过该面板可以制作人声回避效果、统一音量级别、修复声音、制作混音等。
- **Lumetri颜色**：用于视频调色，包括基本校正、创意、曲线、色轮和匹配、HSL辅助和晕影等选项组，通过这些选项组，可以全面系统地调整画面颜色。
- **Lumetri范围**：用于观察画面中的颜色属性，以便进行调整。

6.1.2 自定义工作区

Premiere支持用户根据个人需求和工作流程调整界面布局，创建一个符合个人使用习惯的工作环境，从而提升短视频编辑的效率。

1. 调整面板组大小

将鼠标指针置于多个面板组交界处，待光标变为 ⬌ 形状时按住鼠标左键拖动即可改变面板组大小。若将鼠标指针置于相邻面板组之间的隔条处，待光标变为 ⬌ 形状时按住鼠标左键拖动可改变相邻面板组的大小。

2. 浮动面板

单击面板右上角的"菜单"按钮，在弹出的快捷菜单中执行"浮动面板"命令即可。用户也可以移动鼠标至面板名称处，按住Ctrl键拖动使其浮动显示。将鼠标置于浮动面板名称处，按住并拖至面板、组或窗口的边缘即可固定浮动面板。

6.1.3 首选项设置

"首选项"对话框可以自定义Premiere的外观和行为，创建一个更加高效的工作环境。执行

"编辑"→"首选项"→"常规"命令，打开"首选项"对话框的"常规"选项卡，如图6-3所示。

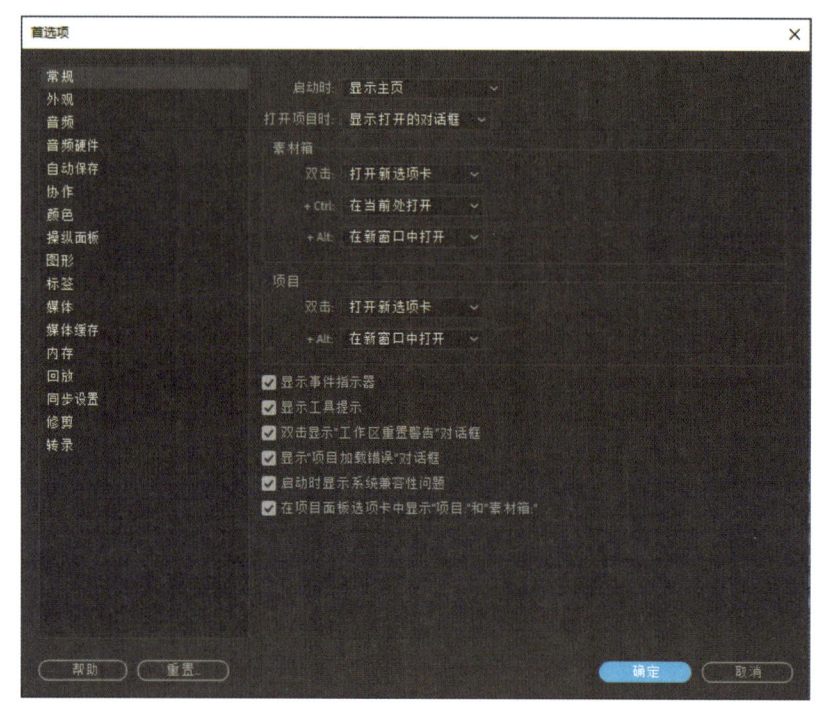

图 6-3 "首选项"对话框

首选项对话框中部分选项卡的作用说明如下：
- **常规**：设置软件常规选项，包括启动时的显示内容、素材箱、项目的设置等。
- **外观**：设置软件工作界面的亮度。
- **自动保存**：设置自动保存，包括是否自动保存、自动保存时间间隔等项的设置。
- **操纵面板**：设置硬件控制设备。
- **图形**：设置文本图层的相关参数。
- **标签**：设置标签颜色及默认值。
- **媒体**：设置媒体素材参数，包括时间码、帧数等。

6.2 文档和素材的基础操作

对文档和素材的操作是短视频编辑的核心，掌握这些操作不仅可以提高编辑效率，还可以帮助用户更好地管理和组织素材。

6.2.1 文档的管理

项目和序列是视频编辑的基本构成部分。项目是一个包含着所有编辑素材、序列的容器，是视频编辑的基础；序列则是项目中的一个时间线，用户可以在其中编辑调整素材。一个项目可以创建多个序列。

1. 创建项目文件

在Premiere软件中，新建项目主要有两种方式。

- 打开Premiere软件后，在"主页"面板中单击"新建项目"按钮。
- 执行"文件"→"新建"→"项目"命令或按【Ctrl+Alt+N】组合键。

通过这两种方式，都将切换至"导入"面板，如图6-4所示。在"导入设置"中设置项目参数后，单击"创建"按钮即可按照设置要求新建一个项目。

新建项目后，执行"文件"→"新建"→"序列"命令或按【Ctrl+N】组合键，打开如图6-5所示的"新建序列"对话框，在此对话框中设置参数后单击"确定"按钮将新建一个序列。用户也可以直接拖动素材至"时间轴"面板中新建序列，新建的序列与该素材参数一致。一个项目文件中可以包括多个序列，每个序列可以采用不同的设置。

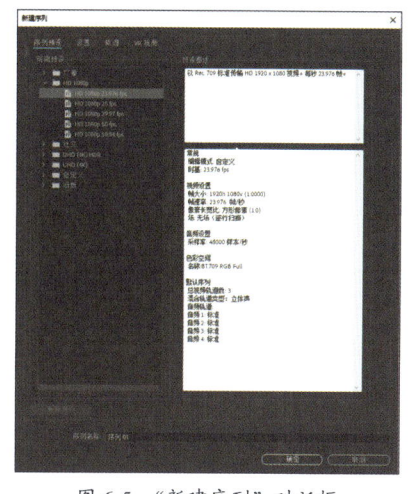

图6-4 "导入"面板　　　　　　图6-5 "新建序列"对话框

在"序列预设"选项卡中，用户可以选择预设好的序列；选择时要根据视频的输出要求选择或自定义合适的序列；若没有特殊要求，可以根据主要素材的格式进行设置。

2. 打开项目文件

用户可以随时打开保存的项目文件进行编辑或修改。执行"文件"→"打开项目"命令，打开"打开项目"对话框，选中要打开的项目文件后单击"打开"按钮，如图6-6所示。用户也可以在文件夹中找到要打开的项目文件后，双击将其打开。

3. 保存项目文件

在剪辑视频的过程中，要及时保存项目文件，以避免误操作或软件故障导致的文件丢失等问题。执行"文件"→"保存"命令或按【Ctrl+S】组合键，即可以按新建项目时设置的文件名称及位置保存文件。若要重新设置文件的名称、存储位置等参数，可以执行"文件"→"另存为"命令或按【Ctrl+Shift+S】组合键，打开"保存项目"对话框进行设置，如图6-7所示。

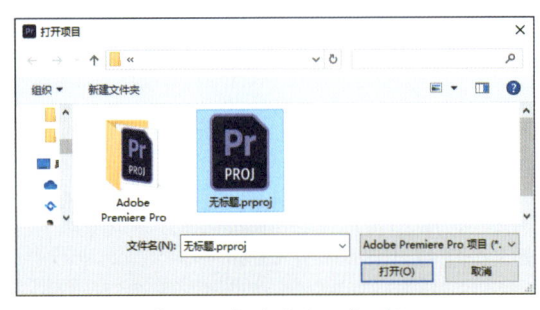

图 6-6 "打开项目"对话框　　　　图 6-7 "保存项目"对话框

4. 关闭项目文件

制作完项目文件后，执行"文件"→"关闭项目"命令或按【Ctrl+Shift+W】组合键即可关闭当前项目。若要关闭所有项目文件，可执行"文件"→"关闭所有项目"命令。

6.2.2 新建素材

素材是编辑视频的基本元素，除了导入素材外，用户还可以在软件中新建素材。单击"项目"面板中的"新建项"按钮，在弹出的快捷菜单（见图6-8）中执行相应的命令，即可完成新建操作。

部分常用的"新建项"快捷菜单说明如下：

- **调整图层**：调整图层是一个透明的图层，可以影响图层堆叠顺序中位于其下的所有图层。用户可以通过调整图层，将同一效果应用至时间轴上的多个序列中。
- **彩条**：正确呈现各种彩色的亮度、色调和饱和度，帮助用户检验视频通道的传输质量。
- **黑场视频**：帮助用户制作转场，使素材间的切换没有那么突兀，也可以制作黑色背景。
- **颜色遮罩**：创建纯色的颜色遮罩素材。创建颜色遮罩素材后，在"项目"面板中双击素材，可以在弹出的"拾色器"对话框中修改素材颜色。
- **通用倒计时片头**：制作常规的倒计时效果，可以帮助播放员确认音频和视频是否正常且同步工作。
- **透明视频**：类似"黑场视频""彩条"和"颜色遮罩"的合成剪辑。该视频可以生成自己的图像并保留透明度的效果，可用于制作时间码效果或闪电效果。

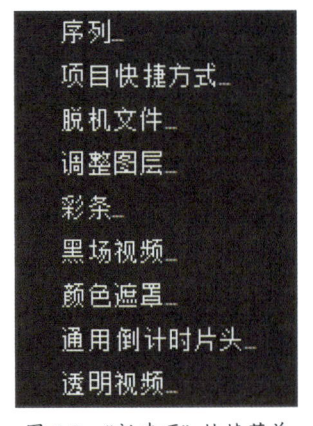

图 6-8 "新建项"快捷菜单

> **提示**：新建的素材将出现在"项目"面板中，用户可以直接拖动它至"时间轴"面板中应用。

6.2.3 导入和管理素材

除了新建素材外，Premiere还支持导入素材，同时允许用户整理"项目"面板中的素材，以便于后期检索和制作，这种整理功能也方便多位创作人员协同工作。

1. 素材的导入

在Premiere软件中，可以导入多种类型和文件格式的素材，如视频、音频、图像等，导入的常用方式有以下三种。

- **"导入"命令**：执行"文件"→"导入"命令或按【Ctrl+I】组合键，打开"导入"对话框，如图6-9所示。从中选择要导入的素材，单击"打开"按钮即可。
- **"媒体浏览器"面板**：在"媒体浏览器"面板中找到要导入的素材文件，右击鼠标，在弹出的快捷菜单中执行"导入"命令即可。图6-10为展开的"媒体浏览器"面板。

图 6-9 "导入"对话框　　　　　　图 6-10 "媒体浏览器"面板

- **直接拖入素材**：直接将素材拖至"项目"面板或"时间轴"面板中，也可以导入素材。

2. 素材的管理

当"项目"面板中存在过多素材时，为了更好地辨识与使用素材，可以对素材进行整理，如将其分组、重命名等。

（1）新建素材箱

素材箱可以归类整理素材文件，使素材更加有序，也便于用户的查找。单击"项目"面板下方工具栏中的"新建素材箱"按钮，即可在"项目"面板中新建素材箱。此时，素材箱名称处于可编辑状态，用户可以设置素材箱名称后按Enter键应用，如图6-11所示。

创建素材箱以后，选择"项目"面板中的素材，拖至素材箱中即可归类素材文件。双击素材箱可以打开"素材箱"面板查看素材，如图6-12所示。

图 6-11 新建素材箱　　　　　　图 6-12 打开素材箱

(2) 重命名素材

重命名素材可以更精确地识别素材，方便用户使用。用户可以重命名"项目"面板中的素材，也可以重命名"时间轴"面板中的素材。

- **重命名"项目"面板中的素材**：选中"项目"面板中要重新命名的素材，执行"剪辑"→"重命名"命令或单击素材名称，输入新的名称即可。
- **重命名"时间轴"面板中的素材**：若想在"时间轴"面板中修改素材名称，可以选中素材后执行"剪辑"→"重命名"命令或右击鼠标，在弹出的快捷菜单中执行"重命名"命令，打开"重命名剪辑"对话框，输入剪辑名称即可，如图6-13所示。

图6-13 "重命名剪辑"对话框

(3) 替换素材

"替换素材"命令可以在替换素材的同时保留添加的效果，从而减少重复工作。选择"项目"面板中要替换的素材对象，右击鼠标，在弹出的快捷菜单中执行"替换素材"命令，打开"替换素材"对话框，选择新的素材文件，单击"确定"按钮即可。

(4) 编组素材

用户可以将"时间轴"面板中的素材编组，以便对多个素材进行相同的操作。

在"时间轴"面板中选中要编组的多个素材文件，右击鼠标，在弹出的快捷菜单中执行"编组"命令，即可将多个选中的素材文件编组为一组，编组后的文件可以作为一个整体被选中、被移动、被添加效果等。如编组后移动编组素材，如图6-14所示，移动后的编组素材的显示结果如图6-15所示。

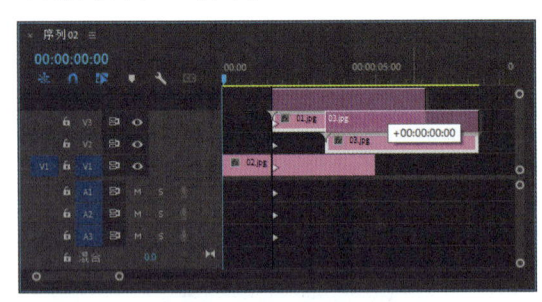

图6-14 移动编组素材　　　　　图6-15 移动后的编组素材

若要取消编组，可以选中编组素材后右击鼠标，在弹出的快捷菜单中执行"取消编组"命令。需要注意的是，取消素材编组不会影响已添加的效果。

> **提示**：按住Alt键在"时间轴"面板中单击编组素材，可以选中单个素材进行设置。

(5) 嵌套素材

"编组"命令和"嵌套"命令都可以同时操作多个素材，不同的是，编组素材是可逆的，而嵌套素材是不可逆的。编组只是将多个选中的素材组合为一个整体来进行操作，而嵌套素材是将多个素材或单个素材合成一个序列来操作。

在"时间轴"面板中选中要嵌套的素材文件，右击鼠标，在弹出的快捷菜单中执行"嵌套"命令，打开"嵌套序列名称"对话框，设置名称，完成后单击"确定"按钮即可，如图6-16所示。嵌套序列在"时间轴"面板中呈绿色显示。用户可以双击嵌套序列进入其内部进行调整，如图6-17所示。

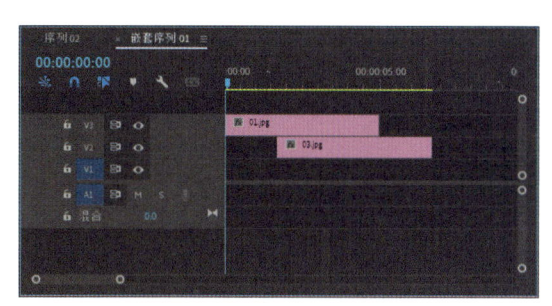

图 6-16 嵌套素材　　　　　　　　　　　图 6-17 打开的嵌套序列

（6）链接媒体

Premiere软件中用到的素材都以链接的形式存放在"项目"面板中，当移动素材位置或删除素材时，可能会导致项目文件中的素材缺失，而"链接媒体"命令可以重新链接丢失的素材，使其正常显示。

在"项目"面板中选中脱机素材，右击鼠标，在弹出的快捷菜单中执行"链接媒体"命令，打开如图6-18所示的"链接媒体"对话框，从中单击"查找"按钮，打开"查找文件"对话框，如图6-19所示。选中要链接的素材对象，单击"确定"按钮即可重新链接媒体素材。

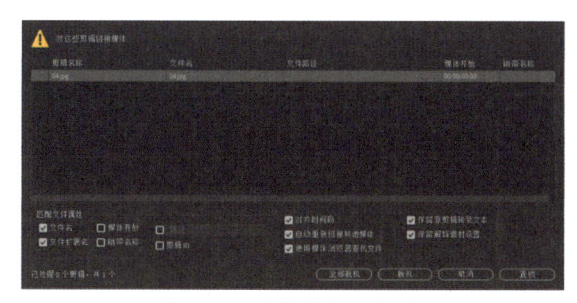

图 6-18 "链接媒体"对话框　　　　　　　图 6-19 "查找文件"对话框

（7）打包素材

打包素材可以将当前项目中使用的素材打包存储，方便文件移动后的再次操作。使用Premiere软件制作完成视频后，执行"文件"→"项目管理"命令，打开"项目管理器"对话框，从中设置参数后单击"确定"按钮即可。

6.2.4 渲染和输出

渲染和输出使得视频能够适应不同的格式和要求，从而满足各种播放设备和使用场景的需求。

1. 渲染预览

渲染预览可以将编辑好的内容进行预处理，从而缓解播放时卡顿的现象。选中要进行渲染的时间段，执行"序列"→"渲染入点到出点的效果"命令或按Enter键即可完成渲染预览。渲染后时间轴部分由红色变为绿色，图6-20所示即为"时间轴"面板中渲染与未渲染的时间轴对比效果。

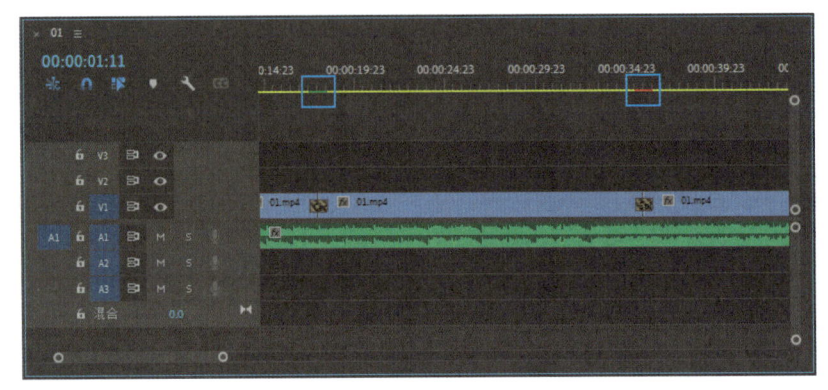

图 6-20　渲染与未渲染的时间轴对比效果

2. 输出设置

预处理后即可准备输出视频。在Premiere软件中，用户可以通过以下两种方式输出视频。
- 执行"文件"→"导出"→"媒体"命令或按【Ctrl+M】组合键。
- 切换至"导出"选项卡。

通过这两种方式，均可打开如图6-21所示的"导出"面板，从中设置音频、视频参数后单击"导出"按钮，即可根据设置输出视频。

图 6-21　"导出"面板

"导出"面板中部分选项卡的作用说明如下：

- **"设置"选项卡**：用于设置导出的相关选项，包括文件名称、导出位置、格式及具体的音频、视频设置等。
- **"预览"选项卡**：用于预览处理后的效果。

若想快速导出视频，单击Premiere"编辑"面板右上角的"快速导出"按钮，在弹出的"快速导出"面板中设置名称、位置和预设后，单击"导出"按钮即可。

6.2.5 输出缩放短视频

在Premiere中导入素材并应用，可以使静态的图像动起来。下面介绍如何通过新建文档和导入素材，制作出具有动态缩放效果的短视频。具体操作步骤如下：

步骤01 打开Premiere软件，执行"文件"→"新建"→"项目"命令，打开"导入"面板，更改其中的项目名称和存储路径，如图6-22所示。完成后单击"确定"按钮。

步骤02 执行"文件"→"新建"→"序列"命令，打开"新建序列"对话框，设置参数，如图6-23所示。

图 6-22 "导入"面板

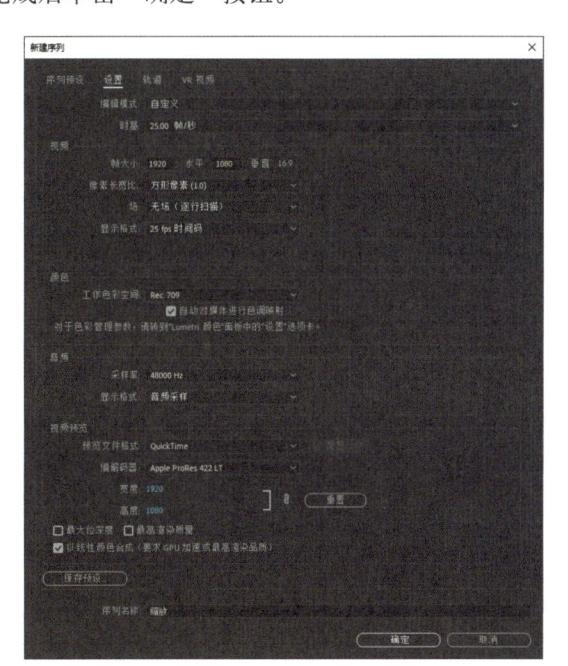

图 6-23 "新建序列"对话框

步骤03 按【Ctrl+I】组合键，导入本模块中的素材文件，并添加至"时间轴"面板中，如图6-24所示。

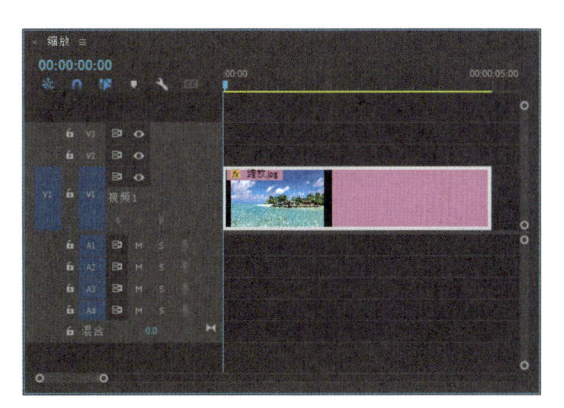

图 6-24 添加素材至"时间轴"面板

步骤04 选中"时间轴"面板中的素材,在"效果控件"面板设置"位置"和"缩放"参数,单击"位置"和"缩放"参数左侧的"切换动画"按钮添加关键帧,如图6-25所示。

步骤05 移动播放指示器至00:00:04:24处,更改"位置"和"缩放"参数,软件将自动添加关键帧,如图6-26所示。

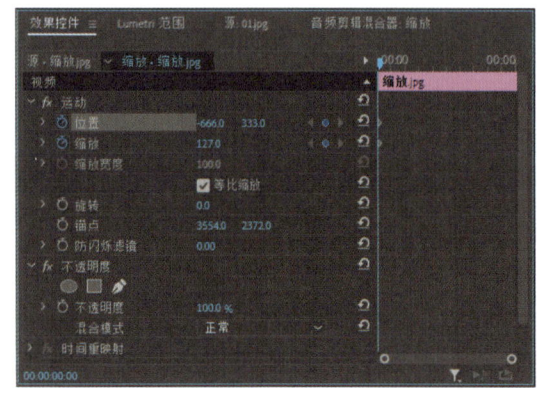

图 6-25 设置素材的效果控制参数　　　　图 6-26 更改效果控制参数

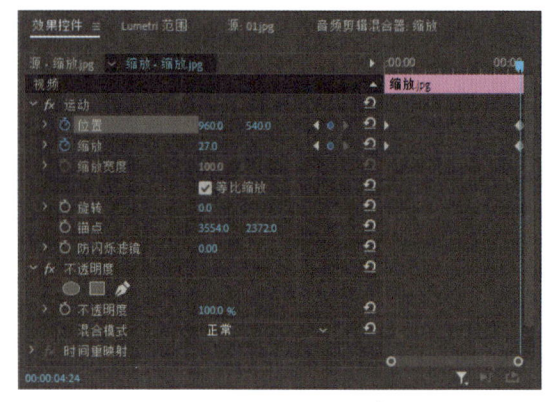

步骤06 此时,"节目监视器"面板中的显示效果如图6-27所示。

步骤07 按Enter键渲染预览,如图6-28所示。

图 6-27 显示效果　　　　图 6-28 渲染预览效果

步骤08 执行"文件"→"导出"→"媒体"命令,打开"导出"面板,设置格式为"H.264",将"视频"选项卡中的"比特率编码"设置为"VBR,2次",如图6-29所示。单击"导出"按钮,即可导出一条长5 s的短视频。

至此,具有动态缩放效果的短视频制作完成并完成视频的输出。

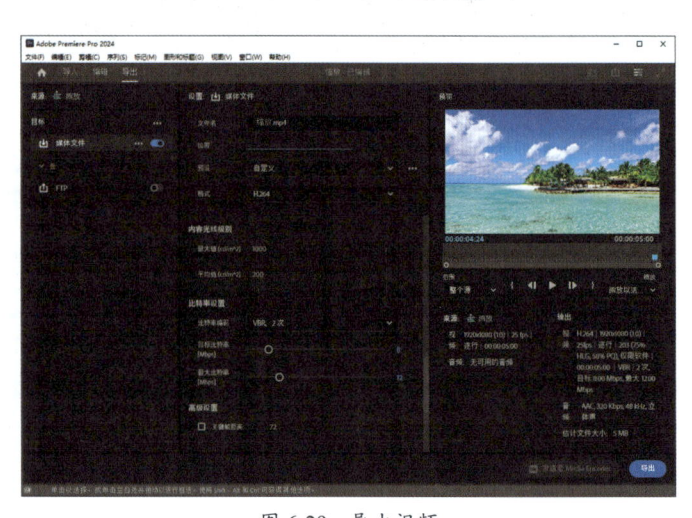

图 6-29 导出视频

6.3 素材剪辑操作

剪辑是视频制作过程中的核心步骤，直接影响视频的最终呈现效果。下面详细介绍素材剪辑的相关操作。

6.3.1 剪辑工具的应用

通过剪辑，用户可将不同的素材融合，从而制作出富有创意的视觉效果。这一过程依赖于剪辑工具的有效应用。图6-30为Premiere中"工具"面板提供的剪辑工具。以下是对这些剪辑工具的介绍。

图 6-30 "工具"面板

1. 选择工具

"选择工具" 可以在"时间轴"面板中的轨道中选中素材并进行调整。按住Shift键单击可以加选素材。

2. 选择轨道工具

选择轨道工具包括"向前选择轨道工具" 和"向后选择轨道工具" 两种。这两种工具可以选择当前位置箭头方向一侧的所有素材。

3. 波纹编辑工具

"波纹编辑工具" 可以改变"时间轴"面板中素材的出点或入点，且保持相邻素材间不出现间隙。选择"波纹编辑工具" ，移动至两个相邻素材之间，当光标变为 或 形状时，按住鼠标拖动即可修改素材的出点位置或入点位置，调整后相邻的素材会自动补位上前，如图6-31和图6-32所示。

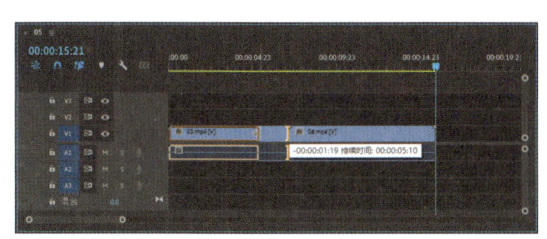

图 6-31 拖动鼠标调整素材出点　　　　图 6-32 相邻素材自动补位

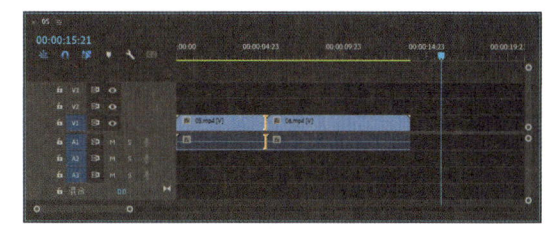

4. 滚动编辑工具

"滚动编辑工具" 可以改变一个剪辑的入点和与之相邻剪辑的出点，且保持视频总长度不变。选择"滚动编辑工具" ，移动至两个素材片段之间，当光标变为 形状时，按住鼠标拖动即可。

> **提示**：向右拖动时，前一段素材出点后需有余量以供调节；向左拖动时，后一段素材入点前需有余量以供调节。

5. 比率拉伸工具

"比率拉伸工具" 可以改变素材的速度和持续时间，但保持素材的出点和入点不变。选中"比率拉伸工具" ，移动光标至"时间轴"面板中某段素材的开始或结尾处，当光标变为形状时，按住鼠标拖动即可。

> **提示**：使用"比率拉伸工具" 缩短素材片段长度时，素材播放速度加快；延长素材片段长度时，素材播放速度变慢。

用户可以通过"剪辑速度/持续时间"对话框更加精准地设置素材的速度和持续时间。在"时间轴"面板中选中要调整速度的素材片段，右击鼠标，在弹出的快捷菜单中执行"速度/持续时间"命令，打开如图6-33所示的"剪辑速度/持续时间"对话框，设置其中的参数后单击"确定"按钮即可。

"剪辑速度/持续时间"对话框中各参数的作用说明如下：

- **速度**：用于调整素材片段的播放速度。大于100%为加速播放，小于100%为减速播放，等于100%为正常速度播放。
- **持续时间**：用于设置素材片段的持续时间。
- **倒放速度**：勾选该复选框后，素材将反向播放。
- **保持音频音调**：改变音频素材的持续时间时，选择该复选框可保证音频音调不变。
- **波纹编辑，移动尾部剪辑**：选择该复选框，片段加速导致的缝隙处将被自动填补。
- **时间插值**：用于设置调整素材速度后如何填补空缺帧，包括帧采样、帧混合和光流法三种选项。其中，帧采样可根据需要重复或删除帧，以达到所需的速度；帧混合可根据需要重复帧并混合帧，以辅助提升动作的流畅度；光流法是软件通过分析上下帧生成新的帧，在效果上更加流畅、美观。

图 6-33 "剪辑速度/持续时间"对话框

6. 剃刀工具

"剃刀工具"可以将一个素材片段剪切为两个或多个素材片段，从而方便用户分别进行编辑。选中"剃刀工具" ，然后在"时间轴"面板中要剪切的素材上单击鼠标，即可在单击位置将素材剪切为两段，如图6-34和图6-35所示。

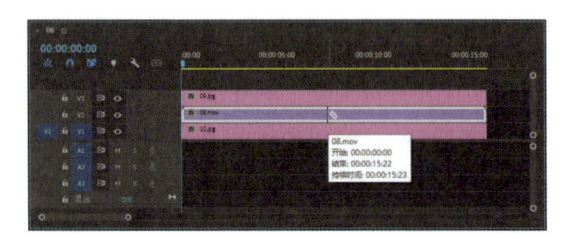

图 6-34 移动鼠标光标至裁剪处　　　　图 6-35 单击裁剪素材

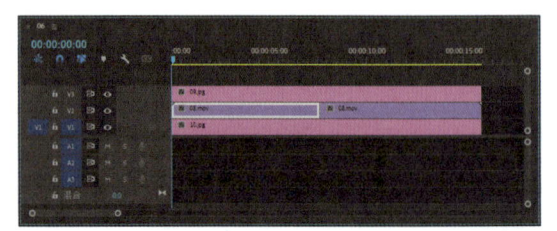

若想在当前位置剪切多个轨道中的素材，按住Shift键再单击即可。

7. 内滑工具和外滑工具

内滑工具和外滑工具都可用于调整时间轴中素材片段的剪辑顺序与时长。其中，"内滑工具" ⬚ 可以将"时间轴"面板中的某个素材片段向左或向右移动，同时改变其前一相邻片段的出点和后一相邻片段的入点。三个素材片段的总持续时间及在"时间轴"面板中的位置保持不变。而"外滑工具" ⬚ 可以同时更改"时间轴"面板中某个素材片段的入点和出点，并保持片段长度不变，相邻片段的出点、入点及长度也不变。

> **提示**：使用"外滑工具" ⬚ 时，素材片段的入点前和出点后需有预留出的余量供调节使用。

6.3.2 素材剪辑

"监视器"面板和"时间轴"面板中提供了用于剪辑素材的按钮和命令，方便用户快速进行剪辑操作。

1. 在监视器面板中剪辑素材

Premiere软件中包括两种监视器面板："源监视器"和"节目监视器"。这两种监视器面板的作用相似，但在具体操作和功能上还是有区别的。

（1）节目监视器

"节目监视器"面板中可以预览"时间轴"面板中素材播放的效果，方便用户进行检查和修改。图6-36为"节目监视器"面板。

该面板中部分操作按钮说明如下：

- **选择缩放级别** [适合]：用于选择合适的缩放级别，放大或缩小视图以适用监视器的可用查看区域。

图 6-36 "节目监视器"面板

- **设置** ⬚：单击该按钮，可在弹出的快捷菜单中执行相应命令，如设置分辨率、参考线等。
- **添加标记** ⬚：单击该按钮将在当前位置添加一个标记，或按M键添加标记。标记可以提供简单的视觉参考。
- **提升** ⬚：单击该按钮，将删除目标轨道（蓝色高亮轨道）中出入点之间的素材片段，对前、后素材以及其他轨道上的素材位置都不产生影响，如图6-37和图6-38所示。

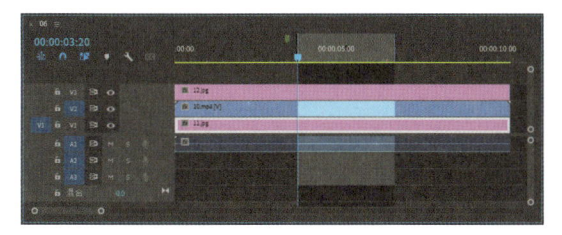

图 6-37 设置目标轨道素材　　　　　　图 6-38 提升效果

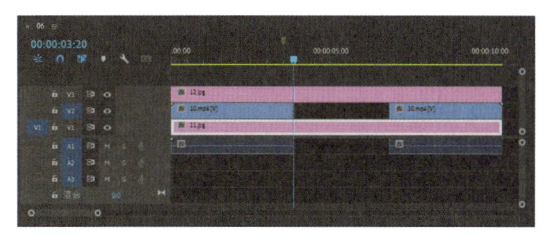

- **提取**：单击该按钮，将删除时间轴中位于出入点之间的所有轨道中的片段，并将之后的素材前移，如图6-39和图6-40所示。

图 6-39　设置目标轨道素材

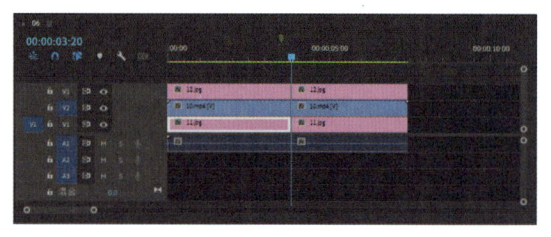

图 6-40　提取效果

- **导出帧**：用于将当前帧导出为静态图像。

（2）源监视器

"源监视器"面板和"节目监视器"面板非常相似，只是在功能上有所不同，它可以播放各个素材片段，对"项目"面板中的素材进行设置。在"项目"面板中双击要编辑的素材，将在"源监视器"面板中打开该素材，如图6-41所示。

该面板中部分操作按钮说明如下：

- **仅拖动视频**：按住该按钮拖至"时间轴"面板的轨道中，可将调整的素材片段的视频部分放置在"时间轴"面板中。

图 6-41　"源监视器"面板

- **仅拖动音频**：按住该按钮拖至"时间轴"面板的轨道中，可将调整的素材片段的音频部分放置在"时间轴"面板中。
- **插入**：单击该按钮，当前选中的素材将插入至时间标记后原素材中间，如图6-42所示。
- **覆盖**：单击该按钮，插入的素材将覆盖时间标记后原有的素材，如图6-43所示。

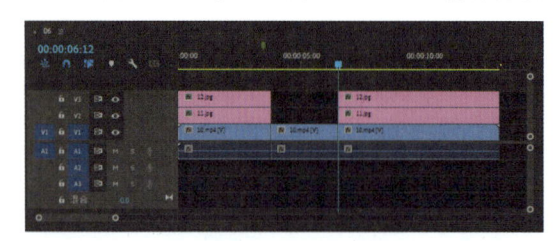

图 6-42　插入效果

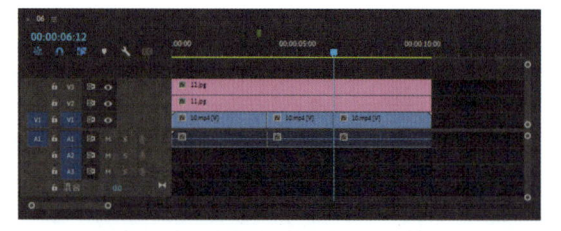

图 6-43　覆盖效果

2. 在时间轴面板中编辑素材

在"时间轴"面板中，选中要编辑的素材并右击鼠标，在弹出的快捷菜单中选择相应的命令可实现对素材的调整操作。下面介绍几种常用的编辑素材的操作。

(1) 帧定格

帧定格可以将素材片段中的某一帧静止，且该帧之后的帧均以静止帧的方式显示。用户可以执行"帧定格选项"命令、"添加帧定格"命令或"插入帧定格分段"命令实现帧定格。

- **帧定格选项**：该命令可以将整段视频以指定帧画面冻结。选中"时间轴"面板中要定格的素材，右击鼠标，在弹出的快捷菜单中执行"帧定格选项"命令，打开"帧定格选项"对话框，如图6-44所示。在该对话框中，"定格位置"复选框及下拉菜单可以设置要定格的帧；"定格滤镜"复选框可以固定视频中的某一帧，使其上的所有效果设置不再随时间动画化，而是保持在定格瞬间的值。
- **添加帧定格**：该命令可以冻结当前帧，类似于将当前帧作为静止图像导入。在"时间轴"面板中选中要添加帧定格的素材片段，移动播放指示器至要冻结的帧，右击鼠标，在弹出的快捷菜单中执行"添加帧定格"命令即可。帧定格部分在名称或颜色上没有任何变化。
- **插入帧定格分段**：该命令可以在当前播放指示器位置将素材片段拆分，并插入一个2 s（默认时长）的冻结帧。在"时间轴"面板中选中要添加帧定格的素材片段，移动播放指示器至插入帧定格分段的帧，右击鼠标，在弹出的快捷菜单中执行"插入帧定格分段"命令即可，如图6-45所示。

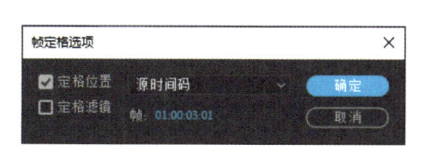

图 6-44 "帧定格选项"对话框　　　　　图 6-45 插入帧定格分段

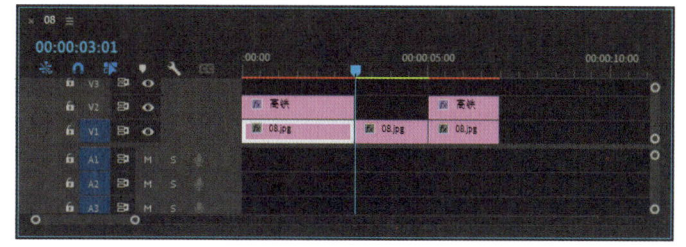

(2) 帧混合

帧混合适用于素材帧速率不同于序列帧速率时，为了匹配序列帧速率，一般会通过帧混合的方法混合素材中的上下帧以生成新帧填补空缺，从而使视频更加流畅。具体操作方法是：在"时间轴"面板中选中要添加帧混合的素材，右击鼠标，在弹出的快捷菜单中执行"时间插值"→"帧混合"命令即可。

除了"帧混合"外，"时间插值"中还包括"帧采样"和"光流法"命令。"帧采样"可根据需要重复或删除帧，以达到所需的速度；光流法是通过分析上下帧并生成新的帧，在效果上更加流畅、美观。

(3) 复制/粘贴素材

在"时间轴"面板中，若想复制现有的素材，可以通过快捷键或执行相应的命令实现。选中要复制的素材，按【Ctrl+C】组合键复制，移动播放指示器至要粘贴的位置，按【Ctrl+V】组合键粘贴即可。此时播放指示器后面的素材将被覆盖，如图6-46和图6-47所示。

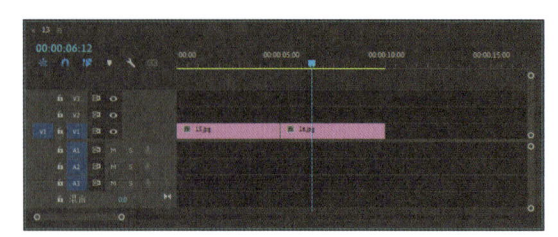

图 6-46 移动播放指示器至粘贴位置　　　　　图 6-47 粘贴素材

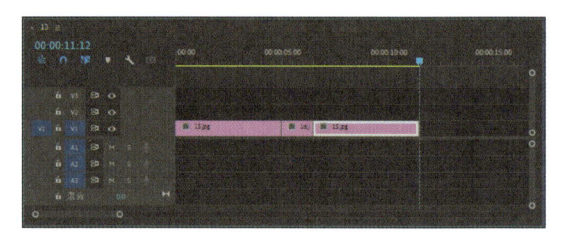

（4）删除素材

"清除"命令或"波纹删除"命令均可以删除素材，这两种方式的区别如下：

- **"清除"命令**：选中要删除的素材文件，执行"编辑"→"清除"命令或按Delete键，即可删除素材。该命令删除素材后，轨道中会留下该素材的空位，如图6-48所示。
- **"波纹删除"命令**：选中要删除的素材文件，执行"编辑"→"波纹删除"命令或按【Shift+Delete】组合键，即可删除素材并使后一段素材自动前移，即该命令删除素材后，后面的素材会自动补位上前，如图6-49所示。

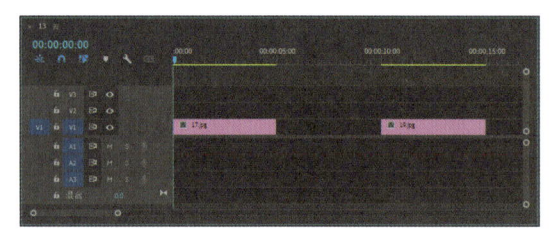

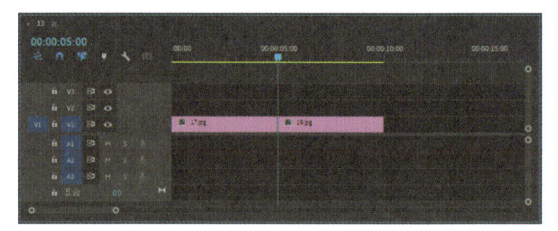

图 6-48 删除素材　　　　　图 6-49 波纹删除素材

（5）分离/链接音视频素材

在"时间轴"面板中编辑素材时，部分素材带有音频信息，此时若想单独对音频信息或视频信息进行编辑，可以选择将其分离。分离后的音视频素材可以重新链接。选中要解除链接的音视频素材，右击鼠标，在弹出的快捷菜单中执行"取消链接"命令即可。

若想重新链接音视频素材，选中后右击鼠标，在弹出的快捷菜单中执行"链接"命令即可。

6.3.3 创建帧定格

帧定格可以创建很多有趣的视频效果。下面将介绍如何通过帧定格等操作制作定格拍照的效果，具体操作步骤如下：

步骤 01 根据素材新建项目和序列，如图6-50所示。

图 6-50 基于素材新建项目和序列

步骤02 选择时间轴中的素材，右击鼠标，在弹出的快捷菜单中执行"取消链接"命令，取消音视频链接，然后删除音频，如图6-51所示。

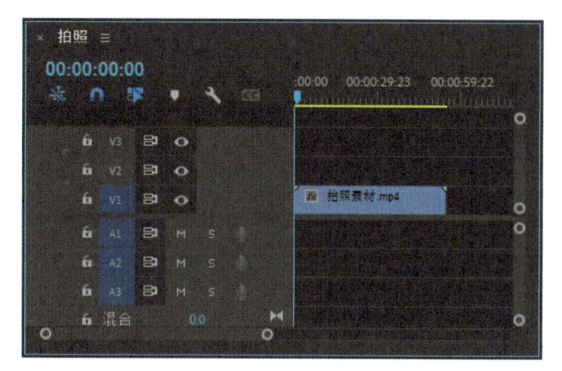

图 6-51　删除音频

步骤03 移动播放指示器至00:00:05:00处，使用"剃刀工具"在播放指示器处单击鼠标，剪切素材，并删除素材中位于指示器右侧的部分，效果如图6-52所示。

步骤04 在"时间轴"面板中移动播放指示器至00:00:02:00处，右击鼠标，在弹出的快捷菜单中执行"添加帧定格"命令，将当前帧作为静止图像导入，效果如图6-53所示。

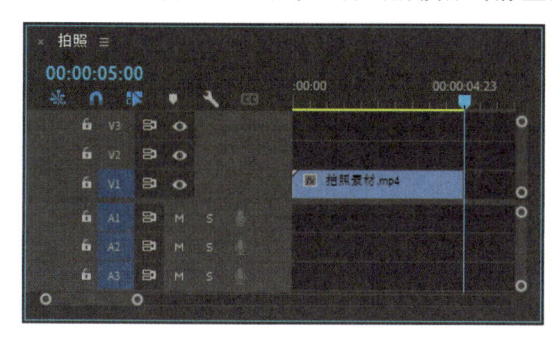

图 6-52　剪切素材并删除

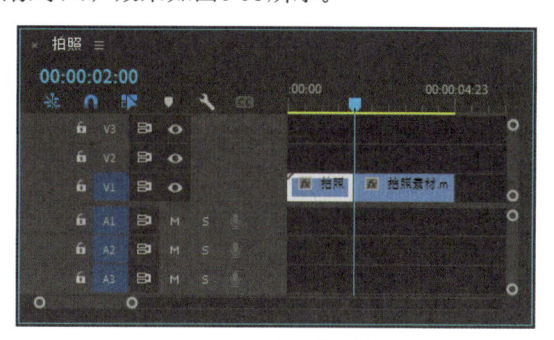

图 6-53　添加帧定格

步骤05 选中V1轨道中的第2段素材，按住Alt键向上拖动，复制该素材，如图6-54所示。

步骤06 隐藏V3轨道素材，在"效果"面板中搜索"高斯模糊"视频效果，将其拖至V1轨道第2段素材上，在"效果控件"面板中设置"模糊度"为60，并勾选"重复边缘像素"复选框，效果如图6-55所示。

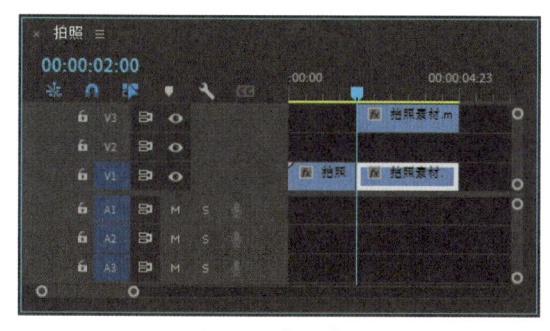

图 6-54　复制素材

图 6-55　预览模糊效果

步骤07 打开"基本图形"面板，在"编辑"选项卡中单击"新建图层"按钮，在弹出的快捷菜单中执行"矩形"命令，新建矩形图层，在"基本图形"面板中设置矩形参数，如图6-56所

165

示。在"节目监视器"面板中设置缩放级别为25%，调整矩形大小至略大于画面，如图6-57所示。

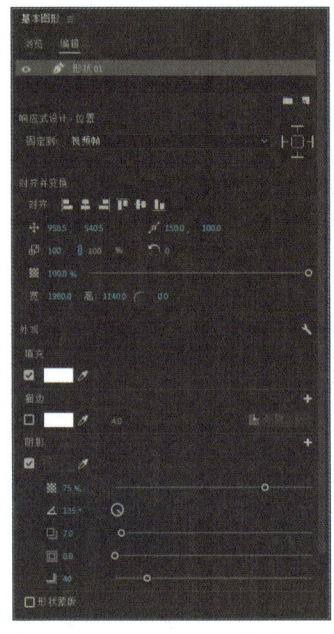

图 6-56　设置矩形参数 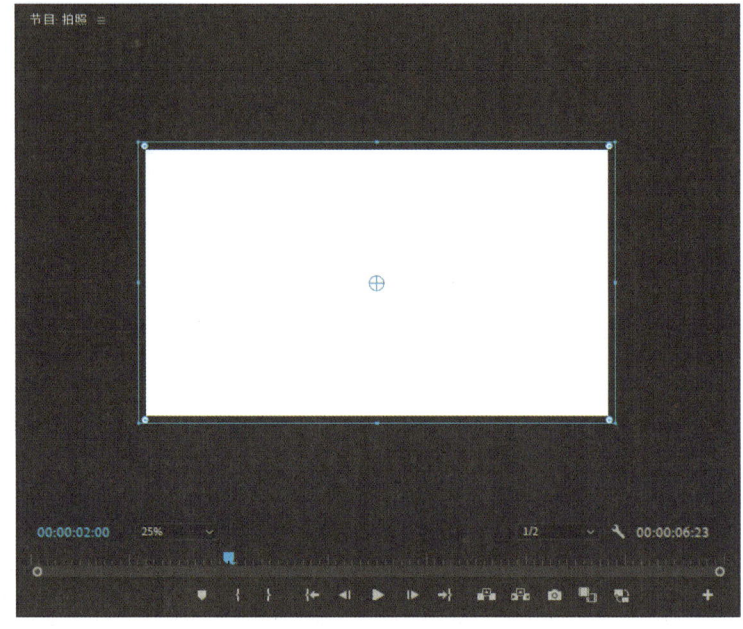　　　　　　　　　图 6-57　调整矩形大小

步骤 08 在"节目监视器"面板中设置缩放级别至适合的值，在"时间轴"面板中使用选择工具在V2轨道素材末端拖动，调整其持续时间，如图6-58所示。

步骤 09 选中V2轨道素材，移动播放指示器至00:00:02:00处，在"效果控件"面板中单击"缩放"参数和"旋转"参数左侧的"切换动画"按钮，添加关键帧，再移动播放指示器至00:00:02:15处，调整"缩放"参数和"旋转"参数，软件将自动添加关键帧，如图6-59所示。

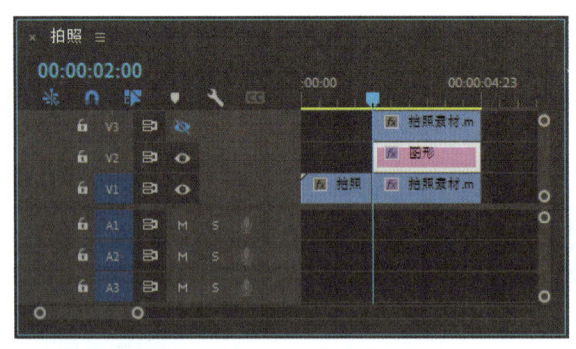

图 6-58　调整矩形素材持续时间 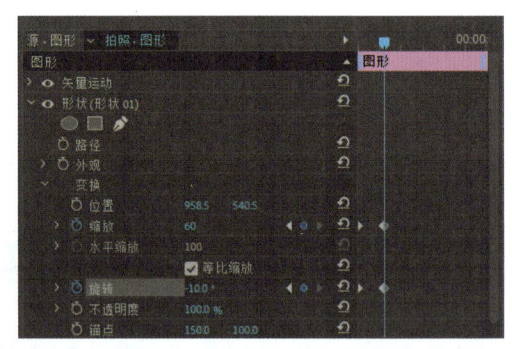　　　　　图 6-59　调整参数，添加关键帧

步骤 10 显示V3轨道素材并选中，移动播放指示器至00:00:02:00处，在"效果控件"面板中单击"缩放"参数和"旋转"参数左侧的"切换动画"按钮，添加关键帧，移动播放指示器至00:00:02:15处，调整"缩放"参数和"旋转"参数，软件将自动添加关键帧，如图6-60所示。此时，"节目监视器"面板中的显示效果如图6-61所示。

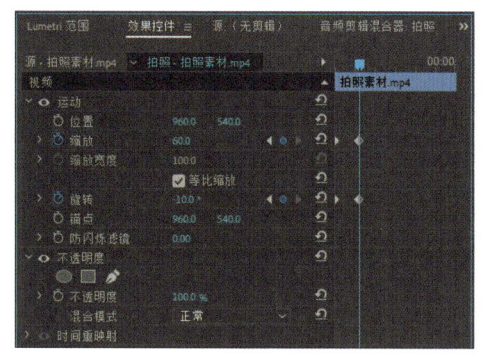

图 6-60　调整参数，添加关键帧　　　　　　图 6-61　预览效果

步骤 11 移动播放指示器至00:00:02:00处，导入音频素材，并将其拖至A1轨道中，如图6-62所示。

步骤 12 至此，完成帧定格的制作。移动播放指示器至初始位置，按空格键播放即可观看到效果，如图6-63所示。

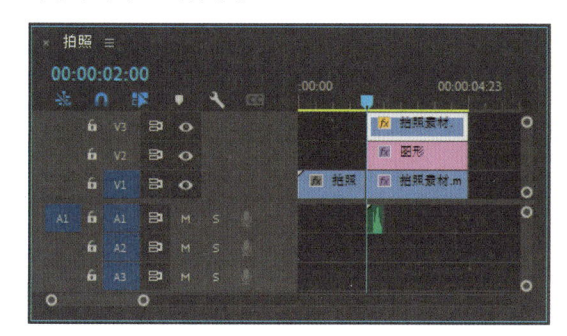

图 6-62　添加音频　　　　　　　　　　　　图 6-63　预览效果

6.4　短视频字幕编辑

文本是短视频中的常见元素，无论是标题、字幕，还是背景说明都离不开文本。本模块将对Premiere中字幕的创建及编辑进行讲解。

■6.4.1　创建文本

创建文本的常用方式包括文字工具和"基本图形"面板两种。

1. 文字工具

"工具"面板中的"文字工具"■和"垂直文字工具"■可直接创建文本。选择任意一种文字工具，在"节目监视器"面板中单击输入文字即可。图6-64为使用"文字工具"■创建并调整的文字效果。输入文字后，"时间轴"面板中将自动出现持续时间为5 s的文字素材，如图6-65所示。

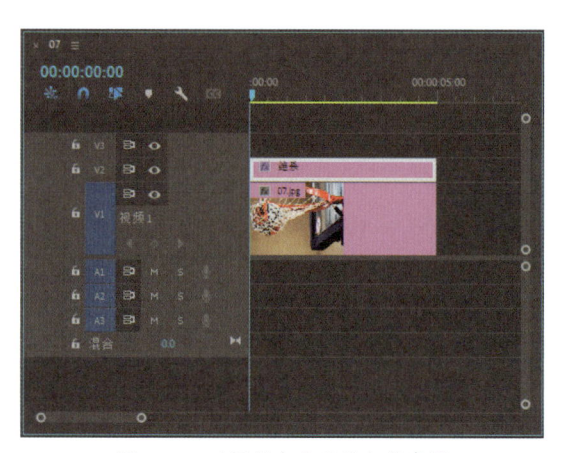

图 6-64 输入并调整文字　　　　　　　图 6-65 时间轴中出现的文字素材

> **提示**：选择文字工具后，在"节目监视器"面板中拖动绘制文本框，可创建区域文字，用户可以通过调整区域文本框的大小调整文字的可见内容，而不影响文字的大小。

2. "基本图形"面板

"基本图形"面板支持创建文本、图形等内容。执行"窗口"→"基本图形"命令打开"基本图形"面板，选择"编辑"选项卡，单击"新建图层"按钮，在弹出的快捷菜单中执行"文本"命令或按【Ctrl+T】组合键，"节目监视器"面板中将出现默认的文字。双击文字进入编辑模式，可对文字内容进行更改，如图6-66所示。

选中文本素材，使用"文字工具"在"节目监视器"面板中输入文字，输入的文字将和原文本在同一素材中，此时"基本图形"面板中将新增一个文字图层，用户可以选择单个或多个文字图层进行操作，如图6-67所示。

图 6-66 双击文字进入编辑模式　　　　　　　图 6-67 文字图层

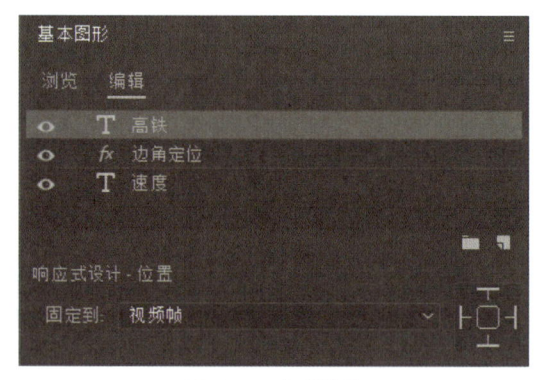

6.4.2 编辑和调整文本

根据不同的用途，在创建文本后，可以对其进行编辑美化，使其达到更佳的展示效果。下面介绍在短视频制作中如何进行文本的调整与编辑。

1. "效果控件"面板

"效果控件"面板主要用于在"时间轴"面板中设置被选中素材的各项参数，同理，用户也可以在该面板中对选中的文本素材的参数进行设置。图6-68所示为选中文本素材时的"效果控件"面板，其中部分选项区域的作用说明如下：

- **源文本**：对于在"时间轴"面板中被选中的文字素材，在"效果控件"面板中可以设置文字的字体、大小、字间距、行距等基础属性。
- **外观**：在"效果控件"面板中可以设置文本的外观属性，包括填充、描边、背景、阴影等。

图 6-68 "效果控件"面板

- **变换文本**：选中文本素材，在"效果"面板"矢量运动"效果中可以对文本整体的位置、缩放等进行调整，若文本素材中存在多个文本或图形，可在相应文本或图形参数的"变换"参数中分别进行设置。

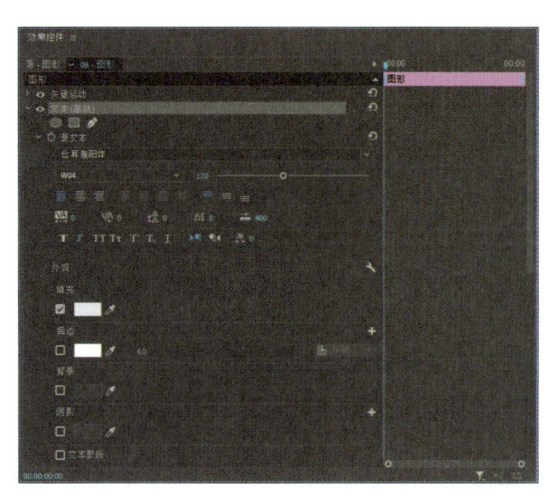

2. "基本图形"面板

图6-69所示为"基本图形"面板。"基本图形"面板中的选项与"效果控件"面板基本一致，用户同样也可以在该面板中对短视频中的文字进行编辑美化。但两种面板对文本设置部分还是有些不同的，下面说明"基本图形"面板与"效果控件"面板对文本设置部分的不同之处。

（1）对齐并变换

"基本图形"面板中支持设置选中的文字与画面对齐。其中"垂直居中对齐"按钮■和"水平居中对齐"按钮■可设置选中文本与画面中心对齐；在仅选中一个文字图层的情况下，其余对齐按钮可设置选中文本与画面对齐；在选中多个文字图层的情况下，其余对齐按钮可设置选中文本对齐。

（2）响应式设计 - 位置

"响应式设计 - 位置"选项用于将当前图层响应至其他图层，并随着其他图层变换而

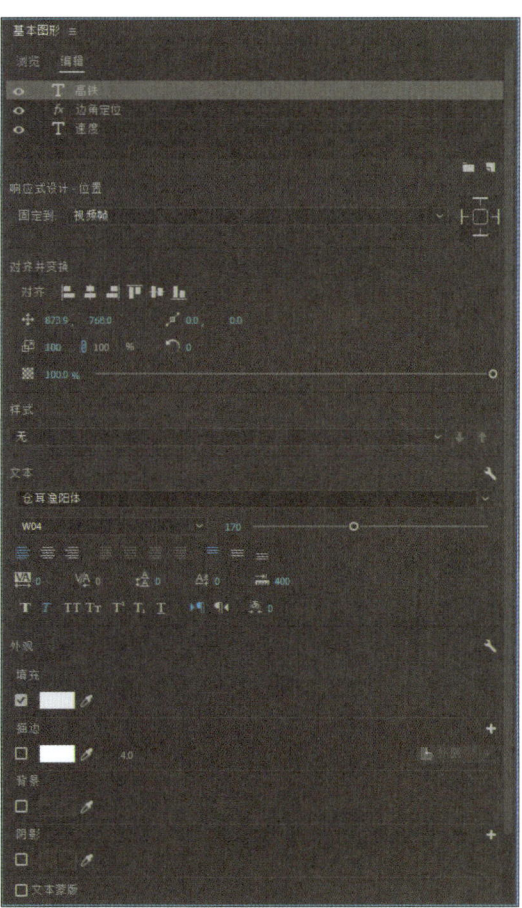

图 6-69 "基本图形"面板

变换，从而使选中图层自动适应视频帧的变化。在文字图层下方新建矩形图层，选中矩形图层，将其固定到文字图层，如图6-70所示。当更改文字时，"节目监视器"面板中的矩形也会随之变化。

（3）响应式设计 - 时间

"响应式设计 - 时间"选项基于图形，在未选中图层的情况下，将出现在"基本图形"面板底部，如图6-71所示。"响应式设计 - 时间"选项可以保留开场和结尾关键帧的图形片段，以保证在改变剪辑持续时间时，不影响开场和结尾片段。在修剪图形的出点和入点时，也会保护开场和结尾时间范围内的关键帧，同时对中间区域的关键帧进行拉伸或压缩，以适应改变后的持续时间。用户还可以通过选择"滚动"选项，用于制作滚动文字效果。

图 6-70 响应式设计 - 位置

图 6-71 响应式设计 - 时间

课堂演练：为视频添加定位

本模块主要介绍了文档的基础操作、素材的剪辑、短视频的字幕设计等内容。综合应用本模块的知识，制作出为视频添加定位的效果。具体操作步骤如下：

步骤 01 基于素材新建项目和序列，如图6-72所示。

扫码观看视频

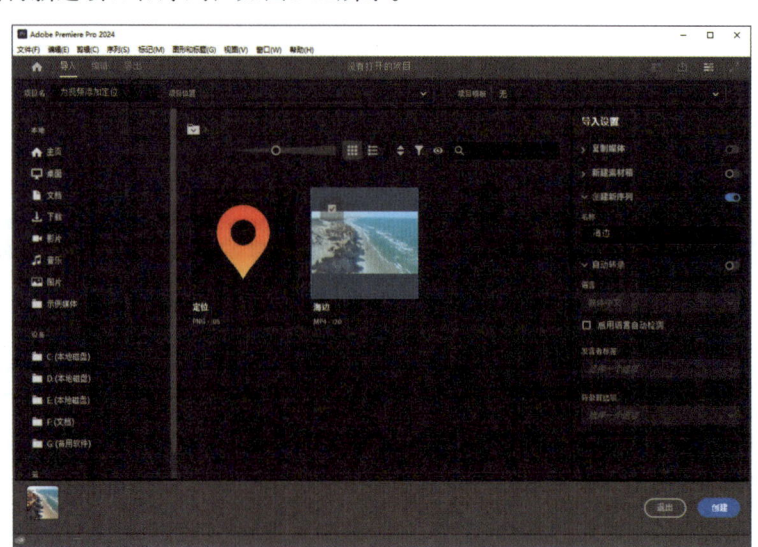

图 6-72 基于素材新建项目和序列

步骤02 按【Ctrl+I】组合键导入本模块中的图片素材，如图6-73所示。

图 6-73 导入其他素材

步骤03 选中"时间轴"面板中的素材，右击鼠标，在弹出的快捷菜单中执行"取消链接"命令，取消音视频链接，并删除音频，如图6-74所示。

步骤04 继续右击鼠标，在弹出的快捷菜单中执行"速度/持续时间"命令，打开"剪辑速度/持续时间"对话框，设置持续时间为00:00:10:00（即10 s），如图6-75所示。完成后单击"确定"按钮。

步骤05 移动播放指示器至00:00:02:00处，使用文本工具在右上角单击并输入文本"海边"，在"基本图形"面板中设置文本颜色为白色，添加默认的阴影效果，如图6-76所示。

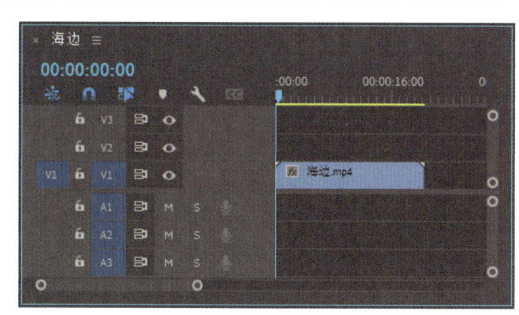

图 6-74 删除音频

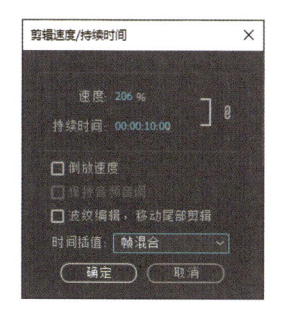

图 6-75 调整持续时间

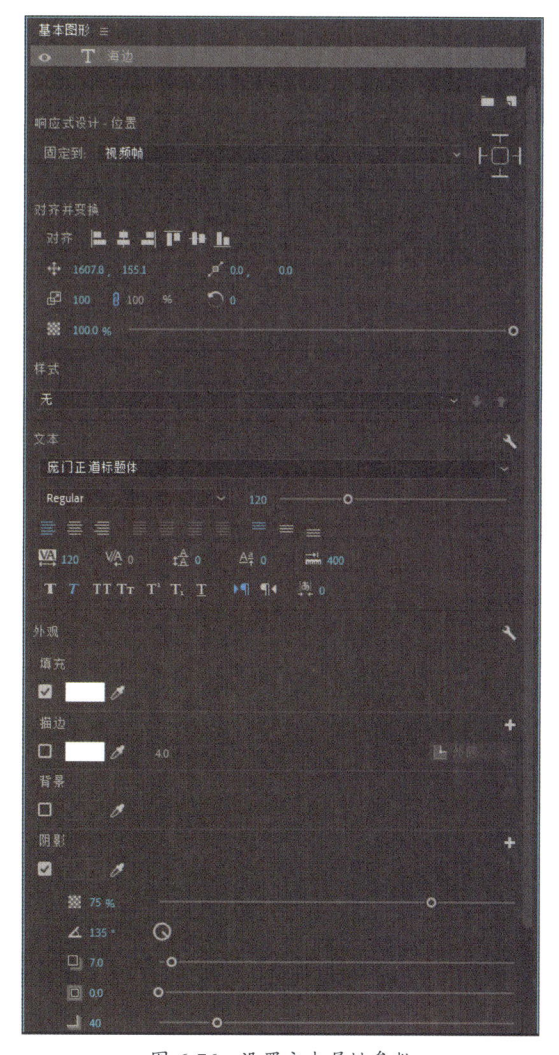

图 6-76 设置文本属性参数

步骤 06 文本设置后的效果如图6-77所示。

图 6-77 调整后的效果

步骤 07 取消选择,使用矩形工具在文字下方绘制白色矩形,如图6-78所示。

步骤 08 将图像素材拖至"时间轴"面板V4轨道,调整至合适大小,如图6-79所示。调整V2~V4轨道素材的出点与V1轨道素材的出点一致。

图 6-78 绘制矩形

图 6-79 添加图像素材

步骤 09 在"节目监视器"面板中设置缩放级别为200%,移动画面显示文本及图像区域,调整图像锚点位于图像下方中心处,如图6-80所示。

步骤 10 移动播放指示器至00:00:02:15处,选中V4轨道中的图像图层,在"效果控件"面板中单击"缩放"参数左侧的"切换动画"按钮 添加关键帧。在00:00:02:10处放大图像,如图6-81所示。软件将自动添加关键帧。

图 6-80 调整图像锚点

图 6-81 添加关键帧

步骤 11 在00:00:02:00处设置"缩放"参数为0.0,软件将自动添加关键帧,如图6-82所示。

步骤 12 选中关键帧,右击鼠标,在弹出的快捷菜单中执行"缓入"和"缓出"命令,使变化更加平滑,如图6-83所示。

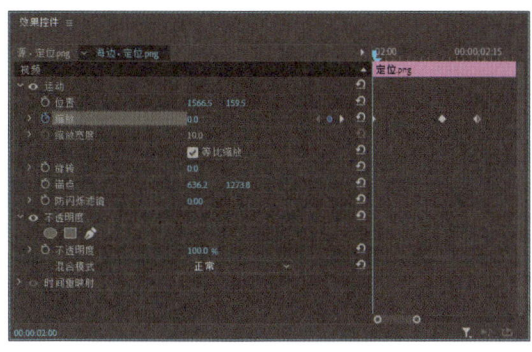

图 6-82　调整参数，添加关键帧 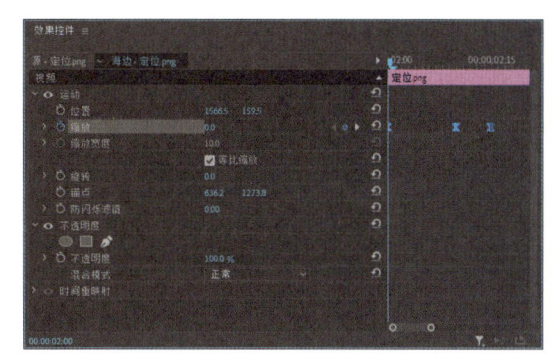　　　　　　　　图 6-83　设置缓入和缓出效果

步骤 13 选中文本图层，在00:00:02:00处设置"不透明度"参数为0.0%，并添加关键帧，在00:00:02:15处设置"不透明度"参数为100.0%，软件将自动添加关键帧，再设置关键帧的缓入与缓出，如图6-84所示。

步骤 14 在"效果"面板中搜索"裁剪"效果，拖至V3轨道中的矩形素材上，移动播放指示器至00:00:02:00处，在"效果控件"面板中设置"右侧"参数为21.0%，添加关键帧，在00:00:02:15处设置"右侧"参数为2.0%，软件将自动添加关键帧，再设置关键帧的缓入与缓出，如图6-85所示。

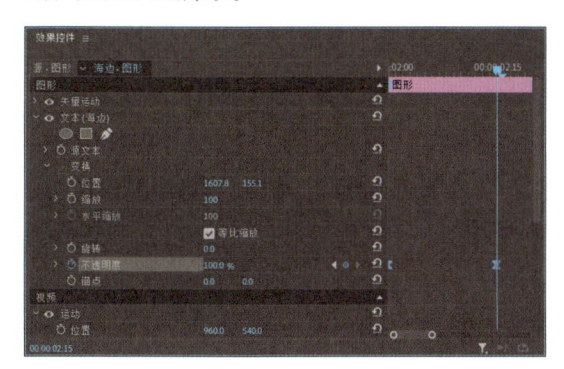

图 6-84　添加关键帧，并设置缓入和缓出 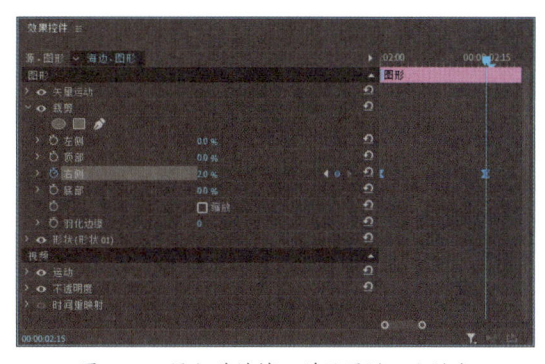　　　　图 6-85　添加关键帧，并设置缓入和缓出

步骤 15 在"节目监视器"面板中设置缩放级别至适合大小，选中V2～V4轨道中的素材，右击鼠标，在弹出的快捷菜单中执行"嵌套"命令，打开"嵌套序列名称"对话框，设置名称，如图6-86所示。完成后单击"确定"按钮创建嵌套序列。

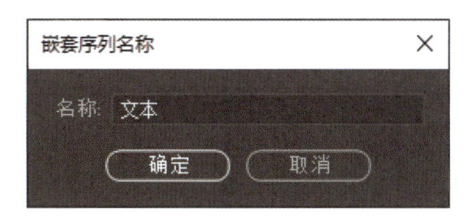

图 6-86　创建嵌套序列

步骤 16 移动播放指示器至00:00:09:10处，选中嵌套序列，在"效果控件"面板中为"不透明度"参数添加关键帧。移动播放指示器至00:00:10:00处，设置"不透明度"参数为0.0%，软件

将自动添加关键帧，再设置关键帧的缓入与缓出，如图6-87所示。

图 6-87　添加关键帧，并设置缓入和缓出

步骤 17 按Enter键渲染预览，如图6-88所示。

图 6-88　渲染预览效果

步骤 18 执行"文件"→"导出"→"媒体"命令打开"导出"面板，设置格式为"H.264"，将"视频"选项卡中的"比特率编码"设置为"VBR，2次"，如图6-89所示。单击"导出"按钮，导出短视频。

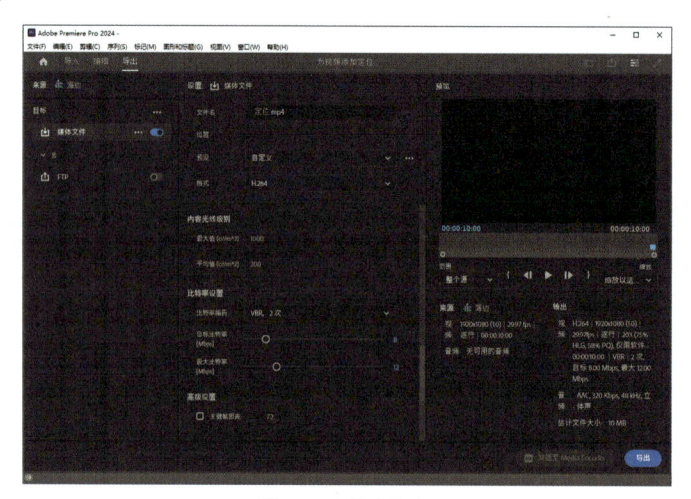

图 6-89　导出视频

至此，完成为视频添加定位并输出短视频。

光影加油站

光影铸魂

2021年,中国某短视频平台接到用户举报,称平台上出现了一批涉嫌传播虚假信息的短视频。这些视频以"揭秘""内幕"为标题,内容涉及疫情谣言、社会热点事件的虚假解读,严重误导了公众认知,甚至引发了一定范围的社会恐慌。平台迅速启动网络安全应急机制,通过技术手段对相关视频进行筛查,并联合网信部门对发布者展开调查。最终,平台封禁了多个违规账号,删除了数百条虚假信息视频,同时将相关线索移交公安机关处理。

这一事件发生后,平台进一步加强了网络安全建设,升级了内容审核系统,引入了人工智能技术对视频内容进行实时监测。同时,平台还推出了"谣言粉碎机"专栏,邀请权威专家对热点事件进行解读,帮助用户辨别虚假信息。此外,平台还通过短视频形式向用户普及网络安全知识,提醒大家不造谣、不信谣、不传谣,共同维护清朗的网络空间。

剪辑实战

作业名称:网络安全小卫士

作业要求:

(1)素材搜集。寻找与网络安全相关的素材,如视频、动画、图片等,并按内容规划进行分类。

(2)创作标准。使用Premiere软件进行制作,要求作品时长不超过5分钟,主题明确,内容积极健康,画面清晰、音质流畅、音画同步,且视频画面中不能带有角标、水印等。

(3)剪辑美化。利用Premiere中的专业工具对素材进行精细剪辑处理,精心设置情景,巧妙添加标题或字幕以增强视觉效果。通过编辑美化手段,如创建帧定格等操作,为视频添加定位效果,进一步提升整体观赏体验。

(4)输出作品。对作品进行渲染预览,调整参数,输出高质量的视频文件。

模块 7　蒙版和抠像

内容概要

蒙版和抠像是短视频制作过程中实现创意合成效果的重要工具。蒙版允许用户精确控制视频中某些区域的可见性，从而突出特定元素或创建复杂效果。抠像技术可以利用颜色信息，有效地分离对象和背景，快速合成视频。将这两种技术综合应用，并搭配关键帧，可以创造出丰富多样的视频效果，极大地增强作品的视觉吸引力和表现力。

学习目标

【知识目标】
- 掌握关键帧的基本概念及它在视频编辑中的作用。
- 掌握蒙版和抠像的基本原理，了解蒙版跟踪操作和常用抠像效果的应用场景。

【能力目标】
- 能够熟练使用Premiere创建和管理蒙版，并运用蒙版跟踪操作实现动态效果。
- 能够运用抠像方法替换画面背景，并结合关键帧制作复杂的视频特效。

【素质目标】
- 具备创新思维，能够灵活运用蒙版和抠像方法创作出具有视觉冲击力的短视频作品。
- 具备细致耐心的工作态度，能够在复杂视频编辑中精准调整关键帧和蒙版参数，确保视频质量。

7.1 认识关键帧

关键帧是制作视频动态变化的核心元素,其本质是一种特殊的帧,标志着动态变化中的重要节点。

7.1.1 什么是关键帧

要理解关键帧,首先需要了解什么是帧。在影像动画中,帧是视频的最小单位,每一帧代表一幅画面。例如,当帧率为24帧时,意味着在1 s内播放24幅画面。这些连续播放的画面组合在一起,就形成了动态的视频。

关键帧是一种特殊的帧,可以定义变化过程中具有关键状态的时刻。在视频编辑和动画制作中,关键帧记录了在特定时间点上对象属性值的变化,因而可以帮助实现动画效果和动态过渡。图7-1所示为不透明度属性设置的关键帧,用户可以为这两个关键帧设置不同的数值以制作渐隐或渐现的动态变化效果。

在短视频制作中,除了为属性值添加关键帧外,用户还可以为应用的视频特效添加关键帧,以创建更加精细有趣的变化效果。

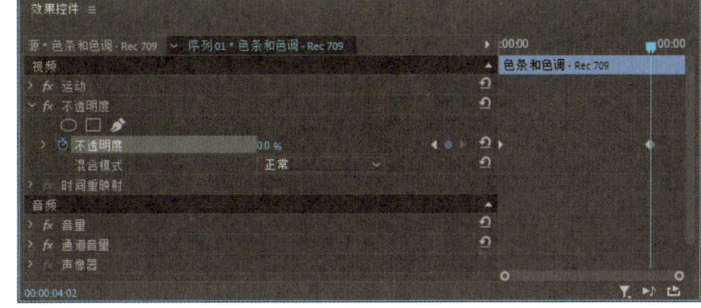

图 7-1 添加的关键帧

7.1.2 添加关键帧

添加关键帧有两种方式:一种是通过"效果控件"面板添加关键帧,另一种是通过"节目监视器"面板添加关键帧。

1. 通过"效果控件"面板添加关键帧

在"时间轴"面板中选中素材文件,在"效果控件"面板中单击素材固定参数前的"切换动画"按钮 ,即可为素材添加关键帧,如图7-2所示。移动播放指示器,调整参数或单击"添加/移除关键帧"按钮 ,将继续添加关键帧,如图7-3所示。

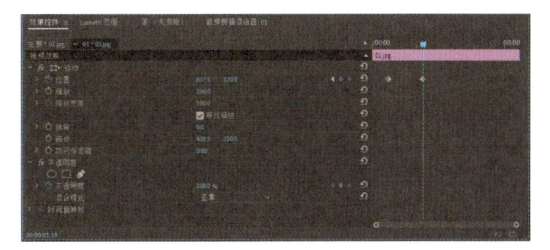

图 7-2 添加关键帧　　　　　　图 7-3 继续添加关键帧

2. 在"节目监视器"面板中添加关键帧

在添加固定效果如位置、缩放、旋转等关键帧时,可以在添加第一个关键帧后,移动播放指示器,在"节目监视器"面板中双击素材显示其控制框,通过控制框进行调整,如图7-4所示

177

示。调整后"效果控件"面板中会自动出现关键帧，如图7-5所示。

■7.1.3 管理关键帧

添加关键帧后，用户可以在"效果控件"面板中对关键帧进行多种操作，如移动、复制和删除等。这些操作使用户能够灵活地调整关键帧，从而实现更精确的动画控制和动态变化。

1. 移动关键帧

在"效果控件"面板中选择关键帧后，按住鼠标左键拖动可以移动其位置。此时，动画效果的变化速率也会随之变化。一般来说，在不考虑关键帧插值的情况下，关键帧之间的间隔越大，变化速度就越慢。

图 7-4 使用控制框调整素材

图 7-5 调整后自动出现的关键帧

> **提示**：按住Shift键拖动播放指示器可以自动贴合创建的关键帧，方便定位并重新设置关键帧属性参数。

2. 复制关键帧

复制关键帧可以快速制作相同的效果，用户既可以将其粘贴在同一素材上，也可以粘贴在不同素材上。

（1）在同一素材上复制关键帧

选中"时间轴"面板中的素材文件，在"效果控件"面板中设置不透明度关键帧，制作不透明到透明的变化效果。选中不透明度关键帧，按【Ctrl+C】组合键复制，移动播放指示器至合适位置，按【Ctrl+V】组合键粘贴关键帧即可，如图7-6和图7-7所示。重复多次可制作出选中素材的渐隐渐现的动画效果。

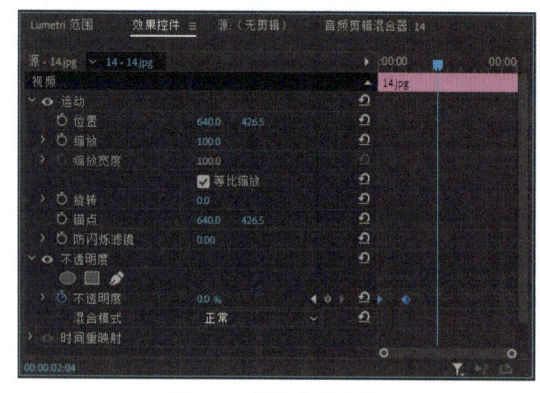

图 7-6 设置粘贴位置

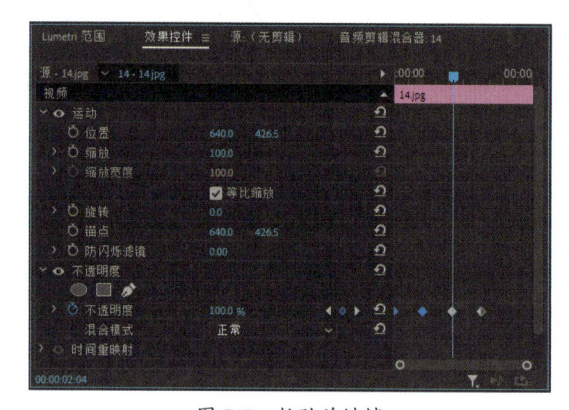

图 7-7 粘贴关键帧

除了使用组合键复制关键帧外，还可以在"效果控件"面板中选中关键帧后，按Alt键拖动复制，或执行"编辑"→"复制"命令和"编辑"→"粘贴"命令进行复制。

（2）在不同素材间复制关键帧

在不同素材间复制关键帧的方法与同一素材相似。在"时间轴"面板中选中要添加关键帧的素材，选中"效果控件"面板的关键帧，按【Ctrl+C】组合键复制，选中要添加关键帧的目标素材文件，在"效果控件"面板中调整播放指示器位置，按【Ctrl+V】组合键粘贴即可。

3. 删除关键帧

删除多余的关键帧有以下两种常用的方法。

- **使用快捷键删除**：删除关键帧最简单的方法就是使用Delete键删除。选中"效果控件"面板中不需要的关键帧，按Delete键即可。按住Shift键可选择多个关键帧进行删除。删除关键帧后，对应的动画效果也会消失。
- **使用按钮删除**："效果控件"面板中的"添加/移除关键帧"按钮■或"切换动画"按钮■同样可以删除关键帧。与使用Delete键删除关键帧不同的是，使用"添加/移除关键帧"按钮■删除关键帧需要移动播放指示器与要删除的关键帧对齐，而"切换动画"按钮■可以删除同一属性的所有关键帧。

7.1.4 关键帧插值

关键帧插值是指在两个或多个关键帧之间自动计算中间帧的过程。通过添加和调整关键帧插值，可以实现更平滑的变化效果。在Premiere软件中，关键帧插值主要分为两种类型：临时插值和空间插值，这两种插值类型共同影响动画的流畅性和表现力。

1. 临时插值

临时插值控制时间线上的速度变化状态。在"效果控件"面板中选中关键帧后右击，在弹出的快捷菜单中可以选择需要的插值方法，如图7-8所示。"临时插值"包含的各选项作用说明如下：

- **线性**：默认的插值选项，可用于创建匀速变化的插值，运动效果相对来说比较机械。
- **贝塞尔曲线**：用于提供手柄创建自由变化的插值，该选项对关键帧的控制最强。

图7-8 临时插值选项

- **自动贝塞尔曲线**：用于创建具有平滑的速率变化的插值，且更改关键帧的值时会自动更新，以维持平滑过渡效果。
- **连续贝塞尔曲线**：与自动贝塞尔曲线类似，但提供一些手动控件进行调整。在关键帧的一侧更改图表的形状时，关键帧另一侧的形状也会相应变化以维持平滑过渡。
- **定格**：定格插值仅供时间属性使用，可用于创建不连贯的运动或突然变化的效果。使用定格插值时，将持续前一个关键帧的数值，直到下一个定格关键帧立刻发生改变。

- **缓入**：用于减慢进入关键帧的值变化。
- **缓出**：用于逐渐加快离开关键帧的值变化。

> **提示**：关键帧插值仅可更改关键帧之间的属性变化速率，对关键帧间的持续时间没有影响。

2. 空间插值

空间插值关注的是对象在屏幕空间内的路径，它决定了素材的运动轨迹是曲线还是直线。图7-9所示为"空间插值"的快捷菜单，图7-10所示为选择"线性"和"自动贝塞尔曲线"时的空间插值效果。

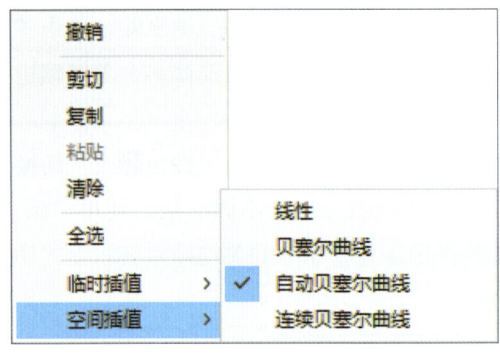

图 7-9　空间插值

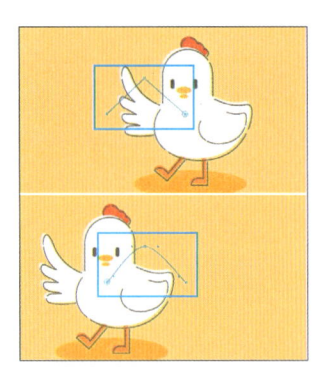

图 7-10　不同的空间插值效果

7.2 蒙版

蒙版是视频制作中常用的技术手段，通常与其他视频效果结合使用。这些技术可以实现特定区域的独特视觉效果，从而增强视频的表现力和创意。

7.2.1 什么是蒙版

蒙版是图像及视频编辑中常用的一种技术，它允许用户选择性地隐藏或显示图像的特定区域。通过使用蒙版，用户可以对图像的某个区域进行特定的编辑或应用效果，而不影响图像的其他部分，这种灵活性使得蒙版在创作过程中非常实用。例如，图7-11所示为原始图像，图7-12所示为通过蒙版设置应用视频效果的部分区域后的效果图。

图 7-11　原始图像

图 7-12　使用蒙版控制视频效果作用区域

在数字编辑软件中，蒙版通常表现为一个覆盖在图像或视频上的额外层，这个层通过不同的灰度值来控制底层内容的可见性，其中白色或亮色区域允许底层内容完全显示；黑色或暗色区域允许隐藏底层内容；灰色区域则提供不同程度的透明度，实现底层内容的部分可见。

7.2.2 创建蒙版

Premiere软件支持创建椭圆形、四边形和自由图形三种类型的蒙版。用户可以通过单击"效果控件"面板中创建蒙版的效果下方的"创建椭圆形蒙版"按钮◯、"创建4点多边形蒙版"按钮▭或"自由绘制贝塞尔曲线"按钮✏创建相应的蒙版，各按钮的作用说明如下：

- **创建椭圆形蒙版**◯：单击该按钮将在"节目监视器"面板中自动生成椭圆形蒙版，用户可以通过控制框调整椭圆的大小、比例等，如图7-13所示。
- **创建4点多边形蒙版**▭：单击该按钮将在"节目监视器"面板中自动生成4点多边形蒙版，用户可以通过控制框调整4点多边形的形状，如图7-14所示。

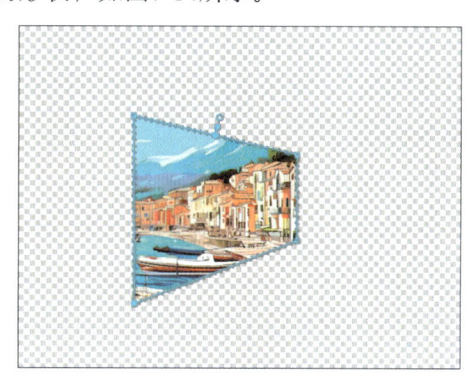

图7-13　椭圆形蒙版效果　　　　　图7-14　4点多边形蒙版效果

- **自由绘制贝塞尔曲线**✏：单击该按钮后可在"节目监视器"面板中绘制自由的闭合曲线创建蒙版，如图7-15和图7-16所示。

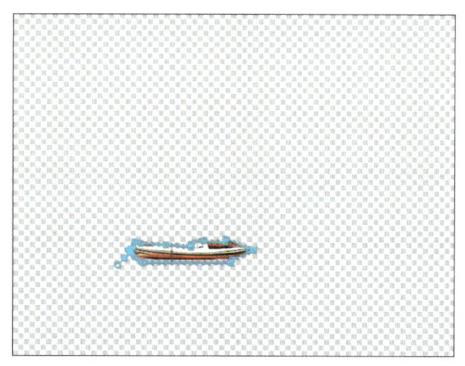

图7-15　绘制蒙版效果　　　　　图7-16　绘制完成的蒙版效果

7.2.3 管理蒙版

创建蒙版后，"效果控件"面板中将出现蒙版选项，如图7-17所示。用户可以通过这些选项管理蒙版效果。

蒙版中各选项功能如下：

- **蒙版路径**：用于记录蒙版路径。
- **蒙版羽化**：用于柔化蒙版边缘。也可以在"节目监视器"面板中通过控制框手柄设置，如图7-18所示。
- **蒙版不透明度**：用于调整蒙版的不透明度。当值为100时，蒙版完全不透明并会遮挡图层中位于其下方的底层区域。不透明度越小，蒙版下方的底层区域就越清晰可见。
- **蒙版扩展**：用于扩展蒙版范围。正值将外移边界，负值将内移边界。也可以在"节目监视器"面板中通过控制框手柄设置，如图7-19所示。
- **已反转**：勾选该复选框将反转蒙版范围。

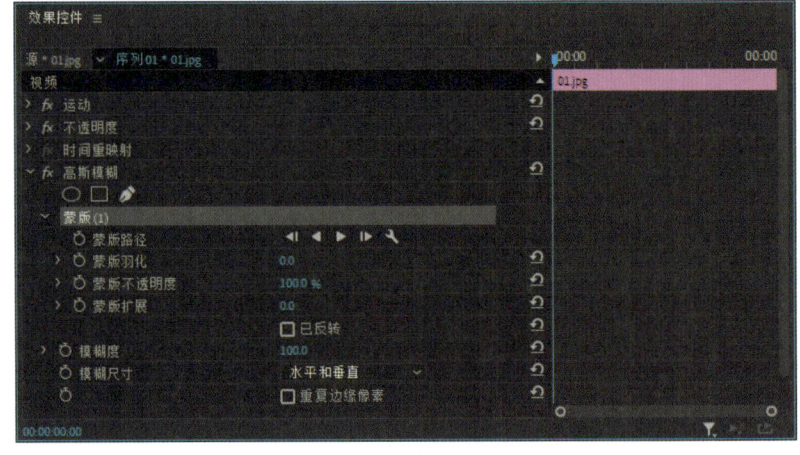

图7-17　蒙版选项

图7-18　调整蒙版羽化

图7-19　扩展蒙版范围

7.2.4　蒙版跟踪操作

蒙版跟踪是一项非常实用的技术，可以使蒙版自动跟随运动的对象，从而减轻用户的操作负担。蒙版跟踪功能主要是通过"蒙版路径"选项来实现的。"蒙版路径"选项中包含几个按钮，如图7-20所示。

图7-20　"蒙版路径"选项

各按钮功能说明如下：

- ◀按钮：向后跟踪所选蒙版1个帧，单击该按钮将向当前播放指示器所在处的左侧跟踪1帧。
- ◀按钮：向后跟踪所选蒙版，单击该按钮将向当前播放指示器所在处的左侧跟踪直至素材入点处。

- ▶按钮：向前跟踪所选蒙版，单击该按钮将向当前播放指示器所在处的右侧跟踪直至素材出点处。
- ▶按钮：向前跟踪所选蒙版1个帧，单击该按钮将向当前播放指示器所在处的右侧跟踪1帧。
- 🔧按钮：跟踪方法，用于设置跟踪蒙版的方式。选择"位置"将只跟踪从帧到帧的蒙版位置；选择"位置和旋转"将在跟踪蒙版位置的同时，根据各帧的需要更改旋转情况；选择"位置、缩放和旋转"将在跟踪蒙版位置的同时，随着帧的移动而自动缩放和旋转。设置自动跟踪后，用户可以移动播放指示器位置，对不完善的地方进行处理。

■7.2.5 屏幕模糊效果

为模糊特效添加蒙版，可以使模糊作用于画面中的部分区域，实现精准的模糊效果。下面介绍制作屏幕模糊的效果，具体操作步骤如下：

步骤 01 基于本模块的视频素材新建项目和序列，如图7-21所示。

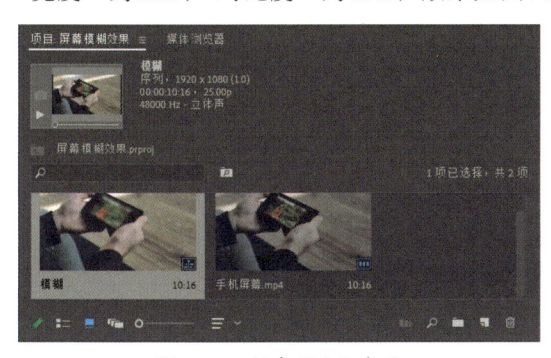

步骤 02 将素材文件拖至"时间轴"面板中的V1轨道中，在"效果"面板中搜索"亮度与对比度（Brightness & Contrast）"视频效果，将其拖至V1轨道素材上，在"效果控件"面板中设置"亮度"为20.0，"对比度"为15.0，效果如图7-22所示。

图 7-21 新建项目和序列　　　　　图 7-22 调整素材亮度和对比度

步骤 03 在"效果"面板中搜索"颜色平衡（HLS）"视频效果，将其拖至V1轨道素材上，在"效果控件"面板中设置"饱和度"为5.0，效果如图7-23所示。

步骤 04 在"效果"面板中搜索"高斯模糊"视频效果，将其拖至V1轨道素材上，在"效果控件"面板中设置"模糊度"为50.0，勾选"重复边缘像素"复选框，效果如图7-24所示。

图 7-23 调整素材饱和度　　　　　图 7-24 模糊素材

步骤05 单击"高斯模糊"效果中的"自由绘制贝塞尔曲线"按钮，在"节目监视器"面板中沿屏幕绘制蒙版，如图7-25所示。

步骤06 移动播放指示器至00:00:00:00处，单击"蒙版路径"参数左侧的"切换动画"按钮添加关键帧，单击"蒙版路径"参数右侧的"向前跟踪所选蒙版"按钮跟踪蒙版，软件将自动根据"节目监视器"面板中的内容调整蒙版并添加关键帧，如图7-26所示。

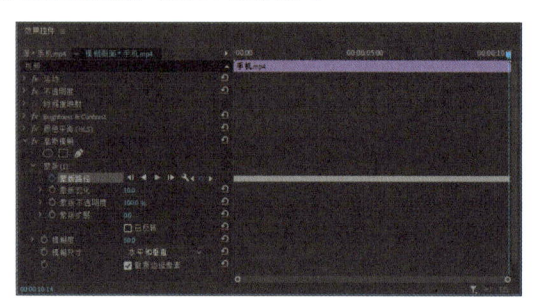

图 7-25　绘制蒙版　　　　　　　　图 7-26　设置蒙版跟踪

至此，完成屏幕模糊效果的制作。

7.3　抠像

抠像是视频编辑中的一种常用技术，它能够将不同画面中的对象与背景结合，实现丰富多样的视频合成效果。这项技术被广泛应用于影视制作、广告和社交媒体内容创作中，为视频创作者提供了更多的创意空间。

■7.3.1　什么是抠像

抠像即指从图像或视频帧中精确地分离出某个对象，使其背景透明化或者替换为其他背景的过程。在实际应用中，抠像技术通常利用颜色信息，如绿幕或蓝幕来实现前景对象与背景的有效分离。图7-27所示为抠像前后的对比效果。

图 7-27　抠像前后的对比效果

■7.3.2　抠像的作用

抠像是影视制作和图像处理中一项重要的技术。影视作品中常见的许多夸张的、虚拟的镜头画面，基本都可以通过抠像技术实现，尤其是许多现实中无法搭建的科幻场景。在影视制作领域，抠像技术可以轻松地将绿幕或蓝幕拍摄的对象放置在虚拟场景中，实现复杂场景的切换。同时该技术可以使创作者脱离现实场景和资金压力的桎梏，实现更加自由的创作。图7-28所示为使用抠像技术替换背景前后的对比效果。

图 7-28　使用抠像替换背景前后的对比效果

> 提示：绿幕和蓝幕广泛应用于抠像技术，这是因为绿色和蓝色通常在人类皮肤的颜色谱中出现得较少，且现代数字摄像机对绿色光的感光度更高，便于后期制作中进行抠像。

7.3.3　常用抠像效果

在Premiere中，抠像技术通常被称为键控，常用的抠像效果有Alpha调整、亮度键、超级键、轨道遮罩键、颜色键等，如图7-29所示。通过使用这些效果，可以轻松分离前景对象与背景，实现各种视觉效果。

1. Alpha调整

"Alpha调整"效果可以选择一个参考画面，按照它的灰度等级决定该画面的叠加效果，并可通过调整不透明度制作不同的显示效果。"Ahpha调整"效果的属性参数如图7-30所示。

图 7-29　键控效果组　　　　图 7-30　"Alpha调整"效果的属性参数

各选项的功能说明如下：

- **不透明度**：可以设置素材的不透明度，数值越小，Alpha通道中的图像越透明。图7-31所示为不透明度为100.0%时的效果。
- **忽略Alpha**：选择该选项时会忽略Alpha通道，使素材透明部分变为不透明。
- **反转Alpha**：选择该选项时将反转透明和不透明区域。
- **仅蒙版**：选择该选项时将仅显示Alpha通道的蒙版，不显示其中的图像，如图7-32所示。

图 7-31　不透明度为 100.0% 时的效果　　　　　图 7-32　设置仅蒙版的效果

2. 亮度键

"亮度键"效果可用于抠取图层中具有指定亮度的区域，图 7-33 所示为该效果的属性参数。

图 7-33　"亮度键"效果的属性参数

各选项功能说明如下。

- **阈值**：用于调整透明程度。
- **屏蔽度**：用来调整阈值以上或以下的像素变得透明的速度或程度。

图 7-34 所示为应用该效果调整前后的对比效果。

图 7-34　应用"亮度键"效果调整前后对比效果

3. 超级键

"超级键"效果非常实用，它可以指定图像中的颜色范围生成遮罩，图 7-35 所示为该效果的属性参数。各选项功能说明如下：

- **输出**：设置素材输出类型，包括合成、Alpha 通道和颜色通道三种类型。
- **设置**：设置抠像类型，包括默认、弱效、强效和自定义 4 种类型。
- **主要颜色**：设置要透明的颜色，可通过吸管直接吸取画面中的颜色。
- **遮罩生成**：设置遮罩产生的方式。"透明度"选项可以在背景上抠出源区域后控制源区域的透明度；"高光"选项可以增加源图像中亮区的不透明度；"阴影"选项可以增加源图像中暗区的不透明度；"容差"选项可以从背景中滤出前景图像中的颜色；"基值"选项可以从Alpha通道中滤出通常由粒状或低光素材所造成的杂色。

- **遮罩清除**：设置遮罩的属性类型。
- **溢出抑制**：调整对溢出色彩的抑制。
- **颜色校正**：校正素材颜色。"饱和度"选项可以控制前景源的饱和度；"色相"选项可以控制色相；"明亮度"选项可以控制前景源的明亮度。

图7-36所示为应用超级键效果调整前后的对比效果。

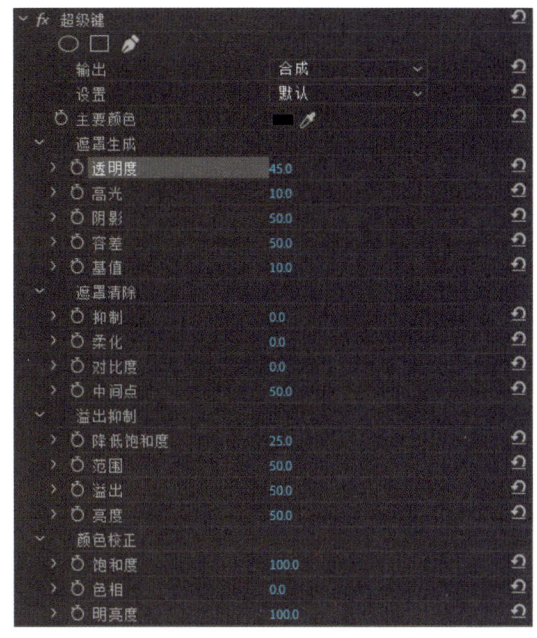

图 7-35 "超级键"效果的属性参数

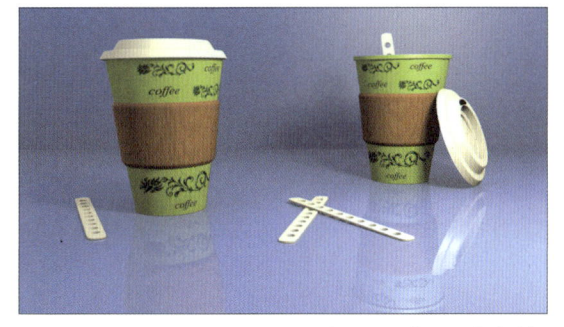

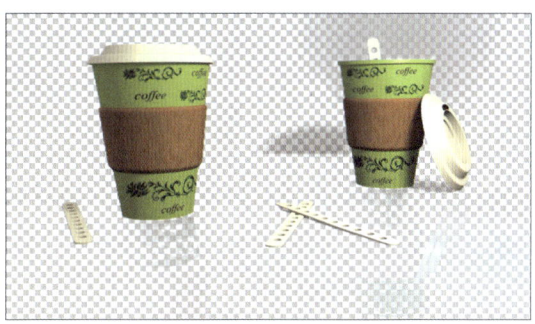

图 7-36 应用"超级键"效果调整前后的对比效果

4. 轨道遮罩键

"轨道遮罩键"效果可以使用上层轨道中的图像遮罩当前轨道中的素材，图7-37所示为该效果的属性参数。

图 7-37 "轨道遮罩键"效果的属性参数

各选项功能说明如下：

- **遮罩**：用于选择跟踪抠像的视频轨道，图7-38所示为选择"视频2"前后的对比效果。
- **合成方式**：用于选择合成的选项类型，包括Alpha遮罩和亮度遮罩两种。

- 反向：选择该选项将反向选择。

图 7-38　应用轨道遮罩键效果并调整前后对比效果

5. 颜色键

"颜色键"效果可以去除图像中指定的颜色，图7-39所示为该效果的属性参数。需要注意的是，此效果仅修改剪辑的Alpha通道。

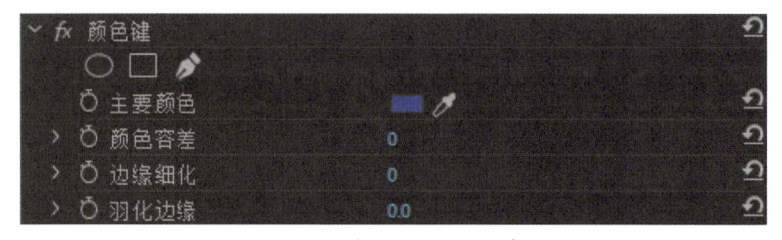

图 7-39　颜色键效果的属性参数

各选项功能说明如下：

- 主要颜色：用于设置抠像的主要颜色。图7-40所示为设置主要颜色后前后的对比效果。

图 7-40　应用"颜色键"效果调整前后的对比效果

- 颜色容差：用于设置主要颜色的范围，容差越大，范围越大。
- 边缘细化：用于设置抠像边缘的平滑程度。
- 羽化边缘：用于柔化抠像边缘。

7.3.4 使用抠像替换画面

抠像是制作合成视频的关键技术，可以快速抠除画面中的蓝幕、绿幕等内容，实现画面内容的替换。下面通过一个具体实例讲解抠像替换画面的操作，具体操作步骤如下：

步骤01 根据"海上.mp4"视频素材新建项目和序列，并导入其他素材文件，如图7-41所示。

步骤02 将"帷幕.avi"视频素材拖至V2轨道中，如图7-42所示。

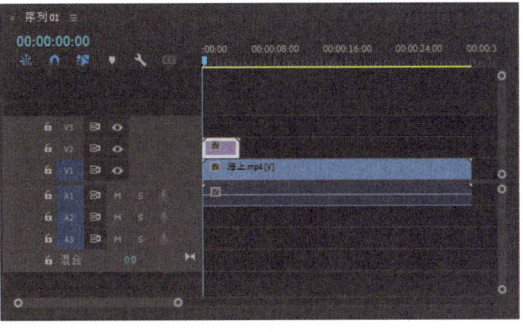

图 7-41 新建项目与序列，导入素材

图 7-42 拖动素材至时间轴

步骤03 在"效果"面板中搜索"超级键"视频效果，拖至V2轨道素材上。调整播放指示器至00:00:02:20处，单击"效果控件"面板中的吸管工具，在"节目监视器"面板中选择吸管工具，吸取"节目监视器"面板中的绿色，设置为主要颜色，并将"设置"设为"强效"，如图7-43所示。

步骤04 此时"节目监视器"面板中的预览效果如图7-44所示。

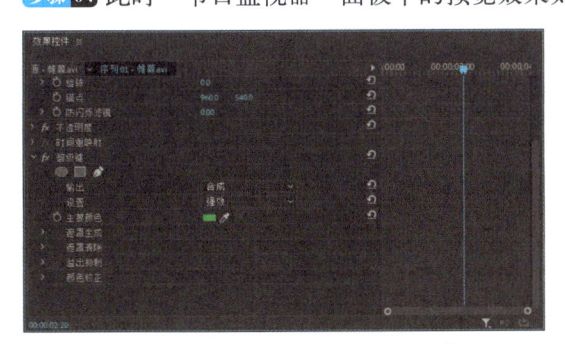

图 7-43 添加"超级键"效果并调整参数

图 7-44 预览效果

步骤05 按Enter键渲染预览，如图7-45所示。

图 7-45 渲染预览效果

至此，完成绿幕画面的替换。

课堂演练：展开的画卷视频

本模块主要对关键帧、蒙版、抠像等知识进行了详细的介绍，下面将综合应用这些知识，制作展开的画卷视频。具体操作步骤如下：

步骤01 根据视频素材新建项目和序列，并导入本模块中的素材文件，如图7-46所示。

步骤02 将V1轨道中的素材移至V2轨道中，将背景拖至V1轨道，山水画素材拖至V3轨道，并调整持续时间与V2轨道素材一致，如图7-47所示。

图 7-46 新建项目与序列，导入素材

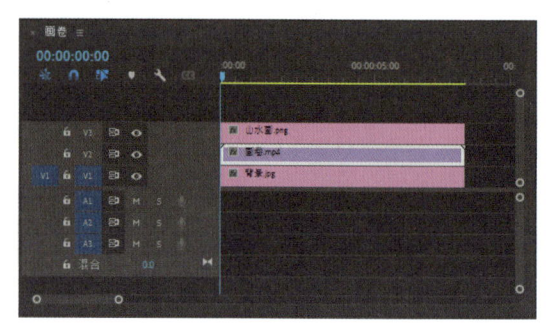

图 7-47 添加素材并调整持续时间

步骤03 隐藏V3轨道素材。在"效果"面板中搜索"超级键"视频效果，拖动至V2轨道素材上，在"效果控件"面板中选择吸管工具，吸取"节目监视器"面板中的绿色，并将"设置"项设为"强效"，如图7-48所示。

步骤04 预览效果如图7-49所示。

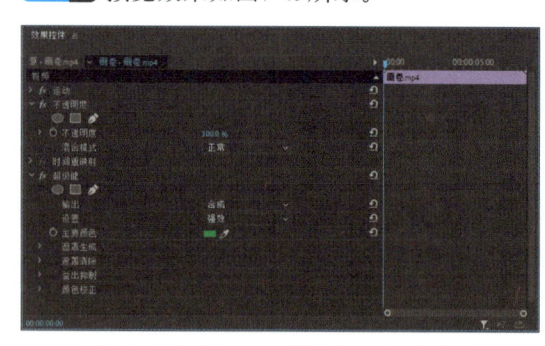

图 7-48 添加"超级键"效果并调整参数

图 7-49 预览效果

步骤05 在"效果"面板中搜索"投影"效果，拖动至V2轨道素材上，在"效果控件"面板中设置参数，如图7-50所示。

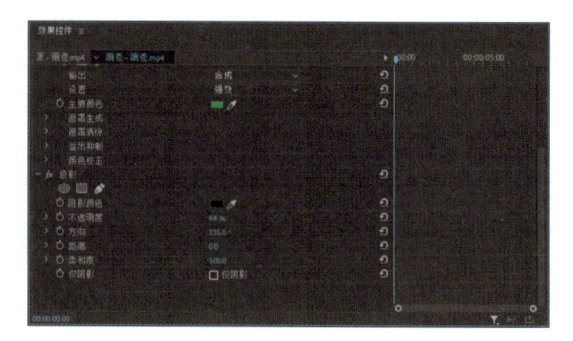

图 7-50 添加"投影"效果并调整参数

步骤06 预览效果如图7-51所示。

步骤07 显示V3轨道素材,移动播放指示器至00:00:04:10处,使用选择工具双击"节目监视器"面板中的山水画素材,使其跟随画卷旋转,并调整至合适大小与合适位置,如图7-52所示。

图 7-51 预览效果

图 7-52 显示轨道,调整其中的图像

步骤08 在"效果控件"面板中设置混合模式和不透明度属性,效果如图7-53所示。

步骤09 移动播放指示器至00:00:04:00处,选中V3轨道中的山水画素材,单击"效果控件"面板中"不透明度"参数中的"创建4点多边形蒙版"按钮■,创建蒙版,并在"节目监视器"面板中调整锚点,如图7-54所示。

图 7-53 设置混合模式和不透明度属性后的效果

图 7-54 创建蒙版

步骤10 单击"效果控件"面板中"蒙版路径"参数左侧的"切换动画"按钮■添加关键帧,如图7-55所示。

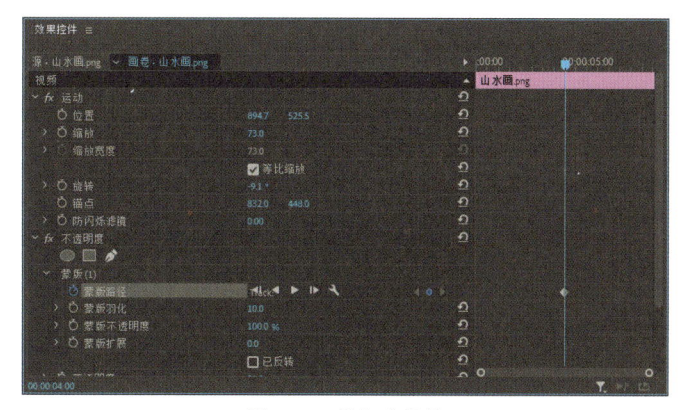

图 7-55 添加关键帧

步骤 11 移动播放指示器至00:00:03:04处,在"节目监视器"面板调整路径,如图7-56所示。

步骤 12 软件将自动添加关键帧,如图7-57所示。

图 7-56　调整蒙版路径　　　　　　　　　　图 7-57　添加关键帧

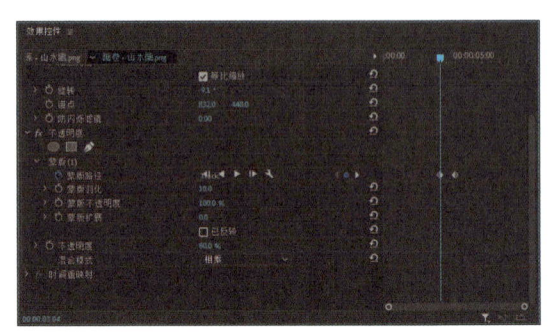

步骤 13 重复步骤11、步骤12的操作,直至画卷闭合,如图7-58和图7-59所示。

图 7-58　调整蒙版路径　　　　　　　　　　图 7-59　添加关键帧

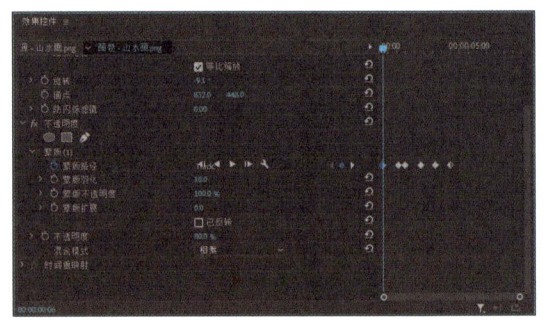

步骤 14 按Enter键渲染,预览效果如图7-60所示。

图 7-60　渲染预览效果

至此,完成展开画卷效果的制作。

光影加油站

光影铸魂

中国著名画家徐悲鸿一生致力于艺术创作和美术教育事业,他提出"艺术救国"的理念,将画笔作为武器,创作了大量反映时代精神的画作。例如,《奔马图》以奔腾的骏马象征中华民族的奋发图强，而《愚公移山》则以寓言故事展现了中国人民不畏艰难、坚韧不拔的精神。这些作品不仅具有极高的艺术价值，更成为激励民众的重要精神力量。

抗日战争时期，徐悲鸿积极投身于救亡图存的运动中。他通过举办画展筹集资金，将所得款项全部用于支持抗战事业。同时，他还以艺术为媒介，鼓励广大民众投身抗日救亡运动。他的画作和行动深深感染了无数人，成为那个时代的精神旗帜。徐悲鸿不仅是一位杰出的艺术家，更是一位以实际行动践行爱国情怀的社会活动家。

剪辑实战

作业名称：艺术与爱国

作业要求：

（1）主题说明。围绕"艺术与爱国"这一核心主题，通过展示徐悲鸿或其他著名艺术家的生平事迹、代表作品以及艺术理念，体现艺术在激发民族自豪感、弘扬爱国主义精神方面所做出的不可磨灭的贡献，彰显艺术对于国家文化繁荣与社会进步所起到的积极推动作用。

（2）素材整理。收集艺术家（如饺子、张艺谋、鲁迅等）的成长背景资料、关键人生经历、社会贡献事迹、经典代表作品以及相关视频等素材，并根据短视频创作规划的需求，对素材进行分类与整理。

（3）技术要求。在视频制作过程中，需运用关键帧技术对视频或音频进行精细处理，以达到预期效果。采用多样化的抠像技术，确保各类素材能够自然融入，在视频中制作"画中画"效果。同时，视频中需含有蒙版跟踪技术，实现自动跟随运动效果。

（4）作品输出。完成剪辑后，将作品进行渲染输出。要求格式为".mp4"，时长为3～5分钟，并确保视频整体符合短视频的创作要求，易于网络传播。

模块 8 短视频调色

内容概要

调色是短视频后期制作中的关键步骤,可以均衡不同素材的画面,使其呈现出统一的色调。这一过程不仅保证了视觉一致性,还能够有效传达短视频的情感氛围和主题,增强观众对视频的印象和理解。

学习目标

【知识目标】
- 掌握视频调色基础,理解色彩在视频中的表现和作用。
- 掌握视频调色工具中各调色参数的作用。

【能力目标】
- 能准确识别画面的白平衡、曝光和对比度,并具有基本的颜色校正能力。
- 能利用调色工具为视频添加特定的风格或氛围。

【素质目标】
- 培养色彩感知能力和审美素养,能够准确判断调色后的画面效果是否符合预期。
- 通过不断尝试和调整,提升创作和创新能力。

8.1 图像控制类视频调色效果

"图像控制"效果组中包括"颜色过滤（Color Pass）""颜色替换（Color Replace）""灰度系数校正（Gamma Correction）"和"黑白"四种效果，这些效果可以处理素材中的特定颜色。

8.1.1 颜色过滤

"颜色过滤"效果可以仅保留指定的颜色而使其他颜色呈灰色显示，或者仅使指定的颜色呈灰色显示而保留其他颜色。图8-1所示为该效果的属性参数，其中各选项功能说明如下：

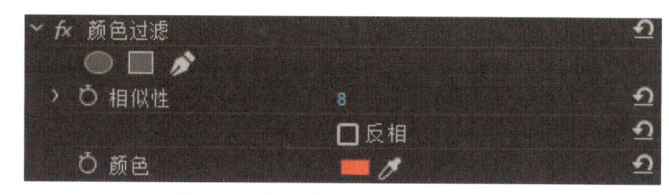

图 8-1 "颜色过滤"效果的属性参数

- **相似性**：用于设置颜色的选取范围。数值越大，选取的范围越大。
- **反相**：用于反转保留和呈灰度显示的颜色。
- **颜色**：用于选择要保留的颜色。

图8-2所示为应用"颜色过滤"效果并调整参数的前后对比效果。

图 8-2 应用"颜色过滤"效果的前后对比效果

8.1.2 颜色替换

"颜色替换"效果可以替换素材中指定的颜色，且保持其他颜色不变。图8-3所示为该效果的属性参数，部分选项功能说明如下：

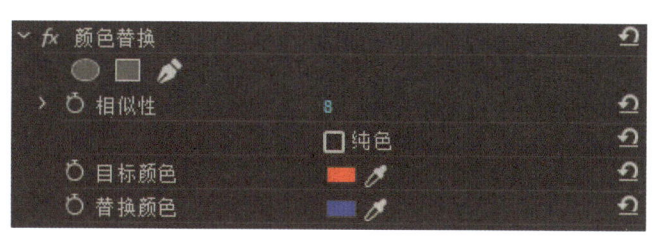

图 8-3 "颜色替换"效果的属性参数

- **纯色**：选择该选项将替换为纯色。
- **目标颜色**：画面中的取样颜色。
- **替换颜色**："目标颜色"被替换后的颜色。

将"颜色替换"效果拖至素材上,在"效果控件"面板中设置要替换的颜色和替换后的颜色即可。图8-4所示为替换后的效果。

图 8-4 颜色替换后的效果

8.1.3 灰度系数校正

"灰度系数校正"效果可以在不改变图像亮部的情况下使图像变暗或变亮。图8-5所示为该效果的属性参数。其中"灰度系数"参数可以设置素材的灰度效果,数值越大,图像越暗;数值越小,图像越亮。添加"灰度系数校正"效果后的效果如图8-6所示。

图 8-5 "灰度系数校正"效果的属性参数

图 8-6 应用"灰度系数校正"效果后的效果

8.1.4 黑白

"黑白"效果可以去除素材的颜色信息,使其显示为黑白图像,如图8-7所示。通过蒙版,用户可以设置部分区域为黑白,如图8-8所示。

图 8-7 黑白效果

图 8-8 部分区域黑白效果

利用上述效果,制作出将画面从黑白逐渐变为彩色的效果。具体操作步骤如下:

步骤01 新建项目,按【Ctrl+I】组合键导入本模块的素材文件,并将其拖至"时间轴"面板中创建序列，如图8-9所示。

步骤02 在"效果"面板中搜索"灰度系数校正"效果，将其拖至V1轨道素材上，然后在"效果控件"面板中设置"灰度系数"参数为8，如图8-10所示。

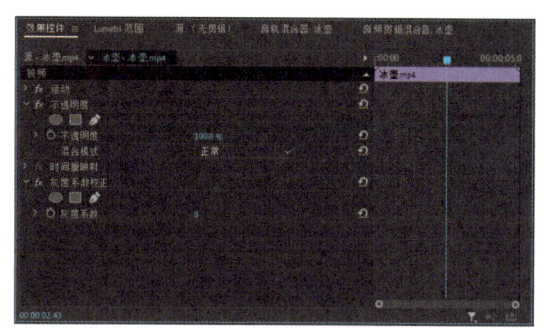

图 8-9 导入素材并创建序列　　　　　　图 8-10 添加并调整"灰度系数校正"效果

步骤03 搜索"颜色过滤"效果并拖至V1轨道素材上，在"效果控件"面板中设置"相似性"参数为0，使用"颜色"参数右侧的吸管工具吸取画面中的颜色，本例中吸取的颜色值为#F0AE93，如图8-11所示。

步骤04 移动播放指示器至00:00:02:01处，单击"相似性"参数左侧的"切换动画"按钮 添加关键帧，如图8-12所示。

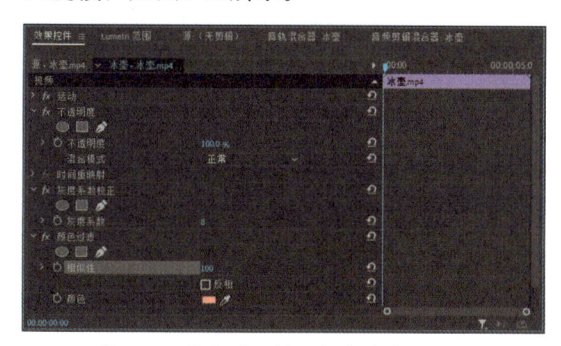

图 8-11 添加并调整"颜色过滤"效果　　　　　　图 8-12 添加关键帧

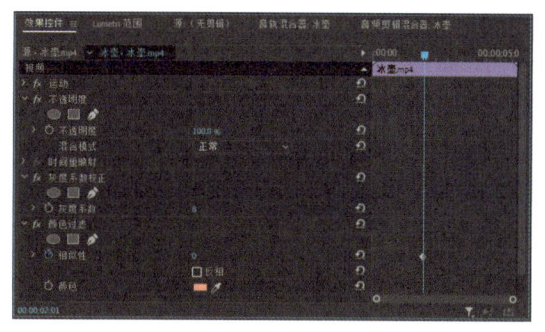

步骤05 移动播放指示器至00:00:02:43处，更改"相似性"参数为100，软件将自动创建关键帧，如图8-13所示。

步骤06 此时"节目监视器"面板中的显示效果如图8-14所示。

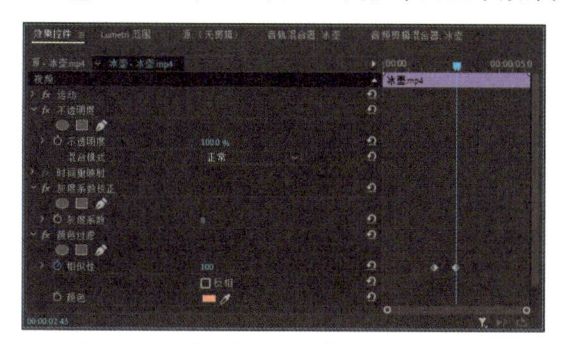

图 8-13 调整"相似性"参数，添加关键帧　　　　　　图 8-14 调整后效果

步骤 07 按Enter键渲染，预览效果如图8-15所示。

图 8-15 渲染预览效果

8.2 过时类调色效果

"过时"效果组中的效果是旧版本软件中被保留下来的、效果较好的部分。下面介绍其中一些常用的调色效果。

■ 8.2.1 RGB曲线

"RGB曲线"效果类似于Photoshop软件中的"曲线"命令，可以通过设置不同颜色通道的曲线调整画面显示效果，图8-16所示为该效果的属性参数，其中部分选项功能说明如下：

- 输出：用于设置输出内容是"合成"还是"亮度"。
- 布局：用于设置拆分视图是水平布局还是垂直布局。选择"显示拆分视图"复选框并调整曲线后，水平布局和垂直布局效果如图8-17和图8-18所示。

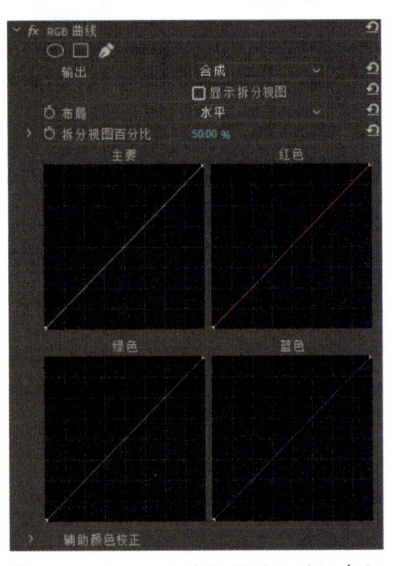

图 8-16 "RGB 曲线"效果的属性参数

图 8-17 水平布局效果　　图 8-18 垂直布局效果

- 拆分视图百分比：用于设置拆分视图所占百分比。
- 辅助颜色校正：通过色相、饱和度、明亮度等参数定义颜色并进行校正。

■ 8.2.2 通道混合器

"通道混合器"效果是通过使用当前颜色通道的混合组合来修改颜色通道。图8-19所示为该效果的属性参数，其中部分选项功能说明如下：

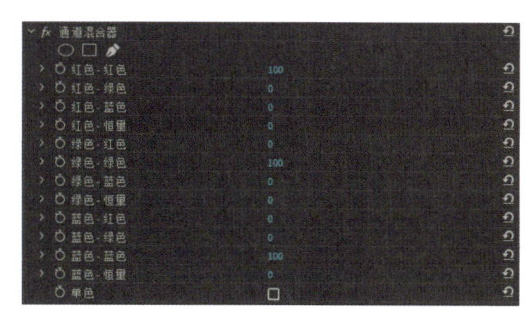

图 8-19 "通道混合器"效果的属性参数

- **红色-红色、红色-绿色、红色-蓝色**：要增加到红色通道值的红色、绿色、蓝色通道值的百分比。如红色-绿色设置为20表示在每个像素的红色通道的值上增加该像素绿色通道值的20%。
- **红色-恒量**：要增加到红色通道值的恒量值。如果此值设置为100，则表示通过增加100%红色为每个像素增加红色通道的饱和度。
- **绿色-红色、绿色-绿色、绿色-蓝色**：要增加到绿色通道值的红色、绿色、蓝色通道值的百分比。
- **绿色-恒量**：要增加到绿色通道值的恒量值。
- **蓝色-红色、蓝色-绿色、蓝色-蓝色**：要增加到蓝色通道值的红色、绿色、蓝色通道值的百分比。
- **蓝色-恒量**：要增加到蓝色通道值的恒量值。
- **单色**：选择该选项将创建灰度图像效果。

图8-20所示为添加"通道混合器"效果并调整相应参数的前后对比效果。

图 8-20 应用"通道混合器"效果的前后对比效果

8.2.3 颜色平衡（HLS）

"颜色平衡（HLS）"效果是通过设置色相、亮度及饱和度调整画面的显示。图8-21所示为该效果的属性参数，其中各选项功能说明如下：

- **色相**：指定图像的配色方案。
- **亮度**：指定图像的亮度。
- **饱和度**：调整图像的颜色饱和度。负值表示降低饱和度，正值表示提高饱和度。

图8-22所示为添加"颜色平衡（HLS）"效果并调整相关参数后的效果。

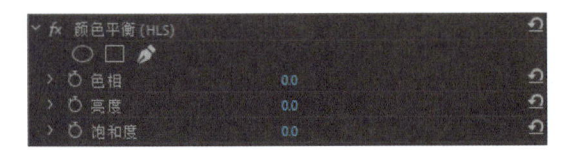

图8-21 "颜色平衡（HLS）"效果的属性参数

图8-22 添加"颜色平衡（HLS）"效果后的效果

Premiere中丰富的调色效果在视频中各有不同的作用，可以实现不同色彩变换的效果。下面介绍制作视频色调变换的效果，具体操作步骤如下：

步骤01 根据素材新建项目和序列，如图8-23所示。

步骤02 此时"节目监视器"面板中的显示效果如图8-24所示。

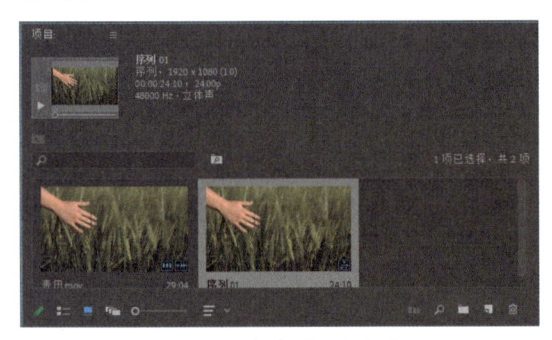

图8-23 新建项目和序列

图8-24 显示效果

步骤03 新建调整图层，拖动至V2轨道素材上，调整其持续时间，与V1轨道素材的时长一致。在"效果"面板中搜索"RGB曲线"效果，将其拖至V2轨道素材上，然后在"效果控件"面板中调整曲线，如图8-25所示。

步骤04 设置完成后的效果如图8-26所示。

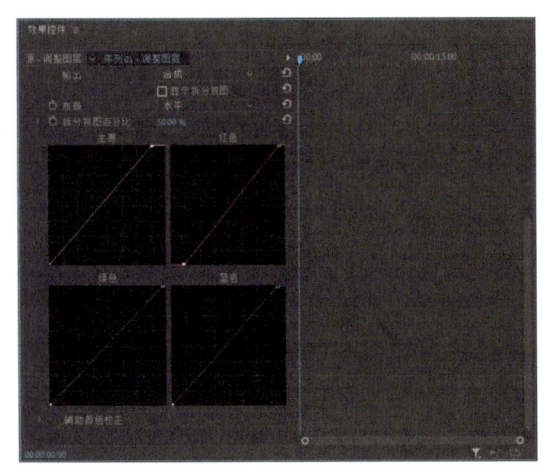

图8-25 应用"RGB曲线"效果并调整参数

图8-26 调整后的效果

步骤 05 在"效果"面板中搜索"颜色平衡（HLS）"效果，将其拖至V2轨道素材上，然后在"效果控件"面板中设置参数，如图8-27所示。

步骤 06 设置完成后的效果如图8-28所示。

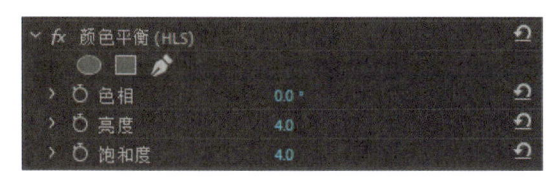

图 8-27 应用"颜色平衡（HLS）"效果并调整参数

图 8-28 调整后的效果

8.3 通道类调色效果

"通道"效果组中仅包括"反转"一种效果，该效果可以反转图像的通道。图8-29所示为该效果的属性参数，其中各选项功能说明如下：

- **声道**：设置反转的通道。
- **与原始图像混合**：设置反转后的画面与原图像的混合程度。

图 8-29 "反转"效果的属性参数

图8-30所示为添加"反转"效果并调整参数的前后对比效果。

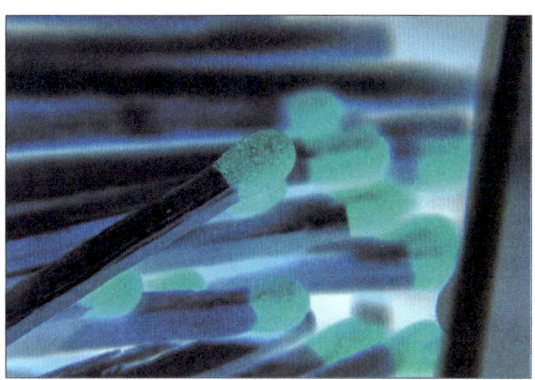

图 8-30 应用"反转"效果的前后对比效果

8.4 颜色校正类调色效果

"颜色校正"效果组中包括"亮度与对比度""色彩"等七种效果，这些效果可以校正素材颜色，实现调色功能。

8.4.1 ASC CDL

"ASC CDL"效果可以通过调整素材图像的红、绿、蓝通道的参数及饱和度校正素材图像。图8-31所示为添加该效果并调整相关参数的前后对比效果。

图 8-31 应用"ASC CDL"效果并调整参数的前后对比效果

8.4.2 Brightness & Contrast

"Brightness & Contrast"即亮度与对比度，该效果通过调整亮度和对比度参数调整素材图像的显示效果。图8-32所示为该效果的属性参数，其中各选项功能说明如下：

- **亮度**：调整画面的明暗程度。
- **对比度**：调整画面的对比度。

图 8-32 "Brightness & Contrast"效果的属性参数

图8-33所示为添加该效果并调整参数的前后对比效果。

图 8-33 应用"Brightness & Contrast"效果的前后对比效果

8.4.3 Lumetri颜色

"Lumetri颜色"效果的功能较为强大，它提供了专业质量的颜色分级和颜色校正工具，是一个综合性的颜色校正效果。图8-34所示为该效果的属性参数，其中各选项功能说明如下：

- **基本校正**：用于修正过暗或过亮的视频。
- **创意**：提供预设以快速调整剪辑的颜色。
- **曲线**：提供RGB曲线、色相饱和度曲线等曲线快速精确地调整颜色，

图 8-34 "Lumetri 颜色"效果的属性参数

以获得自然的外观效果。
- **色轮和匹配**：提供色轮以单独调整图像的阴影、中间调和高光。
- **HSL辅助**：多用于在主颜色校正完成后，辅助调整素材文件中的颜色。
- **晕影**：制作类似于暗角的效果。

图8-35和图8-36所示为添加该效果并设置不同参数后的效果。

图 8-35　调整后效果1　　　　　图 8-36　调整后效果2

除了"Lumetri颜色"效果外，Premiere软件中还提供单独的"Lumetri颜色"面板进行调色。

> **提示**：在实际应用中，用户还可以切换至"颜色"工作区进行调色操作。

8.4.4　色彩

"色彩"效果可以将相等的图像灰度范围映射到指定的颜色，即在图像中将阴影映射到一个颜色，高光映射到另一个颜色，而中间调映射到两个颜色的中间值。图8-37所示为添加该效果并调整参数的前后对比效果。

图 8-37　应用"色彩"效果并调整参数的前后对比效果

8.4.5　视频限制器

"视频限制器"效果可以限制素材图像的RGB值以满足HDTV数字广播规范的要求。图8-38所示为该效果的属性参数，其中各选项功能说明如下：

- **剪辑层级**：指定输出范围。
- **剪切前压缩**：从剪辑层级下方 3%、5%、10% 或 20% 开始，在硬剪辑之前将颜色移入到规定范围内。
- **色域警告**：选择该复选框后，压缩后的颜色或超出颜色范围的颜色将分别以暗色或高亮方式显示。
- **色域警告颜色**：指定色域警告颜色。

图 8-38 "视频限制器"效果的属性参数

8.4.6 颜色平衡

"颜色平衡"效果是通过更改图像阴影、中间调和高光中的红色、绿色、蓝色所占的量来调整画面效果的。图8-39所示为该效果的属性参数，其中各选项功能说明如下：

- **阴影红色平衡、阴影绿色平衡、阴影蓝色平衡**：调整素材中阴影部分的红、绿、蓝颜色平衡情况。
- **中间调红色平衡、中间调绿色平衡、中间调蓝色平衡**：调整素材中中间调部分的红、绿、蓝颜色平衡情况。
- **高光红色平衡、高光绿色平衡、高光蓝色平衡**：调整素材中高光部分的红、绿、蓝颜色平衡情况。
- **保持发光度**：在更改颜色时保持图像的平均亮度，以保持图像中的色调平衡。

图 8-39 "颜色平衡"效果的属性参数

图8-40所示为添加该效果并调整参数的前后对比效果。

图 8-40 应用"颜色平衡"效果并调整参数的前后对比效果

学习了颜色校正类调色效果知识以后，应用这些知识来实现提亮画面效果，具体操作步骤如下：

步骤 01 根据素材新建项目和序列，新建调整图层，如图8-41所示。

步骤 02 在"节目监视器"面板中的显示效果如图8-42所示。

图 8-41 新建项目和序列，新建调整图层

图 8-42 显示效果

步骤 03 将调整图层拖至V2轨道，调整其持续时间，使其与V1轨道素材的时长一致。在"效果"面板中搜索"Brightness & Contrast"效果，将其拖至V2轨道素材上，然后在"效果控件"面板中设置参数，如图8-43所示。

步骤 04 调整后的效果如图8-44所示。

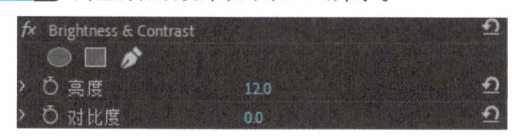

图 8-43 应用"Brightness & Contrast"效果并设置参数

图 8-44 调整后的效果

步骤 05 在"效果"面板中搜索"Lumetri颜色"效果，将其拖至V2轨道素材上，然后在"效果控件"面板中设置参数，如图8-45所示。

步骤 06 调整后的效果如图8-46所示。至此，完成短视频提亮并调色的操作。

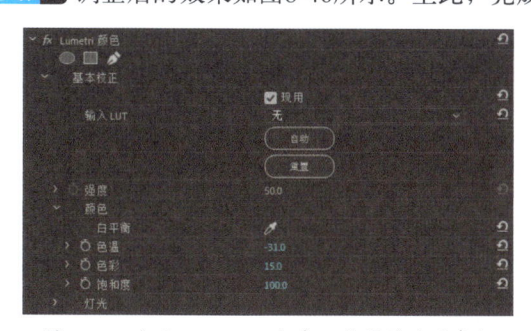

图 8-45 应用"Lumetri 颜色"效果并设置参数

图 8-46 调整后的效果

8.5 调整类视频效果

"调整"视频效果组中包括提取、色阶、ProcAmp和光照效果四种，这些效果可以修复原始素材在曝光、色彩等方面的不足，也可用于制作特殊的色彩效果。

■ 8.5.1 提取

"提取"效果可以从视频剪辑中移除颜色，从而创建灰度图像。添加该效果的前后对比效果如图8-47和图8-48所示。若对默认效果不满意，还可以在"效果控件"面板中进行调整。

图 8-47 原始图像　　　　　　　　　　图 8-48 应用"提取"效果后的效果

■8.5.2 色阶

"色阶"效果是通过调整RGB通道的色阶来调整图像效果的。用户可以在"效果控件"面板中设置输入黑色阶、输入白色阶、灰度系数等参数，如图8-49所示。单击"设置"按钮，将打开"色阶设置"对话框，如图8-50所示。在该对话框中设置参数后，单击"确定"按钮，"效果控件"面板中的参数及"节目监视器"面板中的效果也会随之变化。

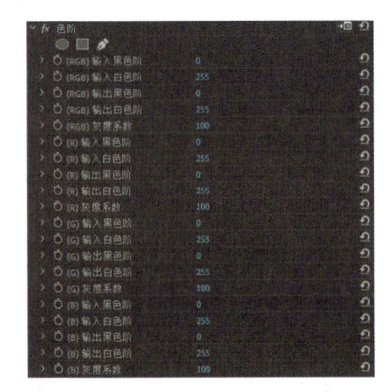

图 8-49 "色阶"效果的属性参数　　　　图 8-50 "色阶设置"对话框

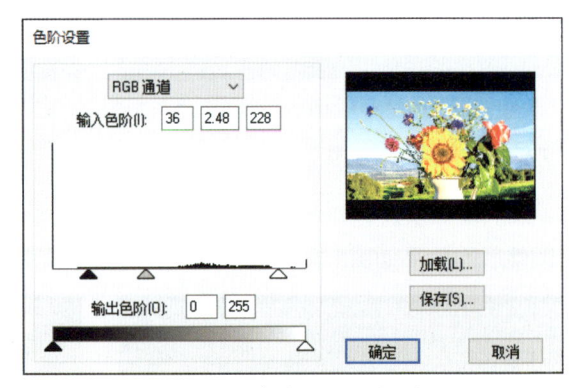

■8.5.3 ProcAmp

"ProcAmp"效果可以模拟标准电视设备上的处理放大器，调节素材图像整体的亮度、对比度、饱和度等参数。用户可以在"效果控件"面板中设置亮度、对比度、色相等参数，如图8-51所示。添加该效果并设置参数后的效果如图8-52所示。

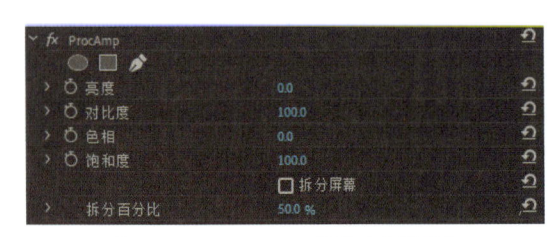

图 8-51 "ProcAmp"效果的属性参数　　　　图 8-52 调整后的效果

■8.5.4 光照效果

"光照效果"可以模拟灯光打在素材上的效果,最多可采用五种光照来产生有创意的照明氛围。添加该效果后即可在"节目监视器"面板中查看效果,如图8-53所示。用户也可以在"效果控件"面板中做进一步调整。图8-54所示为该效果的属性参数,其中"凹凸层"参数还可以使用其他素材中的纹理或图案产生特殊光照效果。

图 8-53 应用"光照效果"后的效果

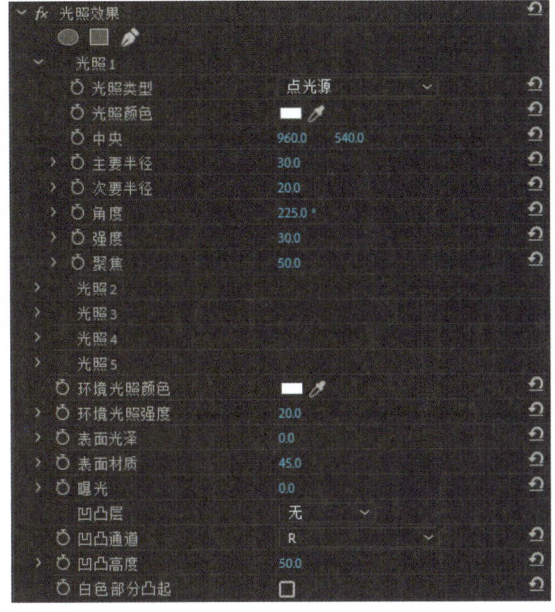

图 8-54 "光照效果"的属性参数

课堂演练:季节变换效果

本模块主要介绍了不同类型的调色效果,综合应用这些知识,制作一个季节变换的效果。具体操作步骤如下:

步骤 01 新建项目,按【Ctrl+I】组合键导入本模块的素材文件"骑车.mp4",并将其拖至"时间轴"面板中创建序列,如图8-55所示。

步骤 02 选中"时间轴"面板中的素材右击,在弹出的快捷菜单中执行"速度/持续时间"命令,打开"剪辑速度/持续时间"对话框,设置"持续时间"为00:00:20:00(20 s),如图8-56所示。完成后单击"确定"按钮。

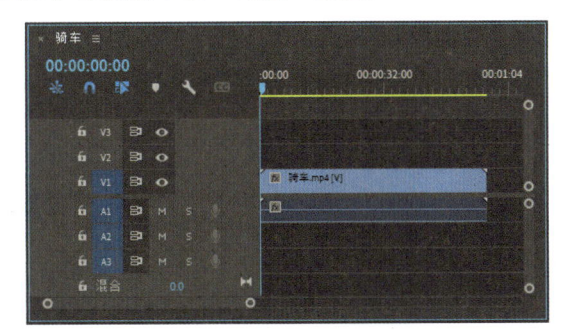

图 8-55 新建项目,导入素材

图 8-56 调整素材持续时间

步骤 03 使用剃刀工具将轨道中的素材均分为4段,如图8-57所示。

步骤 04 在"效果"[H2]面板中搜索"Lumetri 颜色"效果,将其拖至V1轨道第1段素材上,然后在"效果控件"面板中展开"曲线"选项组,调整"色相(与色相)选择器"中"色相与色相"曲线,如图8-58所示。

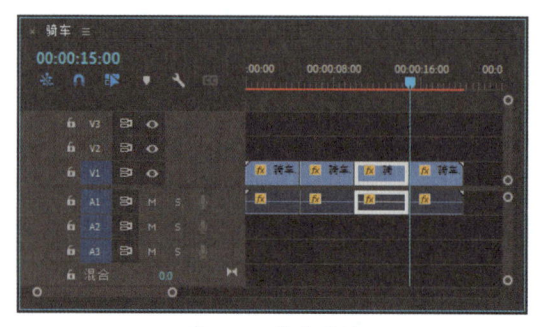

图 8-57 裁剪素材

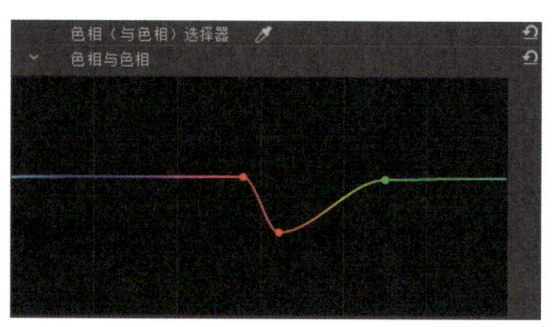

图 8-58 应用"Lumetri 颜色"效果并调整曲线

步骤 05 "节目监视器"面板中的显示效果如图8-59所示。

步骤 06 在"效果控件"面板中搜索"Lumetri 颜色"效果,将其拖至V1轨道第2段素材上,然后在"效果控件"面板中展开"曲线"选项组,调整"色相(与色相)选择器中"色相与色相"曲线,如图8-60所示。

图 8-59 显示效果

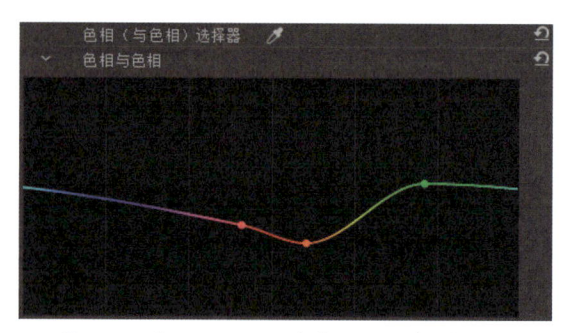

图 8-60 应用"Lumetri 颜色"效果并调整曲线

步骤 07 调整后的效果如图8-61所示。

步骤 08 在"效果控件"面板中搜索"Lumetri颜色"效果,将其拖至V1轨道第4段素材上,然后在"效果控件"面板中展开"基本校正"选项组,设置"色温"参数为-48.0,调整后的效果如图8-62所示。

图 8-61 第2段素材调整后的效果

图 8-62 调整色温后的效果

步骤09 展开"曲线"选项组，调整"RGB曲线"，如图8-63所示。
步骤10 调整后的效果如图8-64所示。

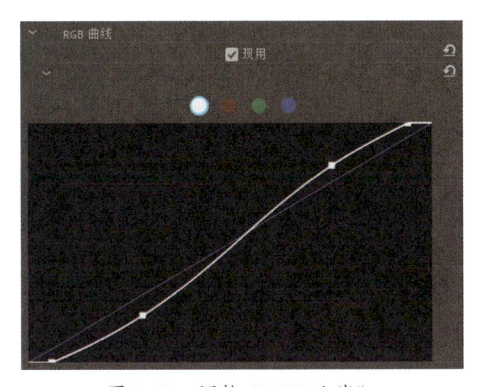

图 8-63 调整"RGB 曲线" 　　　　　　　图 8-64 调整"RGB 曲线"效果后的效果

步骤11 在"效果控件"面板中搜索"色彩"效果，将其拖至第4段素材上，然后设置"着色量"参数为80.0%，如图8-65所示。
步骤12 调整后的效果如图8-66所示。

图 8-65 添加"色彩"效果并调整参数 　　　图 8-66 第 4 段素材调整后的效果

步骤13 按【Ctrl+I】组合键导入本模块的素材文件"下雪.mov"，将其拖动至V2轨道，并调整其持续时间，使其结束时间与V1轨道第4段素材的结束时间一致，如图8-67所示。
步骤14 选中V2轨道素材，在"效果控件"面板中设置其"混合模式"为滤色，调整后的效果如图8-68所示。

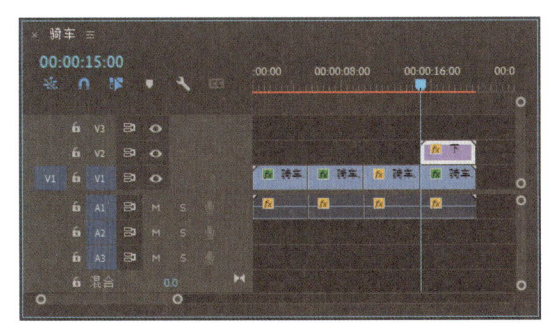

图 8-67 添加素材并调整持续时间 　　　　　图 8-68 调整后的效果

步骤 15 选中V1轨道中的第4段素材和V2轨道素材右击，在弹出的快捷菜单中执行"嵌套"命令，将其嵌套在一起，如图8-69所示。

步骤 16 在"效果"面板中搜索"交叉溶解"视频过渡效果，将其拖至V1轨道中第1段与第2段素材相接处，如图8-70所示。

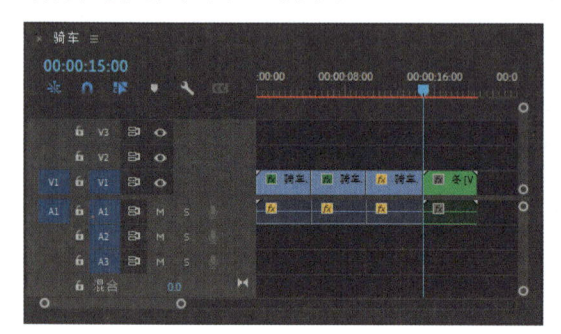

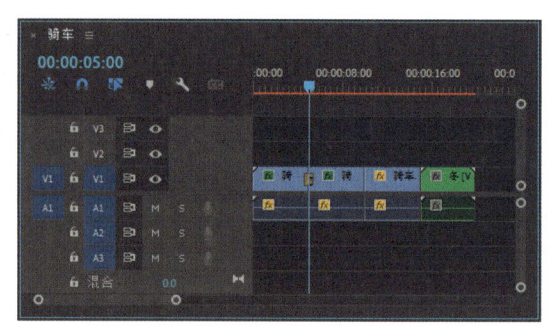

图 8-69 嵌套素材　　　　　　　　　图 8-70 添加视频过渡效果

步骤 17 在"效果控件"面板中调整素材过渡的"持续时间"为00:00:01:10（即1秒10帧），如图8-71所示。

步骤 18 选中调整后的视频过渡效果，按【Ctrl+C】组合键复制，按【Ctrl+V】组合键将其粘贴在其他素材相接处，如图8-72所示。

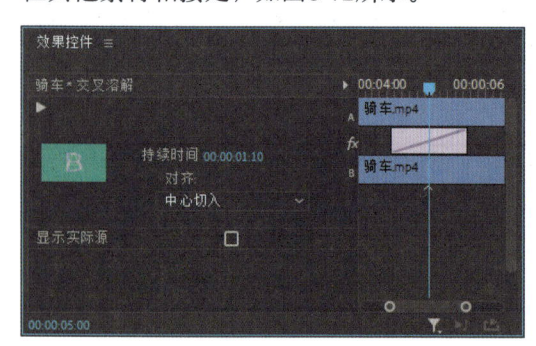

图 8-71 嵌套素材　　　　　　　　　图 8-72 添加视频过渡

步骤 19 按Enter键渲染，预览效果如图8-73所示。

图 8-73 渲染预览效果

至此，完成了四季轮转效果的制作。

光影加油站

光影铸魂

近年来，环境保护受到了前所未有的重视，各种口号多种多样，如"绿水青山就是金山银山""追求低碳生活，拥抱绿色时尚""节能减排，为家园添彩"等。这些口号简洁明了，富有感染力，而且为了激发公众对环境保护的热情和参与度，还拍摄了众多相应的视频广告。通过纪录片、微电影或短视频，以新颖的视角展示环境问题，引起观众的情感共鸣，激发观众的环保意识。中央与地方纷纷出台相应的政策，积极采取措施加强环境保护。媒体也加大了对环境保护的宣传力度，提高了公众的环保意识。越来越多的人开始意识到环境保护的重要性，积极参与各种环保活动。这体现了人民对美好生活的向往和追求，以及对环境保护的坚定决心和行动。未来，我们需要继续加强环境保护工作，推动绿色发展理念深入人心，为建设美丽中国贡献自己的力量。

剪辑实战

作业名称：美丽中国

作业要求：

（1）查找素材。查找关于环境保护的素材，包括图片、视频和音乐等。

（2）视频美化编辑。使用Premiere对素材进行整理和剪辑，并利用RGB曲线、颜色平衡等对素材进行调色美化。最后再添加相应的配音、字幕和过渡效果等，以提升视频的观赏性和感染力。要求视频时长控制在1~2分钟，主题突出，配色和谐，并确保视频画面细腻丰富，声音清澈。

（3）输出作品。设置输出参数，导出高品质视频文件（编码格式为H.264）。

模块 9　音频的处理

【内容概要】

音频是短视频不可或缺的关键组成部分，不仅服务于视频内容，在叙事引导、环境烘托、氛围营造、信息传递、节奏控制等方面也起着至关重要的作用。本模块将介绍短视频创作中音频的处理与应用。

【学习目标】

【知识目标】
- 掌握音频处理基础，了解音频的基本属性以及音频在视频制作中的作用和重要性。
- 掌握音频特效和音频过渡的应用方法。

【能力目标】
- 能准确对音频进行剪辑，确保音频流畅且与视频的画面同步。
- 能灵活运用各种音频效果。

【素质目标】
- 能够准确判断音频的质量、音量、音调等细节，提高听觉感知能力。
- 通过音频效果的编辑应用，提升技术能力和音乐素养。

9.1 认识音频

音频是指通过声波传播的声音信号，涵盖了人类能够听到的所有声音类型，包括人声、乐器声、环境声和噪声等。音频能够以两种形式存在——模拟信号和数字信号。模拟信号是连续的声波形式，而数字信号则是将声音转换为数字格式，以便于存储和处理。

在短视频编辑中，音频的作用说明如下：

- **增强情感表达**：音频可以通过声音传递情感，帮助观众更好地理解视频的主题和情感基调。
- **提供信息**：旁白、对话等音频可以清晰准确地传达信息，帮助观众更好地理解故事情节和背景。
- **营造氛围**：环境声和背景音乐能够营造特定的氛围，提升观众的沉浸体验。
- **提高观看体验**：通过音频的剪辑、混合和效果处理，可以增强短视频的观看体验，提升内容的吸引力。

Premiere支持导入编辑多种音频格式，常用的音频格式有以下三种。

- **MP3格式**：MP3是一种使用非常广泛的音频编码方式，它可以在保持较好音质的情况下，显著减少音频数据的存储空间，适用于移动设备的存储和使用。
- **波形音频格式**：波形音频格式是最早的音频格式，保存文件扩展名为".wav"。该格式支持多种压缩算法，能够提供高质量的音频输出。由于其未压缩或低压缩的特性，WAV格式占用的存储空间相对较大，因此在交流和传播方面不够便捷。
- **AAC音频格式**：AAC音频格式的中文名称为"高级音频编码"，该格式采用了全新的算法进行编码，压缩效率较高，能够在保持相对较好的音质的同时减少文件大小。但由于这种格式采用的是有损压缩，其音质与其他无损格式相比可能略有不足。

9.2 音频的编辑

通过对原始音频的编辑调整，可以提升音频和视频内容的协调性，使音频与视频更加适配。

9.2.1 音频增益

音频增益指剪辑中的输入电平或音量，它直接影响音量的大小。若"时间轴"面板中有多条音频轨道且在多条轨道上都有音频素材文件，就需要平衡这几个音频轨道的增益。选中要调整音频增益的音频素材，执行"剪辑"→"音频选项"→"音频增益"命令，打开"音频增益"对话框，如图9-1所示。对话框中主要选项的说明如下：

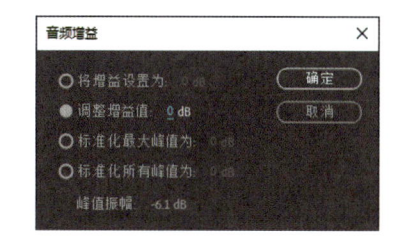

图 9-1 "音频增益"对话框

- **将增益设置为**：将增益设置为某一特定值，该值始终表示是当前增益值。
- **调整增益值**：用于调整具体的增益数值，在此字段中输入非零值，"将增益设置为"参数的值会自动更新，以反映应用于该剪辑的实际增益值。
- **标准化最大峰值为**：用于设置选定素材的最大峰值振幅。
- **标准化所有峰值为**：用于设置选定素材的峰值振幅。

■ 9.2.2 音频持续时间

在处理音频素材时，可以通过裁剪去除不必要的部分或调整音频的持续时间，使音频与视频的节奏和时长相匹配。调整音频持续时间的操作过程如下：

选中"时间轴"面板中的音频素材，右击鼠标，在弹出的快捷菜单中执行"速度/持续时间"命令，打开"剪辑速度/持续时间"对话框进行设置即可，如图9-2所示。需要注意的是，调整音频持续时间时，需要勾选"保持音频音调"复选框，以避免音频音调变化。

图 9-2 "剪辑速度/持续时间"对话框

■ 9.2.3 音频关键帧

通过设置音频关键帧，可以实现对音频的动态调整，从而增强音频的表现力和适应性。用户可以选择在"时间轴"面板或"效果控件"面板中添加音频关键帧。

1. 在"时间轴"面板中添加音频关键帧

若要在"时间轴"面板中添加音频关键帧，需先双击音频轨道前的空白处将其展开，如图9-3所示，再次双击此处可折叠音频轨道。

在展开的音频轨道中单击"添加-移除关键帧"按钮，可以添加或删除音频关键帧。添加音频关键帧后，可通过选择工具移动其位置，从而改变音频效果，如图9-4所示。

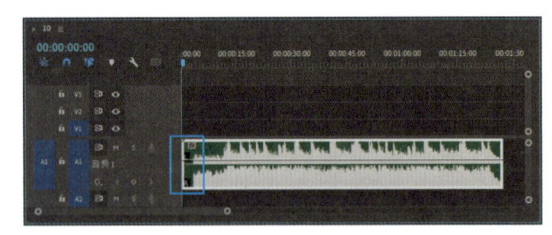

图 9-3 展开音频轨道

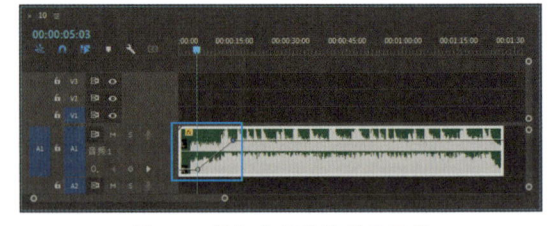

图 9-4 添加音频关键帧并调整

> **提示**：按住Ctrl键靠近已有的关键帧，待光标变为形状时按住鼠标拖动，可以创建更加平滑的变化效果。

2. 在"效果控件"面板中添加音频关键帧

在"效果控件"面板中添加音频关键帧的方式与创建视频关键帧的方式类似。选择"时间轴"面板中的音频素材后，在"效果控件"面板中，单击"级别"参数左侧的"切换动画"按

钮 ⊙，可以在播放指示器当前位置添加关键帧，移动播放指示器，调整参数或单击"添加/移除关键帧"按钮 ⊙，可继续添加关键帧，如图9-5所示。

分别设置"左侧"或"右侧"参数的关键帧，可以制作特殊的左右声道效果。

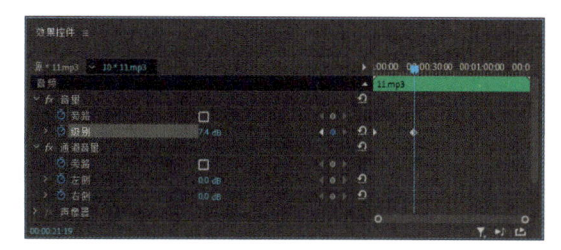

图 9-5 添加音频关键帧

■9.2.4 音频过渡效果

音频过渡效果可以平滑音频剪辑之间的连接点，避免突然的音量变化。Premiere中包括三种音频过渡效果："恒定功率""恒定增益"和"指数淡化"，这些音频效果均可制作音频交叉淡化的效果。

- **恒定功率**：该音频过渡效果可以创建类似于视频剪辑之间的溶解过渡效果的平滑渐变的过渡。应用该音频过渡效果，首先会缓慢降低第一个剪辑的音频，然后快速接近过渡的末端。对于第二个剪辑，此交叉淡化首先快速增加音频，然后再缓慢地接近过渡的末端。
- **恒定增益**：该音频过渡效果在剪辑之间过渡时将以恒定速率更改音频进出，但听起来会比较生硬。
- **指数淡化**：该音频过渡效果淡出位于平滑的对数曲线上方的第一个剪辑，同时自下而上淡入同样位于平滑对数曲线上方的第二个剪辑。通过从"对齐"控件菜单中选择一个选项，可以指定过渡的定位。

添加音频过渡效果后，选择"时间轴"面板中添加的过渡效果，在"效果控件"面板中可以设置持续时间、对齐等参数，如图9-6所示。

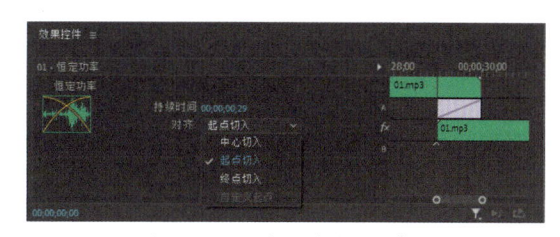

图 9-6 设置音频过渡效果参数

■9.2.5 "基本声音"面板

"基本声音"面板是一个集成化的多功能面板，提供了音频混合技术和修复选项的一整套工具集，如图9-7所示。用户可以在该面板中统一音量级别、修复声音或制作特殊效果的声音。

"基本声音"面板中将音频分为对话、音乐、SFX及环境四种类型，其中，对话指对话、旁白等人声，选择该类型，将提供一些对话相关的参数选项，包括去噪、清晰度调整等；音乐指伴奏；SFX指一些音效，可以为音频创建伪声效果；环境指一些表现氛围的环境音。为选中的音频素材标记类型，如音乐，将显示"音乐"的相关参数，如图9-8所示。用户可以通过其中的"回避"选项组，制作音乐回避的效果。

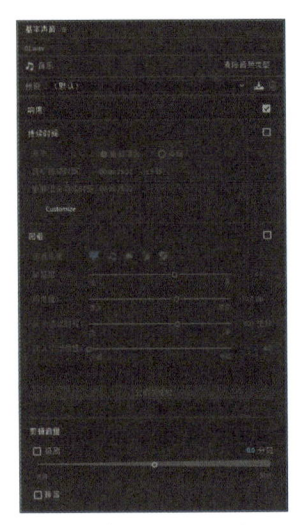

图 9-7 "基本声音"面板　　　图 9-8 "基本声音"面板"音乐"选项

每种类型音频的参数略有不同,用户根据需要进行编辑即可。通过"基本声音"面板,用户可以制作出音乐避让人声的效果。下面制作人声回避效果,具体操作步骤如下:

步骤 01 根据图像素材新建项目和序列,并导入音频,如图9-9所示。

步骤 02 将"故障.wav"素材拖至A2轨道中的合适位置,如图9-10所示。

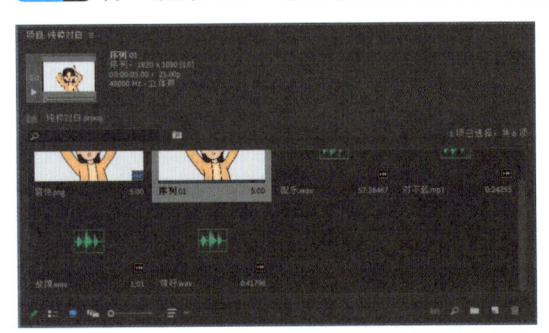

图 9-9　新建项目和序列,导入音频　　　图 9-10　添加音频 1

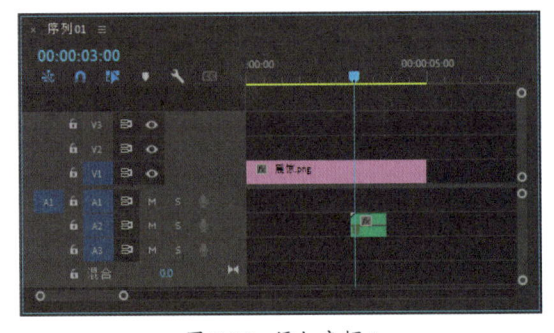

步骤 03 将"惊呼.wav"和"对不起.mp3"素材依次拖至A1轨道中,间距为1 s,如图9-11所示。

步骤 04 将"配乐.wav"素材拖至A3轨道中,在00:00:07:05处裁切素材,删除右半部分。调整图像素材持续时间与A3轨道素材一致,如图9-12所示。

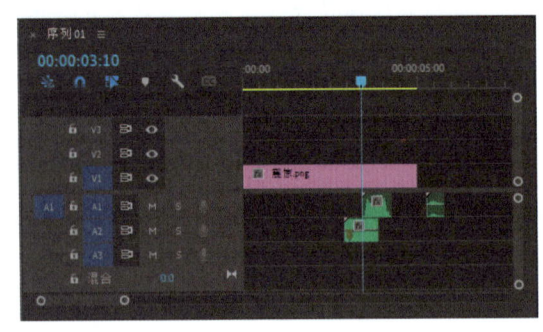

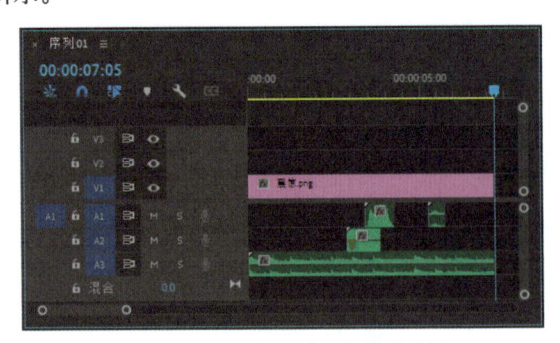

图 9-11　添加音频 2　　　图 9-12　添加音频并调整持续时间

步骤 05 选中A1轨道中的第2段音频，执行"剪辑"→"音频选项"→"音频增益"命令，打开"音频增益"对话框，设置其中的参数，如图9-13所示。完成后单击"确定"按钮。

步骤 06 选中A1轨道中的音频，在"基本声音"面板中设置其类型为"对话"；选择A2轨道和A3轨道中的音频，在"基本声音"面板中设置其类型为"音乐"，选择"回避"复选框，并进行设置，如图9-14所示。

步骤 07 完成后单击"生成关键帧"按钮，在"时间轴"面板中展开A2、A3轨道可看到添加的音频关键帧，如图9-15所示。

至此，完成了人声回避效果的制作。

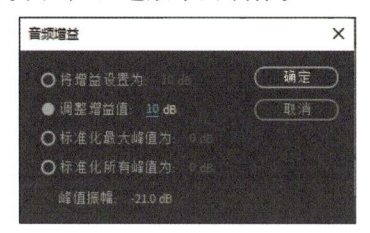

图 9-13　设置音频增益参数

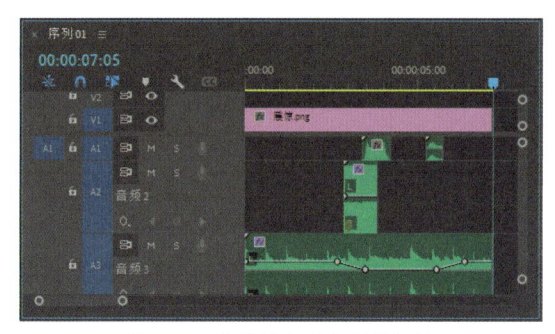

图 9-15　查看添加的音频关键帧　　　　图 9-14　设置音频

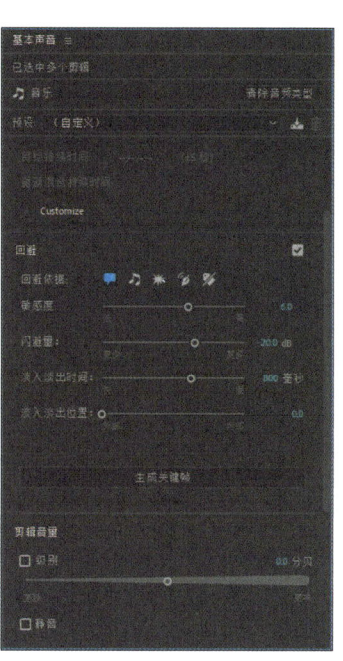

9.3　音频效果的应用

音频看似不起眼，却是短视频中的关键元素，因为高质量的声画结合可以大幅度提升短视频的视觉表现力及影响力。下面将详细介绍音频效果的应用。

■9.3.1　振幅与压限类音频效果

"振幅与压限"音频效果组中包括10种音频效果，可以对音频的振幅进行处理，避免出现较低或较高的声音。下面介绍部分常用的音频效果。

1. 动态

"动态"音频效果可以控制一定范围内音频信号的增强或减弱。该效果包含四个部分——自动门、压缩程序、扩展器和限幅器。添加该音频效果后，在"效果控件"面板中单击"编辑"按钮，打开"剪辑效果编辑器 - 动态"面板可以进行设置，如图9-16所示。该面板中各选项的功能说明如下：

- **自动门**：用于删除低于特定振幅阈值的噪声。其中，"阈值"参数可以设置指定效果器的上限或下限值；"攻击"参数可以指定在检测到达到阈值的信号多久启动效果器；"释放"参数可以设置指定效果器的工作时间；"定格"参数则用于保持时间。
- **压缩程序**：用于通过衰减超过特定阈值的音频来减少音频信号的动态范围。其中，"攻击"和"释放"参数更改临时行为时，"比例"参数可以控制动态范围中的更改；"补充"参数可以补偿增加音频电平。

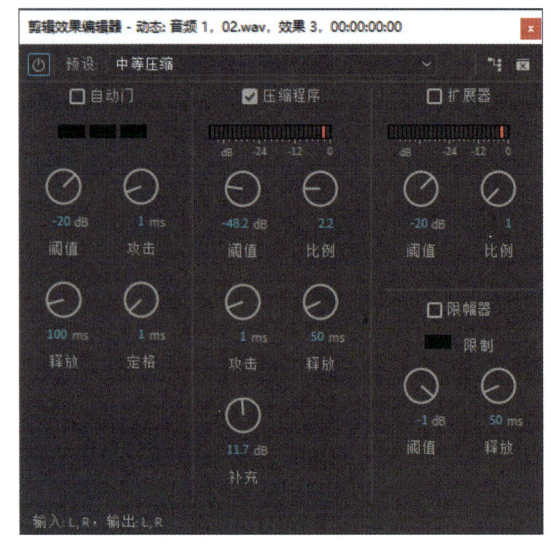

图 9-16 "剪辑效果编辑器 - 动态"面板

- **扩展器**：通过衰减低于指定阈值的音频来增加音频信号的动态范围。"比例"参数可以用于控制动态范围的更改。
- **限幅器**：用于衰减超过指定阈值的音频。当信号受到限制时，表LED会亮起。

2. 动态处理

"动态处理"音频效果可用作压缩器、限幅器或扩展器。作为压缩器和限制器时，该效果可减少动态范围，产生一致的音量；作为扩展器时，它通过减小低电平信号的电平来增加动态范围。

3. 单频段压缩器

"单频段压缩器"音频效果可减少动态范围，从而产生一致的音量并提高感知响度。该效果常作用于画外音，以便在音乐音轨和背景音频中突显语音。

4. 增幅

"增幅"音频效果可增强或减弱音频信号。该效果实时起效，用户可以结合其他音频效果一起使用。

5. 多频段压缩器

"多频段压缩器"音频效果可单独压缩四种不同的频段，每个频段通常包含唯一的动态内容，常用于处理音频母带。添加该音频效果后，在"效果控件"面板中单击"编辑"按钮，打开"剪辑效果编辑器 - 多频段压缩器"面板，可以进行相应的设置，如图9-17所示。

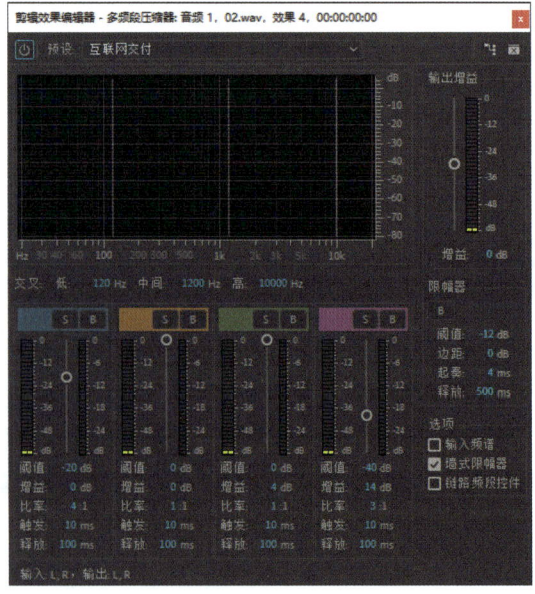

图 9-17 "剪辑效果编辑器 - 多频段压缩器"面板

该面板中部分选项的功能说明如下：
- **独奏** ⓢ：单击该按钮，将只能听到当前频段。
- **阈值**：用于设置启用压缩的输入电平。若要压缩极端峰值并保留更大的动态范围，阈值需低于峰值输入电平5 dB左右；若要高度压缩音频并大幅减小动态范围，阈值需低于峰值输入电平15 dB左右。
- **增益**：用于在压缩之后增强或消减振幅。
- **输出增益**：用于在压缩之后增强或消减整体输出电平。
- **限幅器**：用于输出增益后在信号路径的末尾应用限制，优化整体电平。
- **输入频谱**：选择该复选框，将在多频段图形中显示输入信号的频谱，而不是输出信号的频谱。
- **墙式限幅器**：选择该复选框，将在当前裕度设置应用即时强制限幅。
- **链路频段控件**：选择该复选框，将全局调整所有频段的压缩设置，同时保留各频段间的相对差异。

6. 强制限幅

"强制限幅"音频效果可以减弱高于指定阈值的音频。该效果可提高整体音量同时避免声音扭曲。

7. 消除齿音

"消除齿音"音频效果可去除齿音和其他高频"嘶嘶"类型的声音。

9.3.2 延迟与回声音频效果

"延迟与回声"音频效果组中包括三种音频效果，可以通过延迟制作回声的效果，使声音更加饱满、有层次。

1. 多功能延迟

"多功能延迟"音频效果可以制作延迟音效的回声效果，适用于5.1、立体声或单声道剪辑。添加该效果后，用户可以在"效果控件"面板中设置（最多）四个回声效果。

2. 延迟

"延迟"音频效果可以制作在指定时间后播放的回声效果，生成单一回声，其对应的属性参数如图9-18所示。35 ms或更长时间的延迟可产生不连续的回声，而15～34 ms的延迟可产生简单的和声或镶边效果。

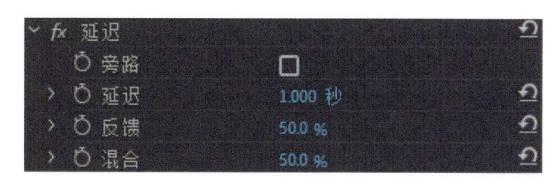

图9-18 "延迟"效果的属性参数

3. 模拟延迟

"模拟延迟"音频效果可模拟老式延迟装置的温暖声音特性，制作缓慢的回声效果。添加该效果后，在"效果控件"面板中单击"编辑"按钮，打开"剪辑效果编辑器 - 模拟延迟"面板，如图9-19所示。该面板中部分选项的功能说明如下。

- **预设**：包括多种软件预设的效果，用户可单击右侧的下拉按钮直接选择应用。
- **干输出**：用于确定原始未处理音频的电平。
- **湿输出**：用于确定延迟的、经过处理的音频的电平。
- **延迟**：用于设置延迟的长度，单位为ms。
- **反馈**：用于通过延迟线重新发送延迟的音频，可用来创建重复回声。数值越高，回声强度增长越快。

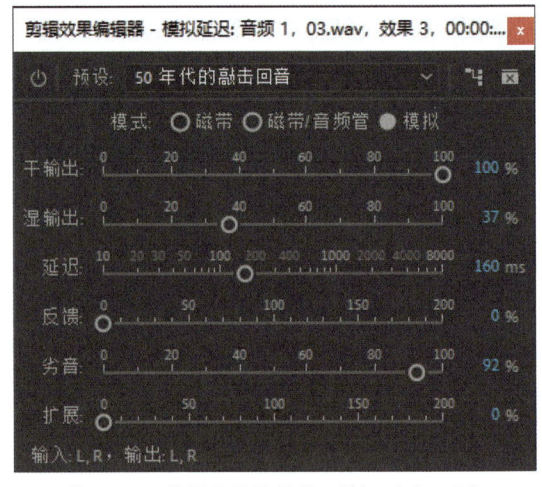

图 9-19 "剪辑效果编辑器 - 模拟延迟"面板

- **劣音**：用于增加扭曲并提高低频，可以增加声音温暖度的效果。

9.3.3 滤波器和EQ音频效果

"滤波器和EQ"音频效果组中包括14种音频效果，可以过滤掉音频中的某些频率，得到更加纯净的音频。下面介绍其中部分常用的音频效果。

1. FFT滤波器

"FFT滤波器"音频效果可以轻松绘制用于抑制或增强特定频率的曲线或陷波。

2. 低通

"低通"音频效果可以消除高于指定频率界限的频率，使音频产生浑厚的低音音场效果。添加该效果后，在"效果控件"面板中设置"切断"参数即可，如图9-20所示。

图 9-20 "低通"效果的属性参数

3. 低音

"低音"音频效果可以增大或减小低频（200 Hz及以下），适用于5.1、立体声或单声道剪辑。

4. 图形均衡器（10段）/（20段）/（30段）

"图形均衡器"音频效果可以增强或消减特定频段，并直观地表示生成的EQ曲线。在使用时，用户可以选择不同频段的"图形均衡器"音频效果进行添加。其中，"图形均衡器（10段）"音频效果频段最少，调整最快；"图形均衡器（30段）"音频效果频段最多，调整最精细。

5. 带通

"带通"音频效果可以移除在指定范围外发生的频率或频段。图9-21所示为"带通"效果的属性参数，其中，Q参数表示提升或者衰减的频率范围。

图 9-21 "带通"效果的属性参数

6. 科学滤波器

"科学滤波器"音频效果对音频进行高级操作。添加该效果后，在"效果控件"面板中单击"编辑"按钮，打开"剪辑效果编辑器 - 科学滤波器"面板，如图9-22所示。该面板中部分选项的功能说明如下：

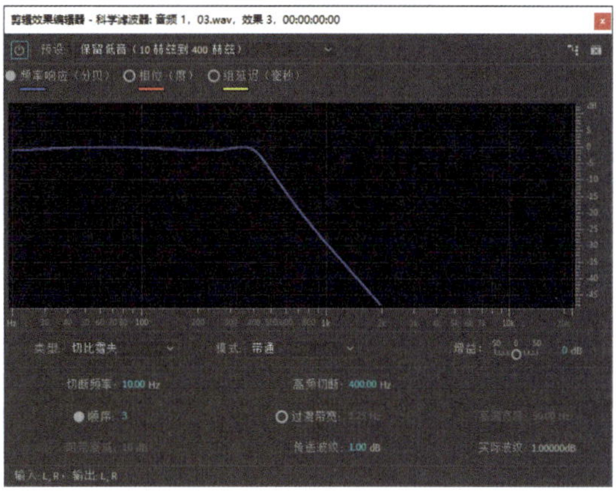

- **预设**：用于选择软件自带的预设效果。
- **类型**：用于设置科学滤波器的类型，包括"贝塞尔""巴特沃斯""切比雪夫"和"椭圆"四种类型。
- **模式**：用于设置滤波器的模式，包括"低通""高通""带通"和"带阻"四种模式。

图9-22 "剪辑效果编辑器 - 科学滤波器"面板

- **增益**：用于调整音频整体音量的级别，避免产生太响亮或太低沉的音频。

9.3.4 调制音频效果

"调制"音频效果组中包括三种音频效果——和声/镶边、移相器和镶边。它们是通过混合音频效果或移动音频信号的相位来改变声音效果的。

1. 和声/镶边

"和声/镶边"音频效果可以模拟多个音频的混合效果，增强人声音轨或为单声道音频添加立体声空间感。添加该效果后，在"效果控件"面板中单击"编辑"按钮，打开"剪辑效果编辑器 - 和声/镶边"面板，如图9-23所示。该面板中主要选项的功能说明如下：

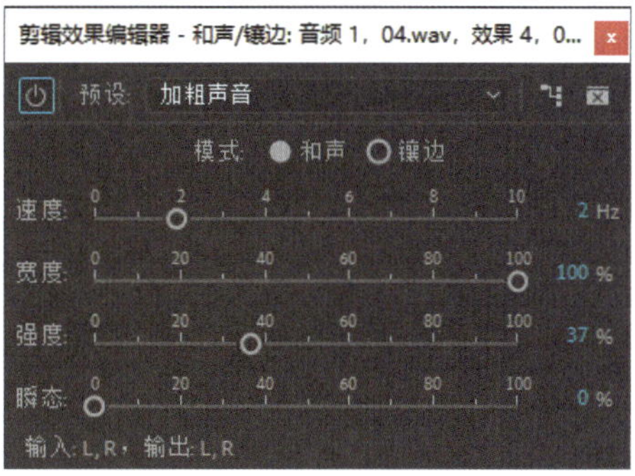

- **模式**：用于设置模式，包括"和声"和"镶边"两个选项。"和声"可以模拟同时播放多个语音或乐器的效果；"镶边"可以模拟最初在打击乐中听到的延迟相移的声音。
- **速度**：用于控制从零延迟到最大设置值所需的时间变化速率，即它决定了延迟效果从起始（零延迟）到最大延迟设置之间的变化速度。

图9-23 "剪辑效果编辑器 - 和声/镶边"面板

- **宽度**：用于指定最大延迟量。
- **强度**：用于控制原始音频与处理后音频的比率。
- **瞬态**：强调瞬时混合音频的效果，一般提供更锐利、更清晰的声音。

2. 移相器

"移相器"音频效果类似于镶边，该效果可以移动音频信号的相位，并将其与原始信号重新合并，制作出类似20世纪60年代流行的打击乐效果。与镶边不同的是，"移相器"效果会以上限频率为起点/终点扫描一系列相移滤波器。相位调整可以显著改变立体声声像，创造超出自然的声音效果。

3. 镶边

"镶边"音频效果是通过将原始音频信号与一个略微延迟并快速变化延迟时间的副本混合在一起，创造出一种深度和空间感的变化以及具有周期性颤音的声音特征的效果，多用于增强音乐、电影或游戏中声音的动态表现力和艺术效果。

■ 9.3.5 降杂/恢复音频效果

"降杂/恢复"音频效果组中包括四种音频效果，用于去除音频中的杂音，使音频更加纯净。

1. 减少混响

"减少混响"音频效果可以消除混响曲线并辅助调整混响量。

2. 消除嗡嗡声

"消除嗡嗡声"音频效果可以去除窄频段及其谐波，常用于处理照明设备和电子设备电线发出的嗡嗡声。用户可以在"剪辑效果编辑器 - 消除嗡嗡声"面板中进行详细设置，如图9-24所示，主要选项的功能说明如下：

- **频率**：设置嗡嗡声的根频率，若不确定，可在预览时反复拖动调整。
- **Q**：设置根频率和谐波的宽度，值越高，影响的频率范围越窄；值越低，影响的频率范围越宽。
- **谐波数**：设置要影响的谐波频率数量。
- **谐波斜率**：用于更改谐波频率的减弱比。

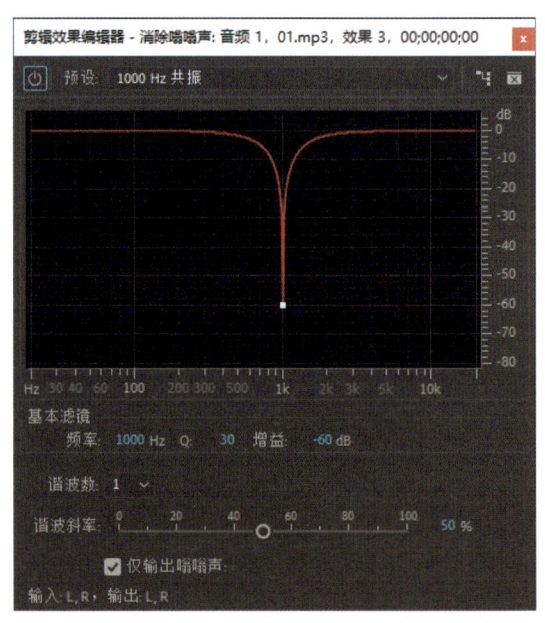

图 9-24 "剪辑效果编辑器 - 消除嗡嗡声"面板

3. 自动咔嗒声移除

"自动咔嗒声移除"音频效果可以去除音频中的咔嗒声或静电噪声。图9-25所示为"剪辑效果编辑器 - 自动咔嗒声移除"面板。其中，"阈值"参数可以设置噪声灵敏度，值设置得越低，可检测到的咔嗒声和爆音越多；"复杂度"参数可以设置噪声复杂度，值设置得越高，应用的处理越多，但可能降低音质。

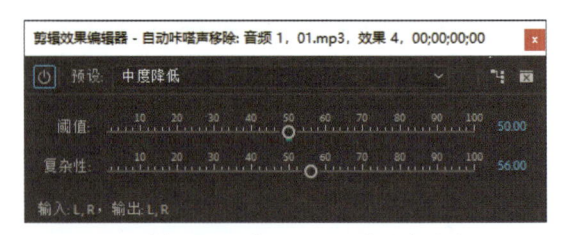

图 9-25 "剪辑效果编辑器 - 自动咔嗒声移除"面板

4.降噪

"降噪"音频效果可以降低或完全去除音频文件中的噪声,包括不需要的嗡嗡声、嘶嘶声、空调噪声或任何其他背景噪声。

9.3.6 混响音频效果

"混响"音频效果组中包括三种混响音频效果,可以为音频添加混响,模拟出声音反射的效果。

1. 卷积混响

"卷积混响"音频效果是基于卷积算法的混响,它使用脉冲文件模拟声学空间,使声音如同在原始环境中录制一般真实。添加该效果后,在"效果控件"面板中单击"编辑"按钮,打开"剪辑效果编辑器 - 卷积混响"面板,如图9-26所示。该面板中主要选项的功能说明如下:

- **预设**:该下拉列表中包括多种预设效果,用户可以直接选择应用。
- **脉冲**:用于指定模拟声学空间的文件。单击"加载"按钮可以添加自定义的脉冲文件。
- **混合**:用于设置原始声音与混响声音的比率。
- **房间大小**:用于设置由脉冲文件定义的完整空间的百分比。数值越大,混响越长。
- **阻尼LF**:用于减少混响中的低频重低音分量,避免声音模糊,从而产生更清晰的声音。
- **阻尼HF**:用于减少混响中的高频瞬时分量,避免出现刺耳声音,从而产生更温暖、更生动的声音。
- **预延迟**:用于确定混响形成最大振幅所需的毫秒数。数值较低时声音比较自然,数值较高时可产生有趣的特殊效果。

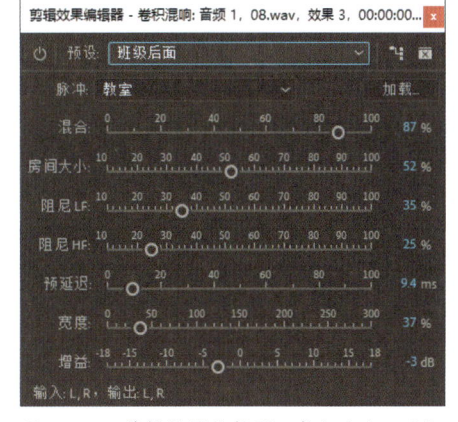

图 9-26 "剪辑效果编辑器 - 卷积混响"面板

2. 室内混响

"室内混响"音频效果可以模拟室内空间演奏音频的效果。用户可以在多轨编辑器中进行实时更改,而无须对音轨预渲染效果。添加该效果后,在"效果控件"面板中单击"编辑"按钮,打开"剪辑效果编辑器 - 室内混响"面板,如图9-27所示。该面板中主要选项功能说明如下:

- **衰减**:用于调整混响的衰减量[以毫秒(ms)为单位]。

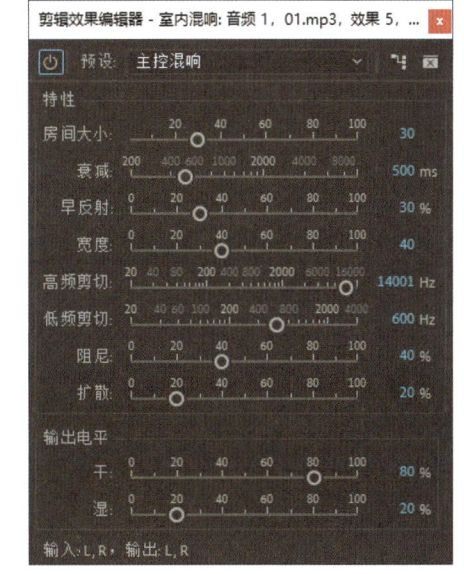

图 9-27 "剪辑效果编辑器 - 室内混响"面板

- **早反射**：用于控制先到达耳朵的回声的百分比，以提供对整体空间大小的感觉。数值过高时会导致声音失真，而数值过低时会失去表示空间大小的声音信号。
- **高频剪切**：用于设置可产生混响的最高频率。与之相对的"低频剪切"则用于设置可产生混响的最低频率。
- **扩散**：用于模拟混响信号在地毯和挂帘等表面上反射时的吸收比例。
- **干**：用于设置源音频在含有效果的输出中的百分比。
- **湿**：用于设置混响在输出中的百分比。

3. 环绕声混响

"环绕声混响"音频效果可模拟声音在室内声学空间中的效果和氛围，常用于5.1音源，也可为单声道或立体声音源提供环绕声环境。

9.3.7 特殊效果音频效果

"特殊效果"音频效果组中包括12种音频效果，常用于制作一些特殊的效果，如交换左右声道、模拟汽车音箱爆裂声音等。下面介绍此音频效果组中部分常用的音频效果。

1. Loudness Rader

"Loudness Rader（雷达响度计）"音频效果可以测量剪辑、轨道或序列中的音频级别，帮助用户控制声音的音量，以满足广播电视的要求。添加该效果后，在"效果控件"面板中单击"编辑"按钮，打开"剪辑效果编辑器 - Loudness Rader"面板，如图9-28所示。在该面板中，播放声音时若出现较多黄色区域，表示音量偏高；仅出现蓝色区域，表示音量偏低。一般来说，需要将响度保持在雷达的绿色区域中，这是最符合要求的。

2. 互换声道

"互换声道"音频效果仅适用于立体声剪辑，可用于交换左右声道信息的位置。

3. 人声增强

"人声增强"音频效果可以增强人声，改善旁白录音质量。

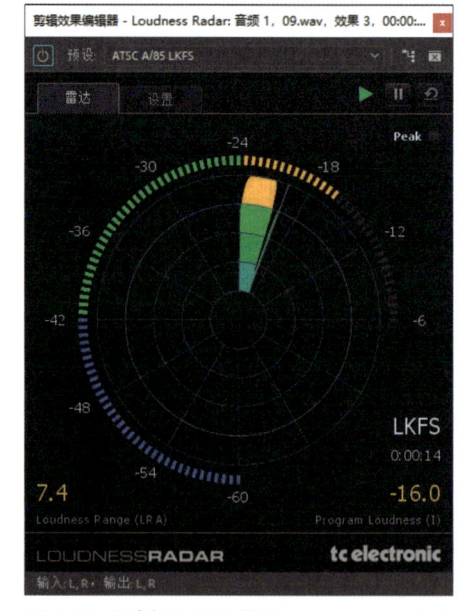

图 9-28 "剪辑效果编辑器 - Loudness Rader"面板

4. 吉他套件

"吉他套件"音频效果将应用一系列可以优化和改变吉他音轨声音的处理器，模拟吉他弹奏的效果，使音频更具有表现力。图9-29所示为打开的"剪辑效果编辑器 - 吉他套件"面板。其中，"压缩程序"可以减少动态范围，保持一致的振幅，并帮助在混合音频中突出吉他音轨；

"扭曲"可以增加在吉他独奏中经常听到的声音边缘音;"放大器"预置了各种放大器和扬声器组合,可以模拟各种由吉他手创作出的独特音调。

5.用左侧填充右侧

"用左侧填充右侧"音频效果可以复制音频剪辑的左声道信息,将其放置在右声道中,并丢弃原始剪辑的右声道信息。

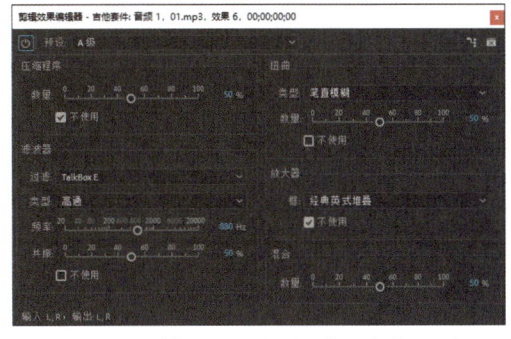

图 9-29 "剪辑效果编辑器 - 吉他套件"面板

6.用右侧填充左侧

"用右侧填充左侧"音频效果可以复制音频剪辑的右声道信息,将其放置在左声道中,并丢弃原始剪辑的左声道信息。

■ 9.3.8 "立体声声像"音频效果组

"立体声声像"音频效果组中仅包括"立体声扩展器"一种音频效果,可以调整立体声声像,控制其动态范围。图9-30所示为"剪辑效果编辑器 - 立体声声像"面板。该面板中常用选项的功能说明如下:

- **中置声道声像**:将立体声声像的中心定位到极左(-100%)和极右(100%)之间的任意位置。

图 9-30 "剪辑效果编辑器 - 立体声声像"面板

- **立体声扩展**:将立体声声像从缩小(0)、正常直至扩展到宽(300)。缩小/正常反映的是未经处理的原始音频。

■ 9.3.9 "时间与变调"音频效果组

"时间与变调"音频效果组中仅包括"音高换档器"[①]一种音频效果,可以实时改变音调。图9-31所示为"剪辑效果编辑器 - 音高换档器"[①]面板。该面板中常用选项的功能说明如下:

- **变调**:用于调整音调。其中,"半音阶"以半音阶增量变调,这些增量相当于音乐的二分音符;"音分"按半音阶的分数调整音调;"比率"确定变换后频率和原始频率之间的关系。

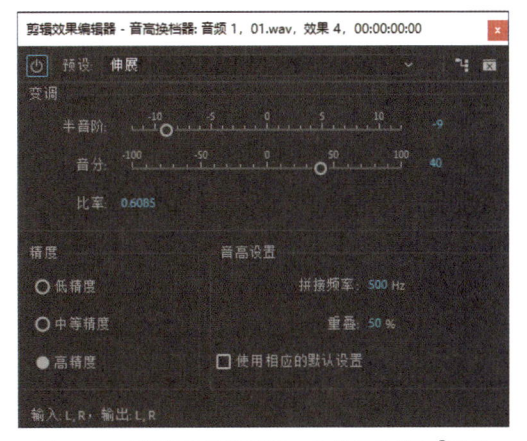

图 9-31 "剪辑效果编辑器 - 音高换档器"[①]面板

[①] "音高换档器"中的"档"字正确写法应为"挡",这里的写法是为了与软件保持一致。

- **精度**：用于确定音质。"低精度"为8位或低质量音频使用的较低设置；"中等精度"为中等品质音频使用的中等设置；"高精度"为专业录制的音频使用的高设置，处理时间较长。
- **音高设置**：用于控制如何处理音频。"拼接频率"可以确定每个音频数据块的大小，该数值越高，随时间伸缩的音频放置就越准确，但同时人为噪声也越明显；"重叠"用于确定每个音频数据块与前一个和下一个块的重叠程度。

在制作短视频的过程中，去除声音中的噪声可以提升音频的整体质量和清晰度，使观众获得良好的视听体验。下面使用"降噪"效果去除声音中的噪声，具体操作步骤如下：

步骤 01 新建项目，导入本模块中的素材文件，并将其拖动至"时间轴"面板中，软件将根据素材自动创建序列，如图9-32所示。

图9-32 添加音频素材，创建序列

步骤 02 在"效果"面板中搜索"降噪"音频效果，并将其拖至A1轨道素材上，然后在"效果控件"面板中单击"编辑"按钮，打开"剪辑效果编辑器-降噪"面板，在"预设"下拉列表中选择"弱降噪"选项，如图9-33所示。

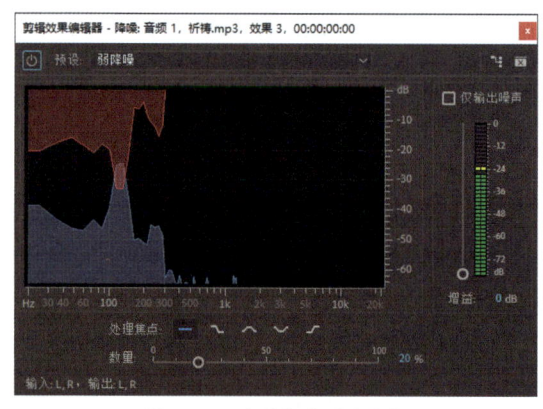

图9-33 设置降噪预设参数

步骤 03 关闭"剪辑效果编辑器-降噪"面板，在"效果"面板中搜索"图形均衡器（10段）"音频效果，并将其拖至A1轨道素材上，然后在"效果控件"面板中单击"编辑"按钮，打开"剪辑效果编辑器-图形均衡器（10段）"面板，在"预设"下拉列表中选择"音乐临场感"选项，如图9-34所示。

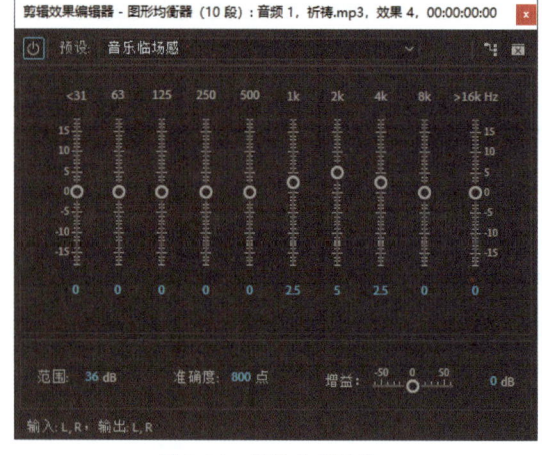

图9-34 调整音频效果1

步骤 04 关闭"剪辑效果编辑器 - 图形均衡器（10段）"面板，在"效果"面板中搜索"参数均衡器"音频效果，并将其拖至A1轨道素材上，然后在"效果控件"面板中单击"编辑"按钮，打开"剪辑效果编辑器 - 参数均衡器"面板，在"预设"下拉列表中选择"人声增强"选项，如图9-35所示。

至此，完成声音中噪声的去除。

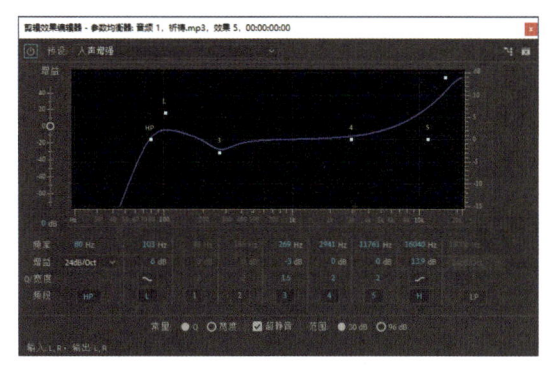

图 9-35　调整音频效果 2

课堂演练：制作回声效果

本模块主要对音频、音频的编辑及常用音频效果进行了详细介绍。下面综合运用这些知识，制作有回声效果的音视频。具体操作步骤如下：

步骤 01 新建项目和序列，并导入音视频素材，如图9-36所示。

步骤 02 将视频素材拖至V1轨道中，在"效果控件"面板中设置"缩放"属性参数为50.0，效果如图9-37所示。

扫码观看视频

图 9-36　新建项目和序列，导入素材

图 9-37　设置缩放后效果

步骤 03 将"伴奏.wav"素材拖至A2轨道中，在00:00:00:15处和00:00:05:19处剪切素材，并删除第1段和第3段，调整第2段音频素材的位置，如图9-38所示。

步骤 04 将"回声素材.mp3"拖至A1轨道中，如图9-39所示。

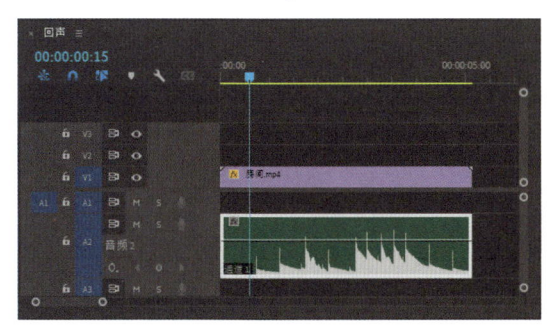

图 9-38　剪切音频并调整位置

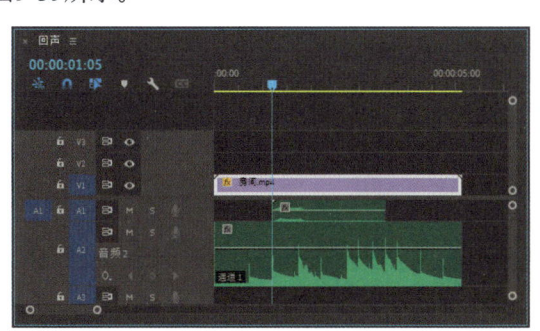

图 9-39　添加音频

步骤 05 在"效果"面板中搜索"模拟延迟"效果,并将其拖至A1轨道素材上,然后在"效果控件"面板中单击"编辑"按钮,打开"剪辑效果编辑器 - 模拟延迟"面板,在"预设"下拉列表中选择"公共地址"选项,如图9-40所示。之后关闭面板。

步骤 06 选中A1轨道中的音频,在"基本声音"面板中设置其类型为"对话"。选择A2轨道中的音频,在"基本声音"面板中设置其类型为"音乐",选中"回避"复选框,并进行相应设置,如图9-41所示。

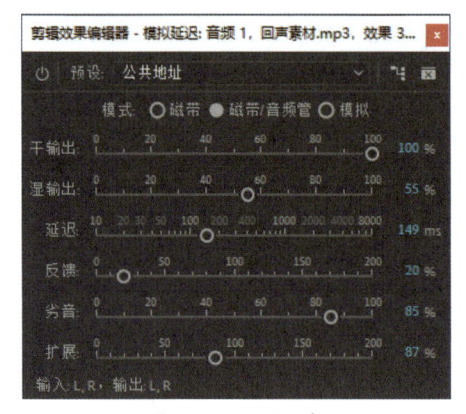

图 9-40 设置回声   图 9-41 设置回避

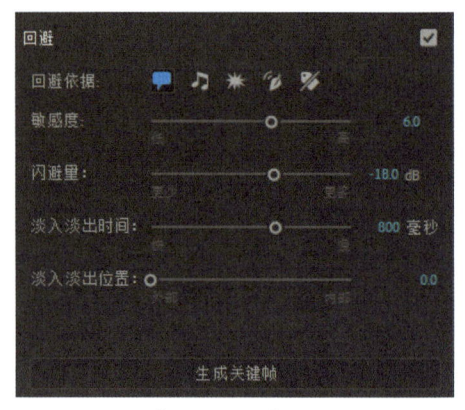

步骤 07 单击"生成关键帧"按钮,创建音频关键帧,如图9-42所示。

步骤 08 在A2轨道素材的出点处添加"恒定增益"音频过渡效果,并调整持续时间为15帧,如图9-43所示。

图 9-42 创建音频关键帧   图 9-43 添加音频过渡

步骤 09 按Enter键渲染,预览效果如图9-44所示。

图 9-44 预览效果

至此,完成回声效果音视频的制作。

光影加油站

光影铸魂

随着《哪吒之魔童闹海》上映，其配乐燃爆全网。其中，独特的民族风味、多元的音乐元素以及恰到好处的配乐设计引发了广泛讨论，赢得了大量赞誉。例如，空灵悠扬的侗族大歌伴随着宝莲盛开，展现了传统音乐和现代艺术的完美结合；天元鼎的出场配乐利用呼麦的独特发声技巧，将天元鼎的神秘和力量表现得淋漓尽致。

音频是视频表现力的重要组成部分，可以有效地配合画面，增强视频的表现力。利用音频可以传递特定的情感和氛围，配乐与视频内容的情感基调相一致时，可以增强观众的情感共鸣，使视频更具感染力，观众也更容易沉浸在视频内容中。《哪吒之魔童闹海》在音效方面巧妙地融入了丰富的传统文化元素，并通过现代技术与传统音乐的结合、音效与剧情的紧密结合等方式实现了对传统文化的传承与创新，不仅丰富了影片的音效层次和民族特色，还有助于弘扬民族文化，促进文化交流以及推动文化传承与发展。在短视频制作过程中，音频方面也可以应用这些技巧。

剪辑实战

作业名称：国产动画崛起之路

作业要求：

（1）搜集素材。准备多个国产动画的图片和视频素材，如《大闹天宫》《哪吒之魔童闹海》《长安三万里》等。

（2）视频剪辑。利用Premiere中的专业工具对素材进行整理和剪辑，包括添加合适的字幕和背景音乐，利用延迟、添加回声等特效对音频进行编辑美化，以提升视频的感染力，引起观众的情感共鸣。要求视频时长控制在2~3分钟，内容紧凑，画质清晰，音质流畅。

（3）输出作品。将作品进行渲染输出。要求编码格式为"H.264"，以便于网络传播。

模块 10　视频特效编辑

内容概要

视频效果和视频过渡效果是提升视频质量和视觉效果的关键元素，作为一款专业的视频编辑软件，Premiere提供了丰富的视频效果和视频过渡效果，助力用户完成创意构思，修复画面质量，并提升视频切换的流畅性。

学习目标

【知识目标】
- 掌握视频效果和视频过渡效果的应用及编辑方法。
- 掌握利用关键帧实现动态视频特效的方法。

【能力目标】
- 能灵活利用视频特效为视频添加丰富的视觉效果。
- 能利用关键帧创建平滑的动画过渡效果，增强视频的动态表现力。

【素质目标】
- 通过学习判断视频特效的优劣，提升审美能力和艺术鉴赏力。
- 通过学习视频特效的应用和动画效果的个性编辑，开发创新性思维。

10.1 认识效果

视频效果和视频过渡是短视频编辑过程中常用的两大功能，通过这些效果可以丰富视频内容，使视频情节更加流畅。

10.1.1 视频效果类型

Premiere软件中包括多种视频效果组，如图10-1所示。每个效果组中又包含多种效果，图10-2所示为扭曲效果组中的效果。用户可以自由组合这些效果，以提升视频的整体质量。

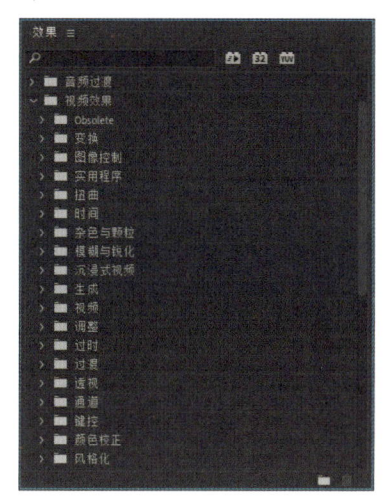

图 10-1　Premiere 视频效果　　　图 10-2　展开的扭曲效果组

部分常用视频效果说明如下：

- **变换**：使素材产生变换效果，如垂直翻转、水平翻转、羽化边缘、裁剪等。这些功能非常基础，但却是视频编辑中最常用和最重要的操作之一。
- **实用程序**：仅"Cineon转换器"一种效果，可用于增强视频素材的明暗及对比度。
- **扭曲**：变形视频图像，创造出独特的视觉风格。
- **时间**：包括与时间相关的特效，可用于改变图像的帧速度、制作残影效果等。
- **杂色与颗粒**：添加噪点、颗粒感等效果，以增加视觉纹理和质感，用于模拟旧电影效果。
- **模糊与锐化**：调整图像清晰度，包括增加模糊感或提高细节锐化等。
- **生成**：创建渐变、光晕等特殊的画面效果，以增强视觉表现力。
- **调整**：优化视频画面质量和色彩表达。
- **过渡**：提供应用于剪辑自身的过渡变化。
- **透视**：模拟三维空间中的视角变换，增加视频的深度和动态感。
- **风格化**：赋予视频独特的视觉风格，可增强创意表达和视觉吸引力。

在实际应用中，不仅可以使用系统内置的效果，即软件自带的视频效果，打开软件便可应用，还可以添加外挂效果。外挂视频效果为第三方提供的插件特效，一般需要自行安装才可使用。

10.1.2 编辑视频效果

在编辑视频效果之前，需要先将视频效果添加至素材上。用户可以直接将"效果"面板中的视频效果拖至"时间轴"面板中的素材上，也可以选中"时间轴"面板中的素材后，在"效果"面板中双击要添加的视频效果进行添加。

添加视频效果后，选中添加视频效果的素材，"效果控件"面板中将出现对应的属性，例如，图10-3所示即为添加"高斯模糊"视频效果的"效果控件"面板，在此面板中设置参数，"节目监视器"面板中将呈现相应的效果，如图10-4所示。单击效果名称左侧的"切换效果开关"按钮 fx ，将隐藏效果。

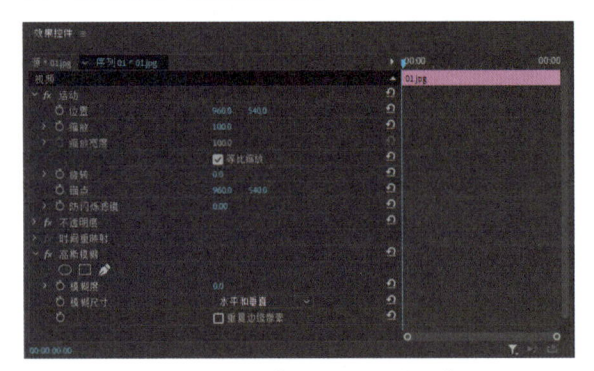

图 10-3 "高斯模糊"效果的属性参数　　　　图 10-4 应用"高斯模糊"效果

选中"效果控件"面板中添加的视频效果，按【Ctrl+C】组合键复制，按【Ctrl+V】组合键粘贴将复制视频效果。用户可以通过这一操作，在不同素材上复制粘贴视频效果。

10.1.3 视频过渡效果

视频过渡又称转场，是指在素材之间应用的切换特效，它能够实现从一个场景平滑过渡至另一个场景的效果，保证了视频的流畅度和完整性。Premiere中预设了多种常用的视频过渡效果，这些过渡效果的添加与编辑过程基本一致。

在"效果"面板中找到要应用的视频过渡效果后，将其拖至"时间轴"面板中的素材入点或出点处即可，图10-5所示为"叠加溶解"视频过渡的效果。

图 10-5 "叠加溶解"视频过渡效果

若要快速为多个素材添加相同的视频过渡效果，可以将该效果设置为默认过渡。选中"效果"面板中的任一视频过渡效果，右击鼠标，在弹出的快捷菜单中执行"将所选过渡设置为默认过渡"命令，即可将其设置为默认过渡；然后选中"时间轴"面板中要添加默认过渡的素材，执行"序列"→"应用默认过渡到选择项"命令或按【Shift+D】组合键即可。

■10.1.4 编辑视频过渡效果

视频过渡效果的编辑同样是在"效果控件"面板中进行的。选中"时间轴"面板中添加的视频过渡效果，在"效果控件"面板中可以对其持续时间、对齐位置等参数项进行设置。图10-6所示为"带状擦除"视频过渡效果的参数选项，其中部分选项的功能说明如下：

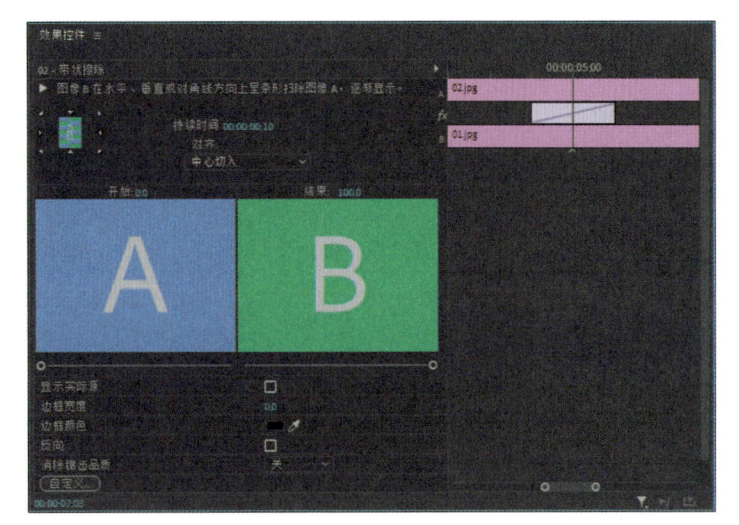

图 10-6 "带状擦除"效果的属性参数

- **持续时间**：用于设置视频过渡效果的持续时间，时间越长，表示变化速度越慢。用户也可以使用选择工具在"时间轴"面板中直接拖动来调整视频过渡的持续时间。
- **过渡预览**：单击"效果控件"面板中的"播放过渡"按钮，将在此处播放预览过渡效果。
- **边缘选择器**：位于"过渡预览"按钮的周围，单击其箭头，可以更改过渡的方向或指向。
- **对齐**：用于设置视频过渡效果与相邻素材片段的对齐方式，包括中心切入、起点切入、终点切入和自定义起点4种选项。
- **开始**：用于设置视频过渡开始时的效果，默认数值为0，表示将从整个视频过渡过程的开始位置进行过渡；若将该参数数值设置为10，则从整个视频过渡效果的10%位置开始过渡。
- **结束**：用于设置视频过渡结束时的效果，默认数值为100，表示将在整个视频过渡过程的结束位置完成过渡；若将该参数数值设置为90，则表示视频过渡特效结束时，视频过渡特效只是完成了整个视频过渡的90%。
- **显示实际源**：选择该复选框，可在"效果控件"面板中的预览区域中显示剪辑的起始帧和结束帧。
- **边框宽度**：用于设置视频过渡过程中形成的边框的宽度。
- **边框颜色**：用于设置视频过渡过程中形成的边框的颜色。
- **反向**：选择该复选框，将反向视频过渡的效果，即将起始位置和结束位置互换。

- **自定义**：单击该按钮，将打开该视频过渡效果的设置对话框，如图10-7所示。在此对话框中可以设置视频过渡效果的一些自定义属性。

不同的视频过渡效果在"效果控件"面板中的选项也略有不同，在使用时根据实际参数设置即可。

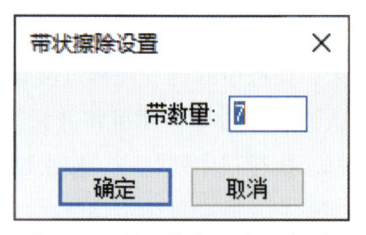

图 10-7 "带状擦除设置"对话框

> **提示**：有一些视频过渡效果位于中心位置，如"圆划像"视频过渡，当视频过渡具有可以重新定位的中心时，在"效果控件"面板的A预览区域中，可以拖动小圆形按钮◎来调整过渡中心的位置。

应用视频效果和视频过渡效果可以制作出很多有趣的视频效果，下面介绍如何通过"划出"视频过渡制作切换效果。具体操作步骤如下：

步骤01 新建项目和序列，并导入本模块的素材文件，如图10-8所示。

步骤02 将素材文件分别放置在V1和V2轨道中，调整持续时间，使两者的持续时间一致，如图10-9所示。

图 10-8 新建项目和序列，导入素材

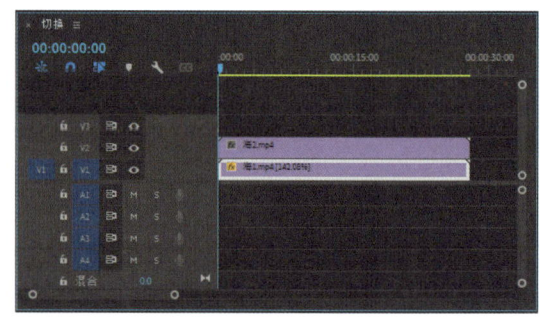

图 10-9 添加素材至时间轴，调整持续时间

步骤03 选中V1和V2轨道中的素材，右击鼠标，在弹出的快捷菜单中执行"缩放为帧大小"命令，调整素材显示效果，如图10-10所示。

步骤04 在"效果"面板中搜索"划出"视频过渡效果，并将其拖至V2轨道素材入点处，然后在"效果控件"面板中设置参数，如图10-11所示。

图 10-10 设置缩放后的效果

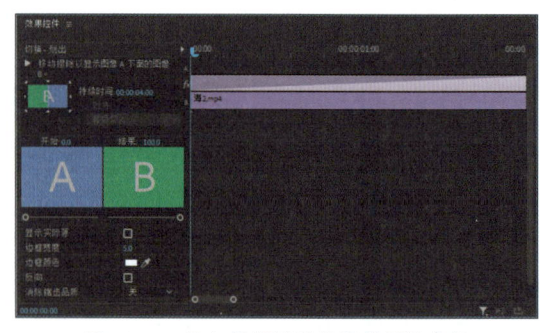

图 10-11 添加视频过渡效果并调整参数

步骤03 按Enter键渲染，预览效果如图10-12所示。

图 10-12　渲染预览效果

至此，完成视频过渡效果的制作。

10.2　视频效果的应用

使用视频效果不仅能够修正和增强视频片段的质量，还能创造出独特的视觉风格和感觉。作为后期制作的重要组成部分，视频效果使得视频制作者能够制作出专业的、引人入胜的视觉内容，从而提升观众的观看体验和作品的整体价值。下面介绍几类不同的视频效果。

■10.2.1　变换类视频效果

"变换"视频效果组中包括"垂直翻转""水平翻转""羽化边缘""裁剪"和"自动重构"五种效果。这些效果可以变换素材，使其产生翻转、羽化等变化。

1. 垂直翻转

"垂直翻转"效果可以在垂直方向上翻转素材。图10-13所示为原始图像，图10-14所示为垂直翻转后的效果。

图 10-13　原始图像　　　　　　　　　图 10-14　"垂直翻转"效果

"水平翻转"视频效果与"垂直翻转"视频效果类似，只是翻转方向变为水平而已。

2. 羽化边缘

"羽化边缘"效果可以虚化素材边缘。添加该效果并调整后的效果如图10-15所示。

3. 裁剪

"裁剪"效果可以从画面的四个方向向内剪切素材，使其仅保留中心部分内容。图10-16所示示为"裁剪"效果的属性参数。

图 10-15 "羽化边缘"效果

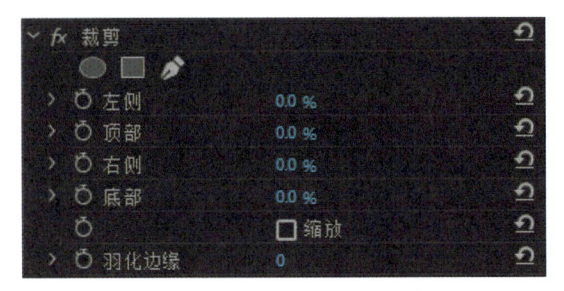

图 10-16 "裁剪"效果的属性参数

"裁剪"效果中各属性的功能说明如下：

- **左侧/顶部/右侧/底部**：用于设置各方向上的裁剪量，数值越大裁剪量越多。
- **缩放**：选择该复选框，将缩放裁剪后的素材，使其满画面显示。
- **羽化边缘**：用于设置裁剪后的边缘羽化程度。

4. 自动重构

"自动重构"效果可以智能识别视频中的动作，并针对不同的长宽比重构剪辑，该效果多用于序列设置与素材不匹配的情况。图10-17所示为该效果的属性参数。添加该效果前后对比效果如图10-18所示。

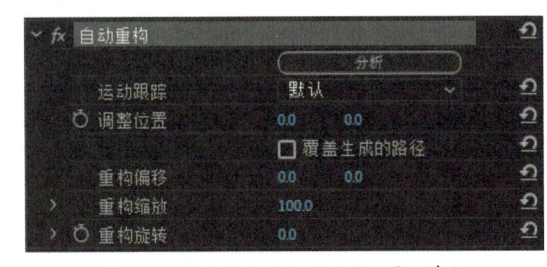

图 10-17 "自动重构"效果的属性参数

图 10-18 "自动重构"效果的前后对比效果

> **提示**：自动重构后，若对其效果不满意，还可在"效果控件"面板中进行调整。

"自动重构"效果可以轻松地将横屏视频转换为竖屏视频，以适应不同的发布平台。下面介绍如何将横屏视频转换为竖屏视频的过程，具体操作步骤如下：

步骤01 根据视频素材新建项目和序列，如图10-19所示。

步骤02 在"项目"面板空白处右击鼠标，在弹出的快捷菜单中执行"新建项目"→"序列"命令，打开"新建序列"对话框，选择"设置"选项卡，设置其中的参数，如图10-20所示。

步骤03 完成后单击"确定"按钮新建序列，如图10-21所示。

图 10-19　新建项目和序列

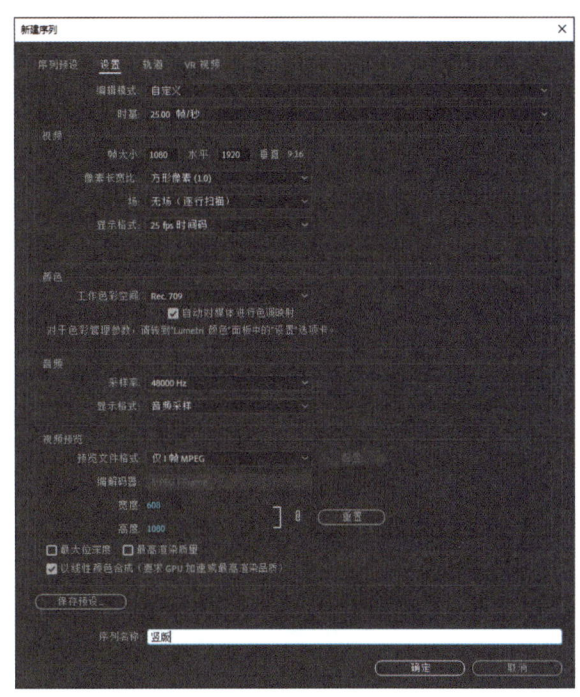

图 10-20　"设置"选项卡

图 10-21　新建序列

步骤 04 将视频素材拖至V1轨道中，在弹出的"剪辑不匹配警告"对话框中单击"保持现有设置"按钮，如图10-22所示。

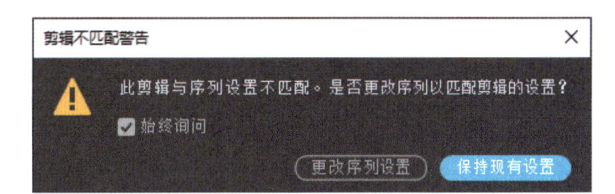

图 10-22　"剪辑不匹配警告"对话框

步骤 05 此时，"节目监视器"面板中的显示效果如图10-23所示。

步骤 06 在"效果"面板中搜索"自动重构"效果，并将其拖至V1轨道素材上，软件将自动重构素材。

步骤 07 按Enter键渲染，预览效果如图10-24所示。

图 10-23　显示效果

图 10-24　"自动重构"效果

至此，完成横屏视频转换为竖屏视频的制作。

■10.2.2　扭曲类视频效果

"扭曲"视频效果组中包括"镜头扭曲（lens distortion）""偏移""变换""放大""旋转扭曲"等12种效果，这些效果都可以实现扭曲变形素材的效果。下面介绍其中常用的几种效果。

1. 镜头扭曲

"镜头扭曲"效果可以使素材在水平和垂直方向上产生镜头畸变。添加该效果的前后对比效果如图10-25和图10-26所示。

图10-25　原始图像

图10-26　"镜头扭曲"效果

2. 偏移

"偏移"效果可以使素材在水平或垂直方向上产生位移。图10-27所示为其属性参数。添加该效果并调整参数后的效果如图10-28所示。

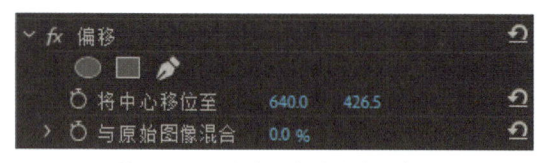

图10-27　"偏移"效果的属性参数

图10-28　"偏移"效果

"偏移"效果中各属性的功能说明如下：

- **将中心移位至**：设置画面中心偏移位置。
- **与原始图像混合**：设置偏移后的图像与原始图像混合的程度。

3. 变换

"变换"效果类似于素材的固有属性，可以设置素材的位置、大小、角度、不透明度等参数。

4. 放大

"放大"效果可以模拟放大镜效果放大素材的局部。添加该效果并调整参数后的效果如图10-29所示。

5. 旋转扭曲

"旋转扭曲"效果可以使对象围绕设置的旋转中心发生旋转变形。添加该效果并调整参数后的效果如图10-30所示。

图 10-29 "放大"效果

图 10-30 "旋转扭曲"效果

6. 波形变形

"波形变形"视频效果可以模拟出波纹扭曲的动态效果。添加该效果并调整参数后的效果如图10-31所示。

7. 湍流置换

"湍流置换"效果可以使素材在多个方向上发生扭曲变形。添加该效果并调整参数后的效果如图10-32所示。

图 10-31 "波形变形"效果

图 10-32 "湍流置换"效果

8. 边角定位

"边角定位"效果可以自定义图像的四个边角位置。添加该效果后在"效果控件"面板中设置四个边角坐标即可。图10-33所示为添加该效果并调整四个边角参数后的效果。

9. 镜像

"镜像"效果可以根据反射中心和反射角度对称翻转素材,使其产生镜像效果,如图10-34所示。

图 10-33 "边角定位"效果

图 10-34 "镜像"效果

10.2.3 模糊与锐化类视频效果

"模糊与锐化"视频效果组中包括"相机模糊""方向模糊""锐化""高斯模糊"等6种效果。这些效果可以通过调节素材图像间的差异,模糊图像使其更加柔化或锐化图像使其纹理更加清晰。下面介绍其中常用的几种效果。

1. 相机模糊

"相机模糊"效果可以模拟离开相机焦点范围的图像模糊的效果。原始图像如图10-35所示,添加"相机模糊"效果并调整相应参数后的效果如图10-36所示。用户还可以在"效果控件"面板中设置模糊量自定义模糊效果。

图 10-35 原始图像

图 10-36 "相机模糊"效果

2. 方向模糊

"方向模糊"效果可以制作出指定方向上模糊的效果。添加该效果并调整参数后的效果如图10-37所示。

3. 锐化

"锐化"效果通过提高素材画面中相邻像素的对比程度,清晰锐化素材图像。

图 10-37 "方向模糊"效果

4. 高斯模糊

"高斯模糊"效果可以降低图像细节，柔化素材对象，是一种较为常用的模糊效果。添加该效果后，在"效果控件"面板中可以设置模糊是水平、垂直或者二者兼有，如图10-38所示。

图10-38 "高斯模糊"效果的属性参数

> **提示**：勾选"重复边缘像素"复选框可以避免素材边缘缺失。

模糊效果结合关键帧，可以制作出多种不同的动态效果。通过为模糊效果添加关键帧，可以制作出动态切换的效果。具体操作步骤如下：

步骤01 基于"芦苇.mp4"素材新建项目和序列，并导入其他素材文件，如图10-39所示。

步骤02 将导入的素材文件拖至V1轨道素材的时间轴上，如图10-40所示。

图10-39 新建项目和序列，导入素材

图10-40 拖动素材至时间轴

步骤03 选中V1轨道的第2段素材，右击鼠标，在弹出的快捷菜单中执行"缩放为帧大小"命令，在"节目监视器"面板中预览效果，如图10-41所示。

步骤04 在"效果"面板中搜索"Lumetri颜色"效果，并将其拖至V1轨道第2段素材上，然后在"效果控件"面板中单击"比较视图"按钮，此时"节目监视器"面板中出现比较视图，如图10-42所示。

图10-41 缩放后效果

图10-42 "比较视图"效果

步骤05 设置参考视图为第1段素材，在"效果控件"面板中单击"应用匹配"按钮，Premierre将自动调整以匹配颜色，如图10-43所示。单击"比较视图"按钮，切换至原视图。

步骤 06 新建调整图层,拖至V2轨道中,调整其持续时间与V2轨道素材一致,如图10-44所示。

图 10-42　应用匹配

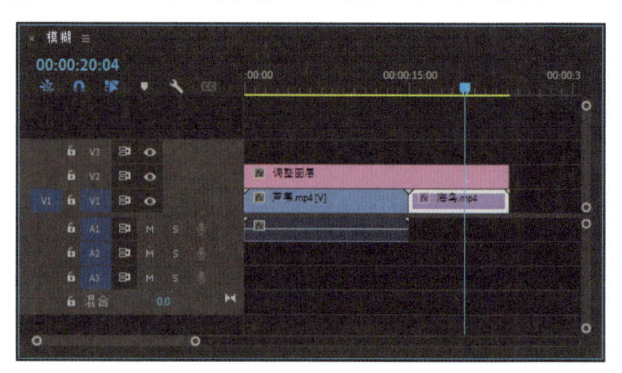

图 10-44　添加调整图层并调整持续时间

步骤 07 在"效果"面板中搜索"Brightness & Contrast"效果,将其拖至调整图层上,然后在"效果控件"面板中设置参数,如图10-45所示。

步骤 08 调整后的效果如图10-46所示。

图 10-45　设置亮度与对比度参数

图 10-46　调整后的效果

步骤 09 在"效果"面板中搜索"高斯模糊"效果,将其拖至调整图层上,然后移动播放指示器至00:00:14:10处,在"效果控件"面板中设置"模糊尺寸"为水平,并为"模糊度"参数添加关键帧,如图10-47所示。

步骤 10 在00:00:15:00处设置"模糊度"参数为2 000.0,在00:00:15:20处设置"模糊度"参数为0.0,软件将自动添加关键帧,如图10-48所示。

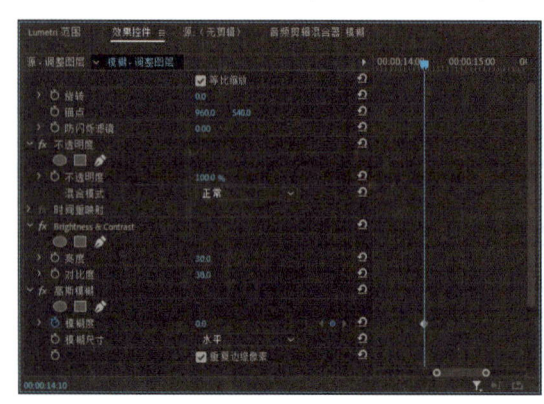

图 10-47　添加"高斯模糊"效果并调整参数

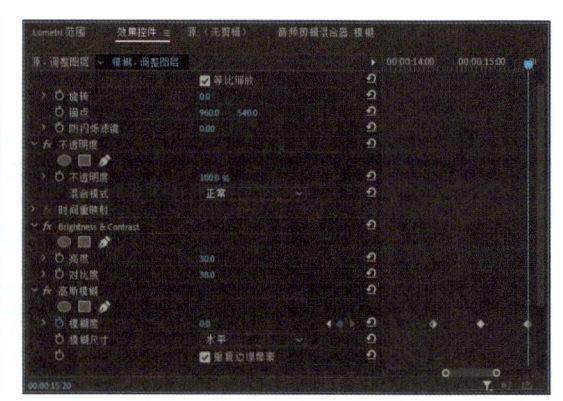

图 10-48　调整参数,添加关键帧

步骤 11 按Enter键渲染,预览效果如图10-49所示。

图 10-49 渲染预览效果

至此，完成模糊切换画面效果的制作。

10.2.4 生成类视频效果

"生成"视频效果组中包括"四色渐变""渐变""镜头光晕"和"闪电"四种效果。这些效果可以生成一些特殊效果，能大大丰富影片画面内容。

1. 四色渐变

"四色渐变"效果可以用四种颜色的渐变覆盖整个画面，用户可以在"效果控件"面板中设置四个颜色点的坐标、颜色、混合等参数。添加该效果的前后对比效果如图10-50和图10-51所示。

图 10-50 原始图像　　　　　　图 10-51 "四色渐变"效果

2. 渐变

"渐变"效果可以在素材画面中添加双色渐变效果。

3. 镜头光晕

"镜头光晕"效果可以模拟镜头拍摄的强光折射效果。添加该效果后，可以即时在"节目监视器"面板中查看效果，如图10-52所示。若对默认效果不满意，还可以在"效果控件"面板中进行调整。

4. 闪电

"闪电"效果可以模拟制作出闪电的效果。添加该效果后，可以即时在"节目监视器"面板查看效果，如图10-53所示。若对默认效果不满意，还可以在"效果控件"面板中进行调整。

图 10-52 "镜头光晕"效果　　　　　　　图 10-53 "闪电"效果

10.2.5 过渡类视频效果

"过渡"视频效果组中包括"块溶解""渐变擦除"和"线性擦除"3种效果，这些效果结合关键帧可以制作出过渡效果。

1. 块溶解

"块溶解"效果可以使素材在随机块中消失。添加该效果后，在"效果控件"面板中设置过渡完成、块的高度和宽度等参数，然后调整过渡完成参数，将看到过渡效果，如图10-54所示。

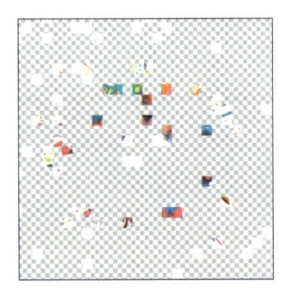

图 10-54 "块溶解"过渡效果

2. 渐变擦除

"渐变擦除"效果可以基于设置另一视频轨道中的像素的明亮度而使素材消失。添加该效果后，在"效果控件"面板中设置渐变图层等参数，然后调整过渡完成参数，将看到过渡效果，如图10-55所示。

图 10-55 "渐变擦除"过渡效果

3. 线性擦除

"线性擦除"效果可以沿指定的方向擦除当前素材。添加该效果后,在"效果控件"面板中设置擦除角度等参数,然后调整过渡完成参数,将看到过渡效果,如图10-56所示。

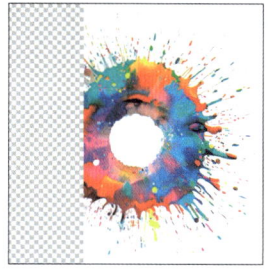

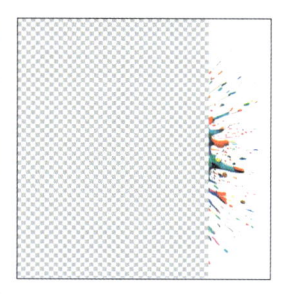

图 10-56 线性擦除过渡效果

■ 10.2.6 风格化类视频效果

"风格化"视频效果组中包括"Alpha发光""复制""彩色浮雕""查找边缘"等9种效果。这些效果可以制作艺术化效果,使素材图像展现出独特的艺术风格。下面介绍其中常用的几种效果。

1. Alpha发光

"Alpha发光"效果可以在蒙版Alpha通道的边缘添加单色或双色过渡的发光效果。添加该效果并调整相关参数的前后对比效果如图10-57和图10-58所示。

图 10-57 原始图像　　　　　　图 10-58 "Alpha发光"效果

2. 复制

"复制"效果可以将屏幕分成多个拼贴并在每个拼贴中显示整个图像。添加该效果并调整参数后的效果如图10-59所示。

图 10-59 "复制"效果

3. 彩色浮雕

"彩色浮雕"效果可以锐化图像中对象的边缘，制作出浮雕的效果。添加该效果并调整参数后的效果如图10-60所示。

图 10-60 "彩色浮雕"效果

4. 查找边缘

"查找边缘"效果可以识别素材图像中有明显过渡的图像区域并突出边缘，制作出线条图效果。添加该效果后即可在"节目监视器"面板中查看到效果，如图10-61所示。选择"效果控件"面板中的"反转"复选框，将反转效果，如图10-62所示。

图 10-61 "查找边缘"效果　　　　图 10-62 "反转"效果

5. 粗糙边缘

"粗糙边缘"效果通过使用计算方法使素材Alpha通道的边缘变粗糙。添加该效果后，在"效果控件"面板中可以设置边缘参数，如图10-63所示。添加该效果并调整相关参数后，效果如图10-64所示。

图 10-63 "粗糙边缘"效果的属性参数　　　　图 10-64 "粗糙边缘"效果

6. 色调分离

"色调分离"效果可以简化素材图像中具有丰富色阶渐变的颜色，使图像呈现出木刻版画或卡通画的效果。添加该效果并调整参数后的效果如图10-65所示。

7. 闪光灯

"闪光灯"效果可以模拟闪光灯制作出播放闪烁的效果。添加该效果后播放视频，即可观察到效果。

图 10-65 "色调分离"效果

8. 马赛克

"马赛克"效果是通过使用纯色矩形填充素材，像素化原始图像。添加该效果后播放视频，即可观察到效果。用户还可以在"效果控件"面板中设置矩形块水平和垂直方向上的数量以调整马赛克效果，如图10-66所示。

图 10-66 "马赛克"效果

10.2.7 透视类视频效果

"透视"视频效果组中包括"基本3D"和"投影"两种效果。这些效果可以制作出空间透视的效果。

1. 基本3D

"基本3D"效果可以模拟平面图像在3D空间中运动的效果，用户可以围绕水平、垂直轴旋转素材或移动素材。添加该效果并调整相关参数的前后对比效果如图10-67和图10-68所示。

图 10-67 原始效果

图 10-68 "基本 3D"效果

2. 投影

"投影"效果可以添加出现在素材后的阴影，其形状取决于素材的Alpha通道。添加该效果后，在"效果控件"面板中可以对投影的颜色等进行设置，如图10-69所示。添加该效果并设置相关参数后的效果如图10-70所示。

图 10-69 "投影"效果的属性参数

图 10-70 "投影"效果

■ 10.2.8　制作玻璃划过效果

使用"轨道遮罩键"视频效果和"投影"视频效果制作玻璃划过效果。具体操作步骤如下：

步骤 01 新建项目和序列，并导入素材文件，如图10-71所示。

步骤 02 选中V1轨道中的素材，在00:00:10:00处裁切，并删除第2段，选中第1段按住Alt键向上拖动，复制至V2轨道中，如图10-72所示。

图 10-71　新建项目和序列，导入素材

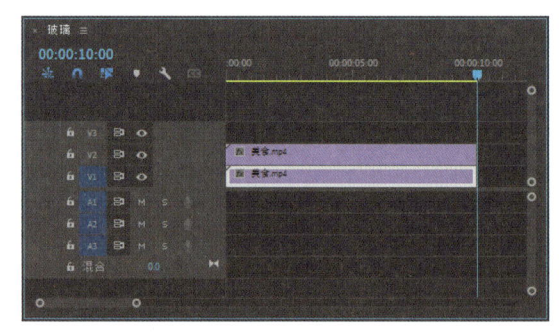

图 10-72　调整素材并复制

步骤 03 移动播放指示器至00:00:00:00处，设置缩放级别，使用矩形工具在"节目监视器"面板中绘制一个矩形，并旋转调整，效果如图10-73所示。此时V3轨道自动出现矩形素材，调整矩形素材的持续时间，使其与V1、V2轨道素材的持续时间一致。

图 10-73　绘制矩形并调整

步骤 04 设置缩放级别为"适合",在"效果"面板中搜索"轨道遮罩键"视频效果,并将其拖至V2轨道素材上,然后在"效果控件"面板中设置"缩放"参数为120.0%,"遮罩"为"视频3",应用设置后的效果如图10-74所示。

图 10-74 "轨道遮罩键"效果

步骤 05 在"效果"面板中搜索"投影"效果,并将其拖至V2轨道素材上,然后在"效果控件"面板中设置参数,如图10-75所示。应用设置后的效果如图10-76所示。

图 10-75 添加"投影"效果并设置参数

图 10-76 "投影"效果

步骤 06 再次将"投影"效果拖至V2轨道素材上,在"效果控件"面板中设置参数,如图10-77所示。效果如图10-78所示。

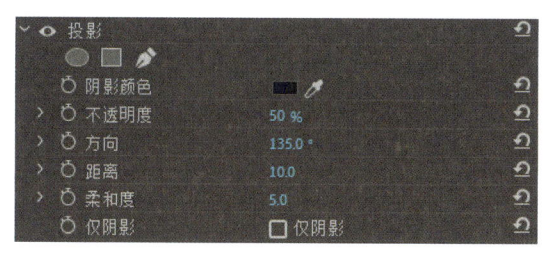

图 10-77 添加"投影"效果并设置参数

图 10-78 "投影"效果

步骤 07 在"效果"面板中搜索"颜色平衡(HLS)"视频效果,将其拖至V2轨道素材上,然后在"效果控件"面板中设置参数,如图10-79所示。应用设置后的效果如图10-80所示。

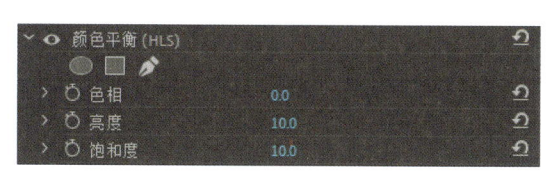

图 10-79 添加"颜色平衡(HLS)"效果并设置参数

图 10-80 "颜色平衡(HLS)"效果

步骤 08 在"效果"面板中搜索"变换"视频效果,将其拖至V3轨道素材上,然后移动播放指示器至00:00:00:00,在"效果控件"面板中单击"变换"效果中"位置"参数左侧的"切换动画"按钮 添加关键帧,调整数值使矩形完全向左移出画面。应用设置后的效果如图10-81所示。

步骤 09 移动播放指示器至00:00:03:00处,调整"位置"参数,效果如图10-82所示。同时,软件自动添加关键帧。

图 10-81　变换效果 　　　　　　　　图 10-82　调整位置效果

步骤 10 移动播放指示器至00:00:04:00处,调整"位置"参数,效果如图10-83所示。同时,软件自动添加关键帧。

步骤 11 移动播放指示器至00:00:09:00处,调整"位置"参数将矩形完全向右移出画面,效果如图10-84所示。同时,软件自动添加关键帧。

图 10-83　调整矩形位置效果 　　　　　图 10-84　调整矩形位置效果

步骤 12 选中所有关键帧右击,在弹出的快捷菜单中执行"临时插值"→"缓入"和"临时插值"→"缓出"命令,使运动更加平滑,如图10-85所示。

步骤 13 将音频素材拖至A1轨道中,调整其持续时间,与V1轨道素材的持续时间一致,如图10-86所示。

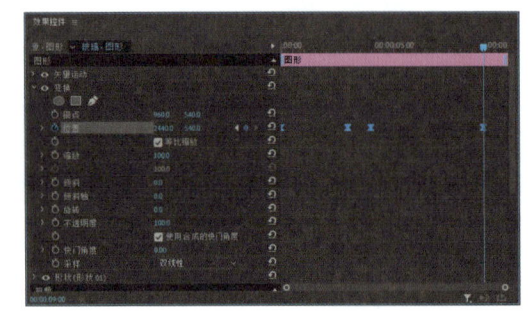

图 10-85　设置临时插值 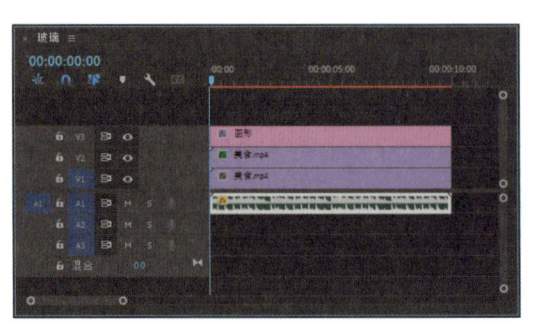　　　　　　　图 10-86　添加音频

步骤 14 按Enter键渲染，预览效果如图10-87所示。

图10-87 渲染预览效果

至此，制作完成玻璃划过的效果。

10.3 视频过渡效果的应用

软件中内置了多组视频过渡效果，如划像、擦除、沉浸式视频、溶解、缩放、内滑、过时和页面剥落等，使用这些效果可以实现不同的转场功能。下面介绍其中较为常用的几种视频过渡效果。

10.3.1 内滑类视频过渡效果

内滑类视频过渡效果中包括"带状内滑""中心拆分""推""内滑""拆分""急摇"6种视频过渡效果，这些效果能够实现通过滑动画面来切换素材的视频过渡效果。

1. 带状内滑

"带状内滑"视频过渡效果是将素材B拆分为带状，从画面两端向画面中心滑动直至合并为完整图像并完全覆盖素材A，如图10-88所示。

图10-88 "带状内滑"视频过渡效果

选中"时间轴"面板中添加的"带状内滑"视频过渡效果，在"效果控件"面板中可以对其方向、带数量等进行设置。

2. 中心拆分

"中心拆分"（center split）视频过渡效果可以将素材A从中心分为四个部分，这四个部分分别向四角滑动直至完全显示素材B。

3. 推

"推"视频过渡效果是将素材A和素材B并排向画面一侧推动直至素材A完全消失，素材B完全出现，如图10-89所示。

图10-89 "推"视频过渡效果

4. 内滑

"内滑"视频过渡效果中素材B将从画面一侧滑动至画面中直至完全覆盖素材A。

5. 拆分

"拆分"（split）视频过渡效果中素材A将被平分为两个部分，并分别向画面两侧滑动直至完全消失，显示出素材B。

6. 急摇

"急摇"视频过渡效果将从左至右快速推动素材A使其产生动感模糊的效果，切换至素材B，如图10-90所示。

图10-90 "急摇"视频过渡效果

10.3.2 划像类视频过渡效果

划像类视频过渡效果中包括"交叉划像""盒形划像""圆形划像"和"菱形划像"等效果，这些效果主要是通过分割画面来切换素材。下面介绍其中常用的两种效果。

1. 盒形划像

"盒形划像"视频过渡效果中素材B将以盒形出现并向四周扩展，直至充满整个画面并完全覆盖素材A，如图10-91所示。

图10-91 "盒形划像"视频过渡效果

2. 圆形划像

"圆形划像"视频过渡效果中素材B将以圆形出现并向四周扩展，直至充满整个画面并完全覆盖素材A，如图10-92所示。

图10-92 "圆形划像"视频过渡效果

10.3.3 擦除类视频过渡效果

擦除类视频过渡效果中包括17种视频过渡效果，这些效果主要是通过擦除素材的方式来切换素材。图10-93所示为"带状擦除"视频过渡效果。

"擦除"视频过渡效果组中常用效果及其作用说明如下：

- **插入**：从画面中的一角开始擦除素材A，显示出素材B。

图10-93 "带状擦除"视频过渡效果

- **划出**：从画面一侧擦除素材A，显示出素材B。
- **双侧平推门**：从中心向两侧擦除素材A，显示出素材B。
- **带状擦除**：从画面两侧呈带状擦除素材A，显示出素材B。
- **径向擦除**：从画面的一角以射线扫描的方式擦除素材A，显示出素材B。
- **时钟式擦除**：以时钟转动的方式擦除素材A，显示出素材B。
- **棋盘**：将素材B划分为多个方格，方格从上至下坠落直至完全覆盖素材A。
- **棋盘擦除**：将素材A划分为多个方格，并从每个方格的一侧单独擦除素材A直至完全显示出素材B。
- **楔形擦除**：从画面中心以楔形旋转擦除素材A，显示出素材B。
- **水波块**：以之字形块擦除的方式擦除素材A，显示出素材B。
- **油漆飞溅**：素材A将以泼墨的形式被擦除，直至完全显示出素材B。
- **百叶窗**：模拟百叶窗开合，擦除素材A，显示出素材B。
- **螺旋框**：以从外至内螺旋块推进的方式擦除素材A，显示出素材B。
- **随机块**：素材B将以小方块的形式随机出现，直至完全覆盖素材A。
- **随机擦除**：素材A将被小方块从画面一侧开始随机擦除，直至完全显示出素材B。
- **风车**：以风车旋转的方式擦除素材A，显示出素材B。

10.3.4 溶解类视频过渡效果

溶解类视频过渡效果中包括"叠加溶解""胶片溶解""交叉溶解""黑场过渡""白场过渡"等7种视频过渡效果，这些效果主要是通过使素材溶解淡化的方式切换素材。下面介绍其中常用的几种效果。

1. 叠加溶解

"叠加溶解"视频过渡效果中素材A和素材B将以亮度叠加的方式相互融合，素材A逐渐变亮的同时慢慢显示出素材B，从而切换素材，如图10-94所示。

图10-94 "叠加溶解"视频过渡效果

2. 胶片溶解

"胶片溶解"视频过渡效果是混合在线性色彩空间中的溶解过渡（灰度系数=1.0），如图10-95所示。

图 10-95 "胶片溶解"视频过渡效果

3. 非叠加溶解

"非叠加溶解"视频过渡效果中素材A暗部至亮部依次消失，素材B亮部至暗部依次出现，从而切换素材。

4. 交叉溶解

"交叉溶解"视频过渡效果可以在淡出素材A的同时淡入素材B，从而切换素材，如图10-96所示。

图 10-96 "交叉溶解"视频过渡效果

5. 白场过渡

"白场过渡"视频过渡效果可以将素材A淡化到白色，然后从白色淡化到素材B。

6. 黑场过渡

"黑场过渡"视频过渡效果与"白场过渡"类似，仅是将白色变为黑色。

10.3.5 缩放类视频过渡效果

缩放类视频过渡效果只有"交叉缩放"一种，该效果通过缩放图像来切换素材。在使用时，素材A将被放大至无限大，素材B将被从无限大缩放至原始比例，从而切换素材，如图10-97所示。

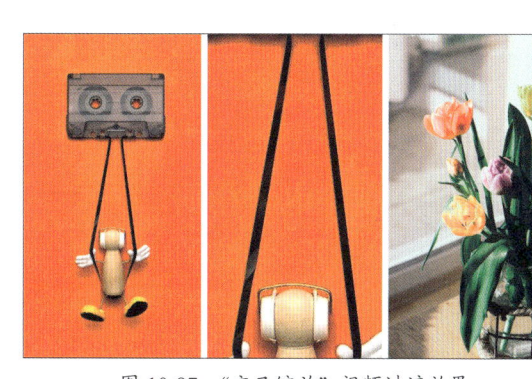

图 10-97 "交叉缩放"视频过渡效果

10.3.6 页面剥落类视频过渡效果

页面剥落类视频过渡效果中包括"翻页"和"页面剥落"两种视频过渡效果，可以模拟翻页或者页面剥落的效果，从而切换素材。

1. 翻页

"翻页"视频过渡效果可以模拟纸张翻页的效果，其中素材A将卷曲并留下阴影直至完全显示出素材B，如图10-98所示。

图 10-98 "翻页"视频过渡效果

2. 页面剥落

"页面剥落"视频过渡效果中素材A以页角对折的方式逐渐消失，素材B逐渐显示，如图10-99所示。

图 10-99 "页面剥落"视频过渡效果

10.3.7 制作电子相册

视频过渡效果可以创建流畅的转场效果，使场景的切换更加自然。下面使用多种类型的视频过渡效果制作电子相册，具体操作步骤如下：

步骤01 根据图像素材新建项目和序列，如图10-100所示。

步骤02 选中V1轨道中右侧8个素材，调整其持续时间为2 s，如图10-101所示。

图 10-100　新建项目和序列 　　　　　　　　　图 10-101　调整素材持续时间

步骤 03 移动播放指示器至00:00:00:00处，使用文字工具在"节目监视器"面板中单击并输入文本，设置喜欢的字体样式，如图10-102所示。

步骤 04 在"时间轴"面板中调整文本素材持续时间为00:00:03:00（即3 s），如图10-103所示。

图 10-102　新建文本 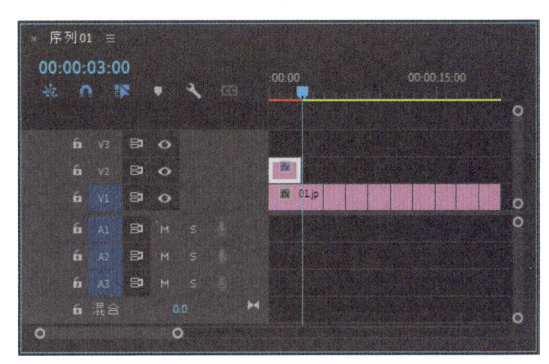　　　　　　　　　　　图 10-103　调整文本素材持续时间

步骤 05 在"效果"面板中搜索"黑场过渡"视频过渡，拖至V1、V2轨道入点处，V1轨道最后一个素材出点处，如图10-104所示。

步骤 06 选中添加的视频过渡，在"效果控件"面板中设置持续时间为00:00:00:20（即20帧），如图10-105所示。

图 10-104　添加视频过渡效果 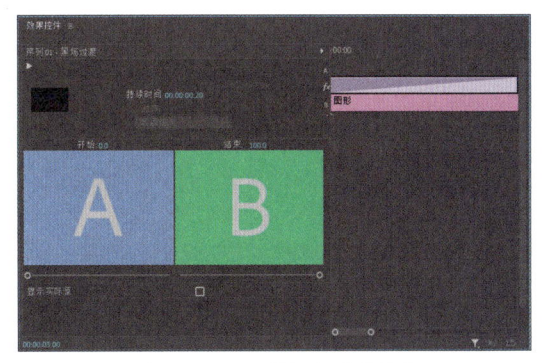　　　　　　　图 10-105　调整视频过渡效果

步骤 07 选择"交叉溶解"视频过渡，拖至V2轨道出点处，并调整持续时间为00:00:00:20（即20帧），如图10-106所示。

步骤08 选择"推"视频过渡,添加至V1轨道第1个和第2个素材之间;选择"圆划像"视频过渡,添加至V1轨道第2个和第3个素材之间;选择"双侧平推门"视频过渡,添加至第3个和第4个素材之间;选择"棋盘擦除"视频过渡,添加至第4个和第5个素材之间;选择"百叶窗"视频过渡,添加至第5个和第6个素材之间;选择"风车"视频过渡,添加至第6个和第7个素材之间;选择"交叉溶解"视频过渡,添加至第7个和第8个素材之间;选择"叠加溶解"视频过渡,添加至第8个和第9个素材之间;调整这些视频过渡的持续时间均为00:00:00:20(即20帧),如图10-107所示。

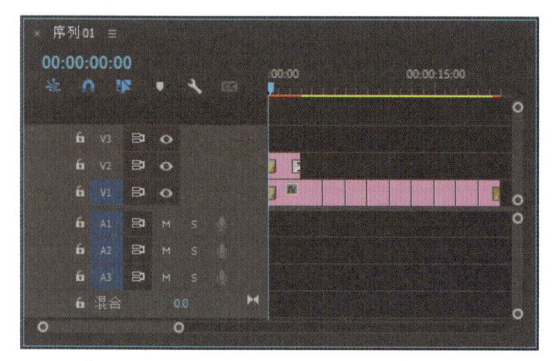

图 10-106 添加视频过渡效果并调整

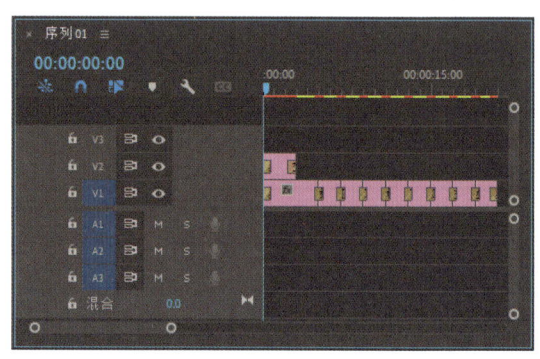

图 10-107 逐个添加视频过渡效果并调整

步骤09 按Enter键渲染,预览效果如图10-108所示。

图 10-108 渲染预览效果

至此,制作完成电子相册。

课堂演练：制作影片闭幕效果

本模块主要介绍了视频效果和视频过渡效果的应用。下面综合应用本模块的知识，制作影片闭幕效果，具体操作步骤如下：

步骤 01 基于视频素材新建项目和序列，并导入音频素材，如图10-109所示。

图 10-109　新建项目和序列，导入素材

步骤 02 选中V1轨道中的视频素材，按住Alt键向上拖动复制，如图10-110所示。

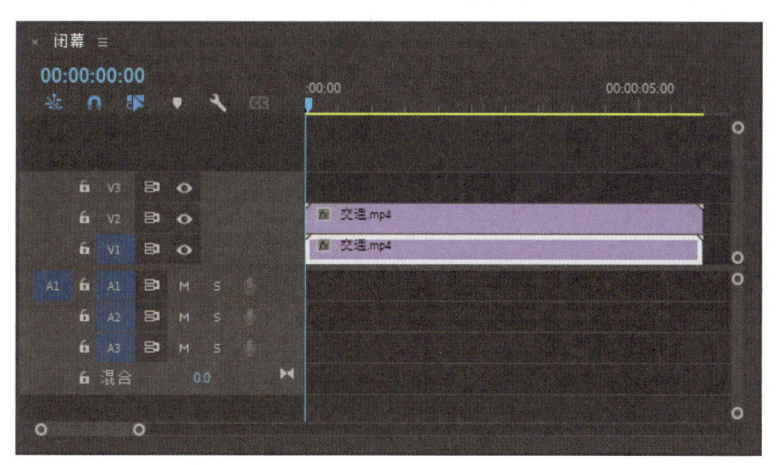

图 10-110　复制素材

步骤 03 在"效果"面板中搜索"基本3D"效果，并将其拖至V2轨道素材上，然后移动播放指示器至00:00:00:00处，在"效果控件"面板中单击"运动"选项下"位置"参数及"基本3D"选项下"旋转"和"与图像的距离"参数左侧的"切换动画"按钮，添加关键帧，如图10-111所示。

步骤 04 移动播放指示器至00:00:02:00处，调整添加了关键帧的参数，软件将自动添加关键帧，如图10-112所示。选中所有关键帧，右击鼠标执行"临时插值"→"缓入"和"临时插值"→"缓出"命令，使运动更加平滑。

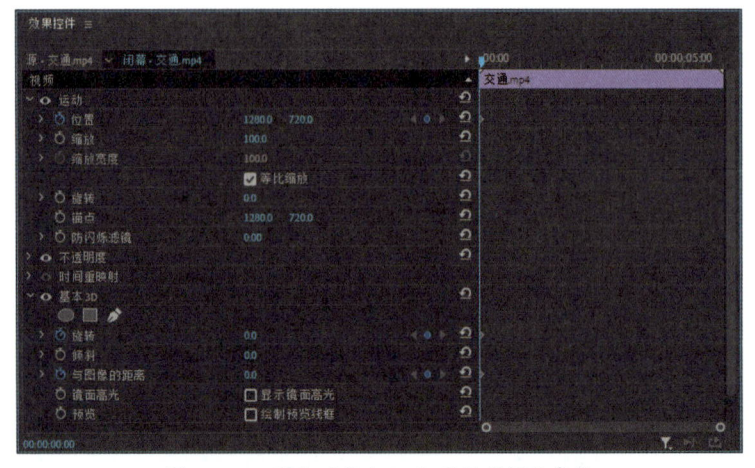

图 10-111　添加"基本 3D"效果并调整参数

图 10-112　添加关键帧

步骤 05 在"效果"面板中搜索"投影"效果，并将其拖至V2轨道素材上，然后在"效果控件"面板中设置参数，如图10-113所示。

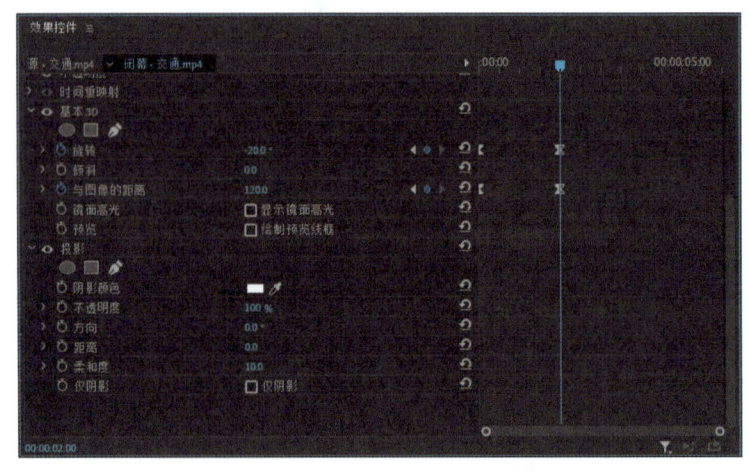

图 10-113　添加"投影"效果并调整参数

步骤 06 再次添加"投影"效果至V2轨道素材上,并设置参数,如图10-114所示。

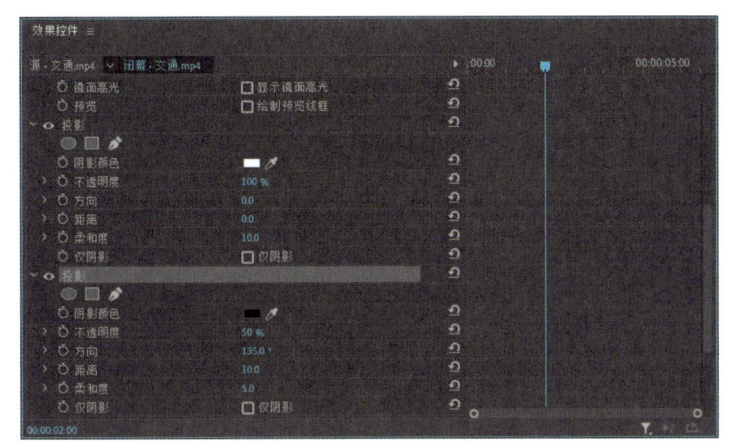

图 10-114 再次添加"投影"效果

步骤 07 在"效果"面板中搜索"色彩"效果,将其拖至V2轨道素材上,在00:00:02:00处为"着色量"参数添加关键帧,在00:00:02:00处调整参数,软件将自动添加关键帧,如图10-115所示。

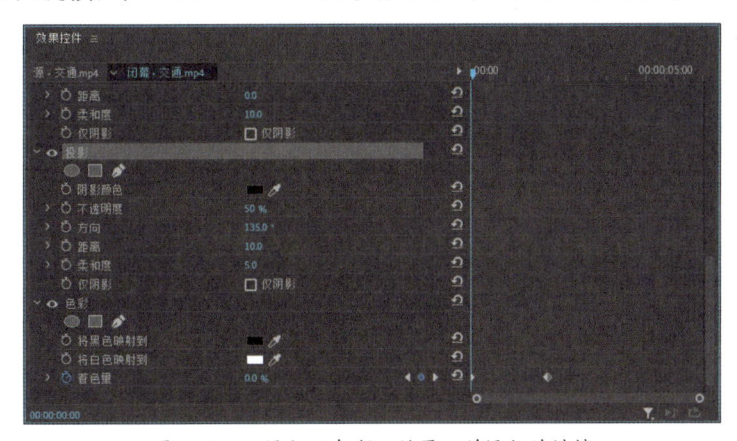

图 10-115 添加"色彩"效果,并添加关键帧

步骤 08 移动播放指示器至00:00:02:00处,在"节目监视器"面板中预览效果如图10-116所示。

步骤 09 在"效果"面板中搜索"高斯模糊"效果,将其拖至V1轨道素材上,移动播放指示器至00:00:00:00处,单击"模糊度"参数左侧的"切换动画"按钮 添加关键帧;移动播放指示器至00:00:02:00处,调整"模糊度"参数为200.0,软件将自动添加关键帧;在"节目监视器"面板中预览效果,如图10-117所示。

图 10-116 预览效果　　图 10-117 添加"高斯模糊"效果并添加关键帧

步骤⑩ 在"效果"面板中搜索"Brightness & contrast"效果,将其拖至V1轨道素材上,然后移动播放指示器至00:00:00:00处,单击"亮度"和"对比度"参数左侧的"切换动画"按钮添加关键帧;移动播放指示器至00:00:02:00处,调整"亮度"和"对比度"参数为-80.0,软件将自动添加关键帧;在"节目监视器"面板中预览效果,如图10-118所示。

步骤⑪ 打开本模块的素材文件"演职人员表.txt",按【Ctrl+A】组合键全选内容,按【Ctrl+C】组合键复制;再切换至Premiere软件中,移动播放指示器至00:00:02:00处,选择文字工具在"节目监视器"面板中单击显示文本框,按【Ctrl+V】组合键粘贴复制的文字,如图10-119所示。

图 10-118 预览效果　　　　　图 10-119 添加文本

步骤⑫ 选中文本内容,在"基本图形"面板中设置文字参数,其中字体大小分别为100和80,如图10-120所示。

步骤⑬ 在"节目监视器"面板中调整文本位置,如图10-121所示。

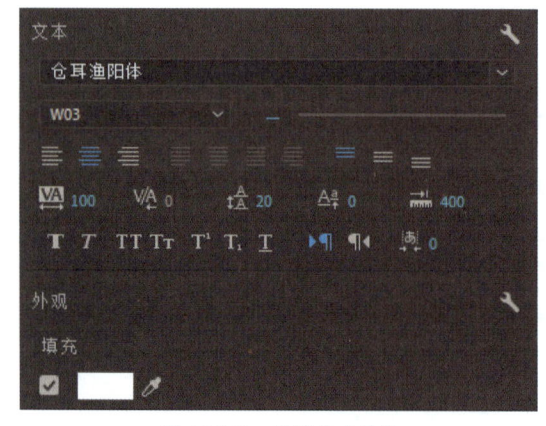

图 10-120 设置文本属性　　　　　图 10-121 调整文本位置

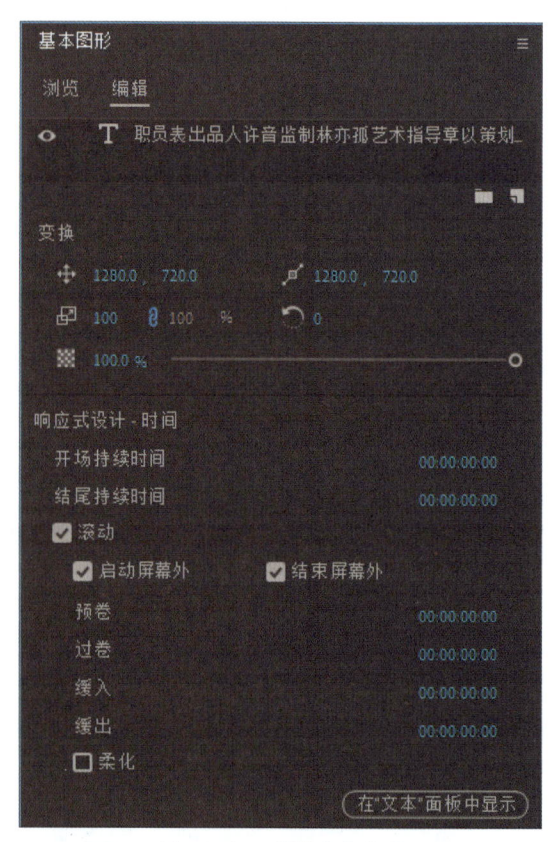

步骤14 在"基本图形"面板空白处单击,取消选中文本图层,选择"滚动"复选框,并选择"启动屏幕外"和"结束屏幕外"复选框,制作滚动字幕效果,如图10-122所示。

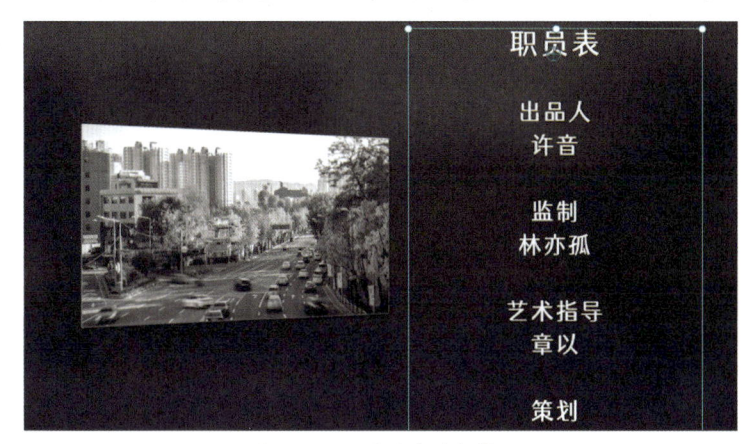

图 10-122 设置滚动字幕

步骤15 在"时间轴"面板中调整文字素材结尾处的持续时间,使其与V2素材的持续时间一致,如图10-123所示。

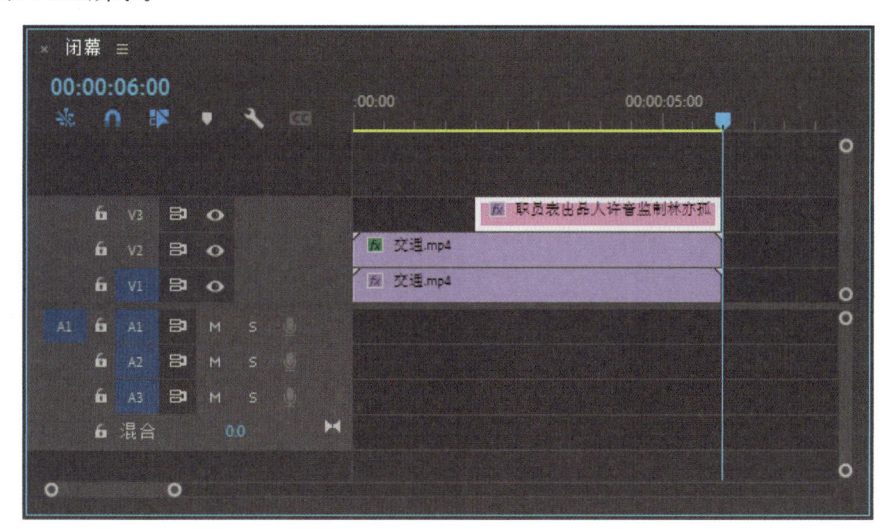

图 10-123 调整文本素材的持续时间

步骤16 将音频素材拖动至A1轨道中,使用剃刀工具修剪音频素材,使其与V1轨道素材持续时间一致,在"效果"面板中搜索"恒定功率"音频过渡效果并拖至A1轨道素材末端,如图10-124所示。

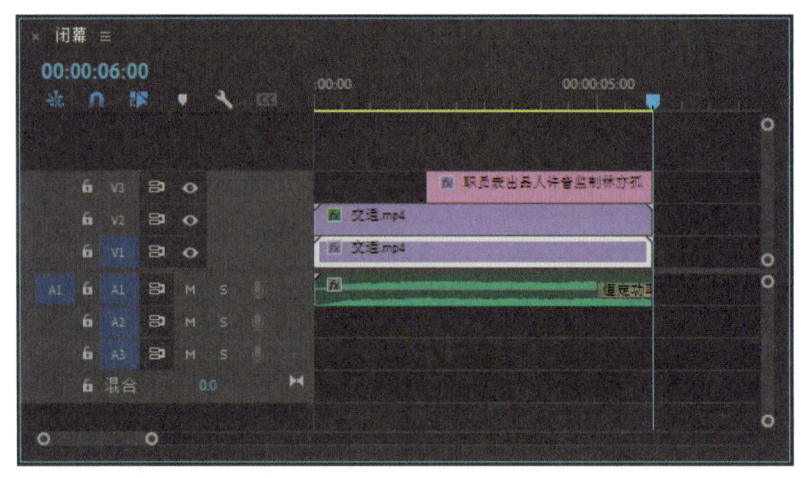

图 10-124　添加音频和音频过渡效果

步骤 17 按Enter键渲染，预览效果如图10-125所示。

图 10-125　渲染预览效果

至此，完成影片闭幕效果的制作。

光影加油站

光影铸魂

火爆全网的李子柒是传统文化短视频创作者，被誉为"东方美食生活家"。短视频凭借其直观生动、传播速度快、覆盖面广等特点已经成为传统文化传播的重要工具。中国传统文化种类繁多，博大精深，涵盖了文学、艺术、哲学、宗教、民俗等多个领域。在数字化、国际化和创新融合的发展趋势下，短视频作为新兴的传播手段，在传统文化传承中发挥着越来越重要的作用。利用短视频可以将传统文化元素融入现代设计、时尚、影视等领域；数字化技术可以更好地保存、展示和传播传统文化，使其焕发新的生机。随着中国传统文化在国际上的影响力日益增强，越来越多的外国人也对中国的传统文化产生了浓厚兴趣，推动了中华文化的国际传播，促进了中外文化交流与合作。短视频的快速传播和创新表达，使传统文化得以更好地保存、展示和传播，不断为中华民族伟大复兴贡献力量。

剪辑实战

作业名称：文化与传承——武术

作业要求：

（1）主题要求。围绕"文化与传承"这一主题，通过武术这一集技击性、健身性、娱乐性于一体的体育活动的展示，将作为中华文化瑰宝的武术的独特魅力呈现给全世界，彰显传统文化对于塑造国家文化形象、促进社会文化多样性和推动社会整体进步的重要作用。

（2）准备素材。搜集相关素材，如少林寺武僧、太极拳、咏春拳等，类型可为图片、动画、视频、音频等。

（3）后期制作。使用Premiere剪辑工具对素材进行整理和切割，包括添加合适的背景音乐、标题文字、视频特效等，并利用关键帧创建平滑的动画过渡效果，如缩放、旋转、透明度变化等，增强视频的动态表现力，以提升视频的观赏性。要求视频时长控制在3～5分钟，内容恢宏大气，能引起观众的情感共鸣，还应确保视频画质清晰，声音出众，转场流畅。

（4）作品输出。完成作品后，导出序列，要求编码格式为H.264。

参考文献

[1] 秋叶, 刘涵, 李欣眉. 秒懂短视频剪辑[M]. 北京: 人民邮电出版社, 2023.

[2] 王舒. 零基础学短视频一本通：内容策划+拍摄制作+后期剪辑+运营推广[M]. 北京: 北京大学出版社, 2023.

[3] 木白. 运镜师手册：短视频拍摄与脚本设计从入门到精通[M]. 北京: 北京大学出版社, 2023.

[4] 张晓涵. 剪映短视频剪辑与运营标准教程：全彩微课版[M]. 北京: 清华大学出版社, 2024.

[5] 麓山剪辑社. 剪映视频剪辑/调色/特效从入门到精通: 手机版+电脑版[M]. 北京: 人民邮电出版社, 2023.

[6] 龙飞. 剪映教程：3天成为短视频与Vlog剪辑高手[M]. 北京: 清华大学出版社, 2021.

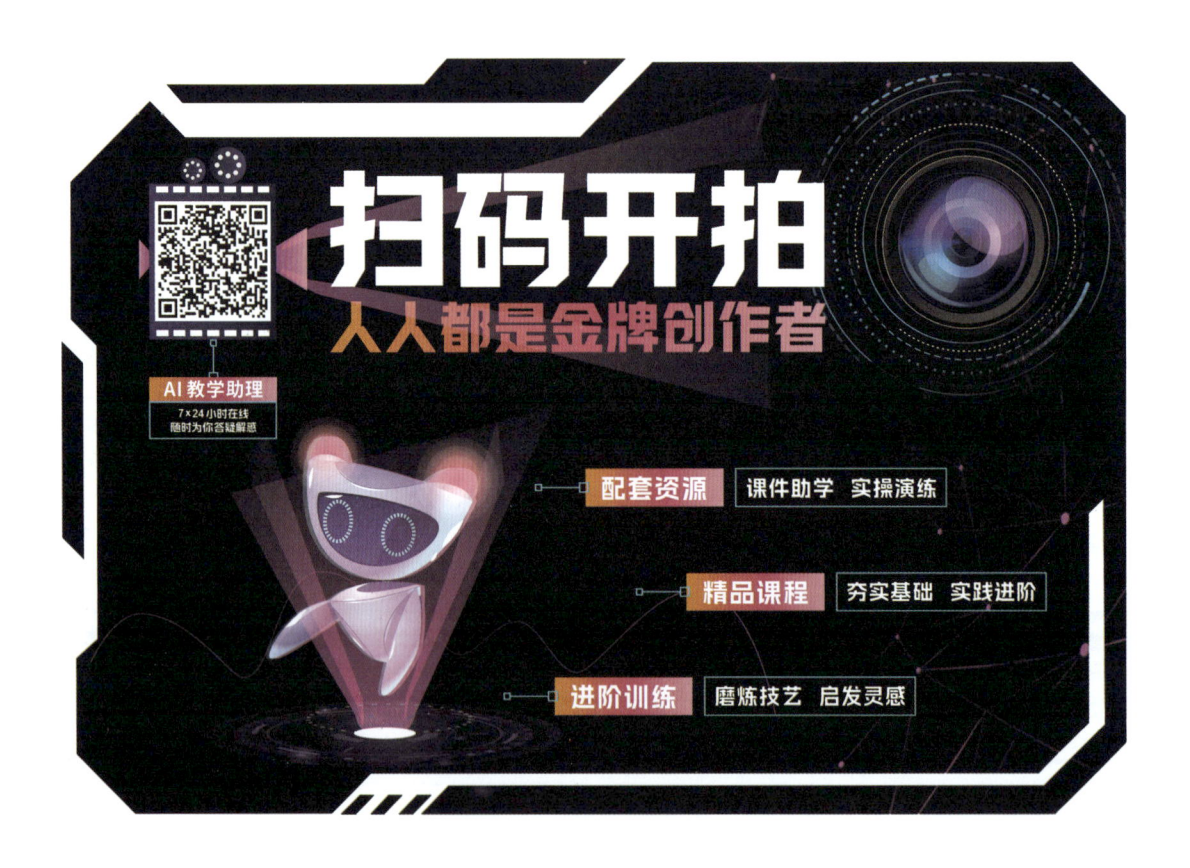